자기주도학습
체크리스트

...로 여러분의 예습·복습을 도와 드릴게요.

...인란에 체크하면서 스스로를 칭찬해 주세요.

▼ ...을 듣는 데에는 30분이면 충분합니다.

날짜	강의명		확인	날짜	강의명		확인
	강				강		
	강				강		
	강				강		
	강				강		
	강				강		
	강				강		
	강				강		
	강				강		
	강				강		
	강				강		
	강				강		
	강				강		
	강				강		
	강				강		
	강				강		
	강				강		
	강				강		
	강				강		
	강				강		
	강				강		
	강				강		
	강				강		
	강				강		
	강				강		

자기주도학습 체크리스트로 공부의 기쁨이 차곡차곡 쌓일 것입니다.

EBS

EBS 초등
인터넷·모바일·TV
무료 강의 제공

초 | 등 | 부 | 터 **EBS**

BOOK 1
개념책

예습·복습·숙제까지 해결되는 교과서 완전 학습서

만점왕

PENGSOO

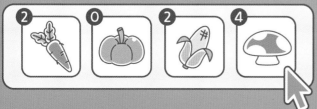

수학 6-2

BOOK 1

개념책

BOOK 1 개념책으로
교과서에 담긴 **학습 개념**을
꼼꼼하게 공부하세요!

해설책 PDF 파일은 EBS 초등사이트(primary.ebs.co.kr)에서 내려받으실 수 있습니다.

| 교재
내용
문의 | 교재 내용 문의는 EBS 초등사이트
(primary.ebs.co.kr)의 교재 Q&A
서비스를 활용하시기 바랍니다. | 교 재
정오표
공 지 | 발행 이후 발견된 정오 사항을 EBS 초등사이트
정오표 코너에서 알려 드립니다.
교재 검색 ▶ 교재 선택 ▶ 정오표 | 교재
정정
신청 | 공지된 정오 내용 외에 발견된 정오 사항이
있다면 EBS 초등사이트를 통해 알려 주세요.
교재 검색 ▶ 교재 선택 ▶ 교재 Q&A |

BOOK1
개념책

만점왕 수학
6-2

이 책의 구성과 특징

BOOK
1
개념책

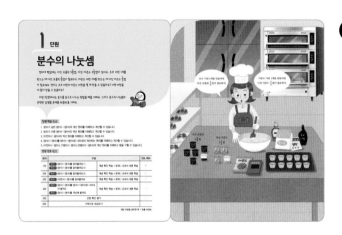

1 | 단원 도입

단원을 시작할 때마다 도입 그림을 눈으로 확인하며 안내 글을 읽으면, 공부할 내용에 대해 흥미를 갖게 됩니다.

2 | 개념 확인 학습

본격적인 학습에 돌입하는 단계입니다. 자세한 개념 설명과 그림으로 제시한 예시를 통해 핵심 개념을 분명하게 파악할 수 있습니다.

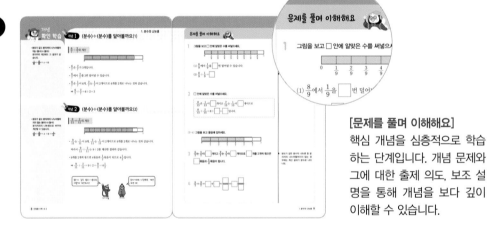

[문제를 풀며 이해해요]

핵심 개념을 심층적으로 학습하는 단계입니다. 개념 문제와 그에 대한 출제 의도, 보조 설명을 통해 개념을 보다 깊이 이해할 수 있습니다.

3 | 교과서 내용 학습

교과서 핵심 집중 탐구로 공부한 내용을 문제를 통해 하나하나 꼼꼼하게 살펴보며 교과서에 담긴 내용을 빈틈없이 학습할 수 있습니다.

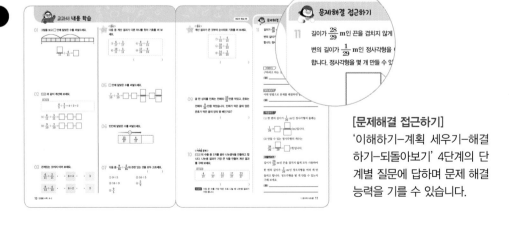

[문제해결 접근하기]

'이해하기-계획 세우기-해결하기-되돌아보기' 4단계의 단계별 질문에 답하며 문제 해결 능력을 기를 수 있습니다.

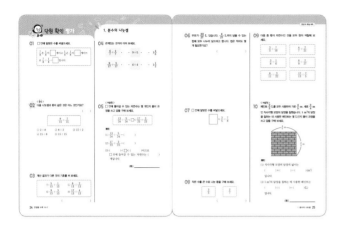

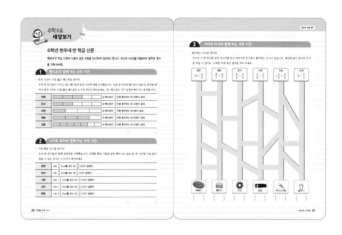

4 | 단원 확인 평가

평가를 통해 단원 학습을 마무리하고, 자신이 보완해야 할 점을 파악할 수 있습니다.

5 | 수학으로 세상보기

실생활 속 수학 이야기와 활동을 통해 단원에서 학습한 개념을 다양한 상황에 적용하고 수학에 대한 흥미를 키울 수 있습니다.

BOOK 2 실전책

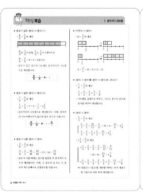

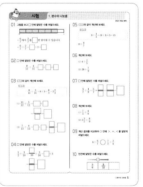

1 | 핵심 복습 + 쪽지 시험

핵심 정리를 통해 학습한 내용을 복습하고, 간단한 쪽지 시험을 통해 자신의 학습 상태를 확인할 수 있습니다.

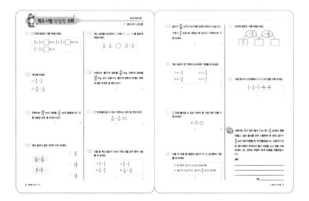

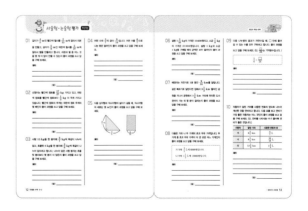

2 | 학교 시험 만점왕

앞서 학습한 내용을 바탕으로 보다 다양한 문제를 경험하여 단원별 평가를 대비할 수 있습니다.

3 | 서술형·논술형 평가

학생들이 고민하는 수행 평가를 대단원 별로 구성하였습니다. 선생님께서 직접 출제하신 문제를 통해 수행 평가를 꼼꼼히 준비할 수 있습니다.

자기 주도 활용 방법

BOOK 1 개념책

평상 시 진도 공부는

교재(북1 개념책)로 공부하기

만점왕 북1 개념책으로 진도에 따라 공부해 보세요.

개념책에는 학습 개념이 자세히 설명되어 있어요.

따라서 학교 진도에 맞춰 만점왕을 풀어 보면

혼자서도 쉽게 공부할 수 있습니다.

TV(인터넷) 강의로 공부하기

개념책으로 혼자 공부했는데, 잘 모르는 부분이 있나요?

더 알고 싶은 부분도 있다고요?

만점왕 강의가 있으니 걱정 마세요.

만점왕 강의는 TV를 통해 방송됩니다.

방송 강의를 보지 못했거나 다시 듣고 싶은 부분이 있다면

인터넷(EBS 초등사이트)을 이용하면 됩니다.

이 부분은 잘 모르겠으니 인터넷으로 다시 봐야겠어.

만점왕 방송 시간: EBS홈페이지 편성표 참조

EBS 초등사이트: primary.ebs.co.kr

시험 대비 공부는 북2 실전책으로! (북2 2쪽 자기 주도 활용 방법을 읽어 보세요.)

이 책의 **차례**

CONTENTS

BOOK
1
개념책

1 단원

분수의 나눗셈

현아네 빵집에는 다진 초콜릿 $5\frac{2}{5}$컵, 다진 아몬드 $3\frac{1}{3}$컵이 있어요. 초코 머핀 1개를 만드는 데 다진 초콜릿 $\frac{3}{5}$컵이 필요하고, 아몬드 머핀 1개를 만드는 데 다진 아몬드 $\frac{2}{3}$컵이 필요해요. 현아는 초코 머핀과 아몬드 머핀을 몇 개 만들 수 있을까요? 어떤 머핀을 더 많이 만들 수 있을까요?

이번 1단원에서는 분수를 분수로 나누는 방법을 배울 거예요. 그리고 분수의 나눗셈과 관련된 실생활 문제를 해결해 볼 거예요.

단원 학습 목표

1. 분모가 같은 (분수)÷(분수)의 계산 원리를 이해하고 계산할 수 있습니다.
2. 분모가 다른 (분수)÷(분수)의 계산 원리를 이해하고 계산할 수 있습니다.
3. (자연수)÷(분수)의 계산 원리를 이해하고 계산할 수 있습니다.
4. (분수)÷(분수)를 (분수)×(분수)로 나타내어 계산하는 원리를 이해하고 계산할 수 있습니다.
5. (자연수)÷(분수), (가분수)÷(분수), (대분수)÷(분수)의 계산 원리를 이해하고 몫을 구할 수 있습니다.

단원 진도 체크

회차	구성		진도 체크
1차	**개념 1** (분수)÷(분수)를 알아볼까요(1) **개념 2** (분수)÷(분수)를 알아볼까요(2)	개념 확인 학습 + 문제 / 교과서 내용 학습	✓
2차	**개념 3** (분수)÷(분수)를 알아볼까요(3)	개념 확인 학습 + 문제 / 교과서 내용 학습	✓
3차	**개념 4** (자연수)÷(분수)를 알아볼까요	개념 확인 학습 + 문제 / 교과서 내용 학습	✓
4차	**개념 5** (분수)÷(분수)를 (분수)×(분수)로 나타내어 볼까요 **개념 6** (분수)÷(분수)를 계산해 볼까요	개념 확인 학습 + 문제 / 교과서 내용 학습	✓
5차	단원 확인 평가		✓
6차	수학으로 세상보기		✓

해당 부분을 공부한 후 ✓표를 하세요.

개념 확인 학습

개념 1 (분수)÷(분수)를 알아볼까요(1)

• 분모가 같고 분자끼리 나누어떨어지는 (분수)÷(분수)
분자끼리 계산해도 그 결과가 같습니다.

$$\frac{★}{■} \div \frac{●}{■} = ★ \div ●$$

$\dfrac{6}{7} \div \dfrac{2}{7}$의 계산

• $\dfrac{6}{7}$은 $\dfrac{2}{7}$가 3개입니다.

• $\dfrac{6}{7}$에서 $\dfrac{2}{7}$를 3번 덜어낼 수 있습니다.

• $\dfrac{6}{7}$은 $\dfrac{1}{7}$이 6개, $\dfrac{2}{7}$는 $\dfrac{1}{7}$이 2개이므로 6개를 2개로 나누는 것과 같습니다.

➡ $\dfrac{6}{7} \div \dfrac{2}{7} = 6 \div 2 = 3$

개념 2 (분수)÷(분수)를 알아볼까요(2)

• 분모가 같고 분자끼리 나누어떨어지지 않는 (분수)÷(분수)
분자끼리의 나눗셈으로 바꾸어 계산할 수 있습니다.

$$\frac{▲}{■} \div \frac{●}{■} = ▲ \div ● = \frac{▲}{●}$$

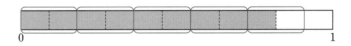

$\dfrac{9}{11} \div \dfrac{2}{11}$의 계산

• $\dfrac{9}{11}$는 $\dfrac{1}{11}$이 9개, $\dfrac{2}{11}$는 $\dfrac{1}{11}$이 2개이므로 9개를 2개로 나누는 것과 같습니다.

따라서 $\dfrac{9}{11} \div \dfrac{2}{11}$는 $9 \div 2$를 계산한 결과와 같습니다.

• 9개를 2개씩 묶으면 4묶음과 $\dfrac{1}{2}$묶음이 되므로 $4\dfrac{1}{2}$입니다.

➡ $\dfrac{9}{11} \div \dfrac{2}{11} = 9 \div 2 = \dfrac{9}{2} = 4\dfrac{1}{2}$

분모가 같은 (분수)÷(분수)는 어떻게 계산하지?

분자끼리의 나눗셈으로 계산하면 돼!

1 그림을 보고 ☐ 안에 알맞은 수를 써넣으세요.

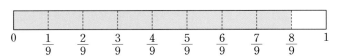

분모가 같은 (분수)÷(분수)의 계산 원리를 알고 바르게 계산할 수 있는지 묻는 문제예요.

(1) $\dfrac{8}{9}$에서 $\dfrac{1}{9}$을 ☐ 번 덜어낼 수 있습니다.

(2) $\dfrac{8}{9} \div \dfrac{1}{9} =$ ☐

■ 분모가 같은 분수의 나눗셈은 분자끼리 계산해도 결과가 같아요.

2 ☐ 안에 알맞은 수를 써넣으세요.

$\dfrac{8}{13}$ 은 $\dfrac{1}{13}$이 ☐ 개이고 $\dfrac{2}{13}$ 는 $\dfrac{1}{13}$이 ☐ 개이므로

$\dfrac{8}{13} \div \dfrac{2}{13} = 8 \div$ ☐ $=$ ☐ 입니다.

[3~4] 그림을 보고 물음에 답하세요.

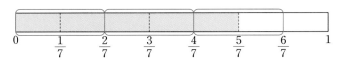

3 $\dfrac{5}{7}$ 는 $\dfrac{1}{7}$이 ☐ 개이고 $\dfrac{2}{7}$ 는 $\dfrac{1}{7}$이 ☐ 개이므로 ☐ 개를 2개씩 묶으면

☐ 묶음과 $\dfrac{1}{2}$ 묶음이 됩니다.

■ 분모가 같은 분수의 나눗셈 중 분자끼리 나누어떨어지지 않는 경우에는 계산 결과가 분수로 나타나요.

4 $\dfrac{5}{7} \div \dfrac{2}{7} =$ ☐ $\div$ ☐ $= \dfrac{☐}{☐} = ☐\dfrac{☐}{☐}$

교과서 내용 학습

01 그림을 보고 □ 안에 알맞은 수를 써넣으세요.

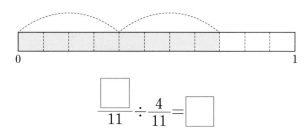

0   1

$$\dfrac{\square}{11} \div \dfrac{4}{11} = \square$$

02 보기 와 같이 계산해 보세요.

> **보기**
>
> $$\dfrac{4}{5} \div \dfrac{2}{5} = 4 \div 2 = 2$$

(1) $\dfrac{6}{11} \div \dfrac{3}{11} = \square \div \square = \square$

(2) $\dfrac{9}{10} \div \dfrac{3}{10} = \square \div \square = \square$

03 관계있는 것끼리 이어 보세요.

$\dfrac{6}{11} \div \dfrac{2}{11}$ •   • $8 \div 4$ •   • 3

$\dfrac{8}{13} \div \dfrac{4}{13}$ •   • $6 \div 2$ •   • 2

⊏중요⊐

04 다음 중 계산 결과가 다른 하나를 찾아 기호를 써 보세요.

㉠ $\dfrac{6}{17} \div \dfrac{3}{17}$	㉡ $\dfrac{8}{15} \div \dfrac{2}{15}$
㉢ $\dfrac{10}{11} \div \dfrac{5}{11}$	㉣ $\dfrac{12}{19} \div \dfrac{6}{19}$

(   )

05 □ 안에 알맞은 수를 써넣으세요.

$$\dfrac{7}{10} \div \dfrac{3}{10} = \square \div \square = \dfrac{\square}{\square} = \dfrac{\square}{\square}$$

06 빈칸에 알맞은 수를 써넣으세요.

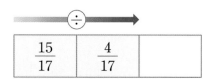

$\dfrac{15}{17}$	$\dfrac{4}{17}$	

07 다음 중 $\dfrac{9}{16} \div \dfrac{5}{16}$ 와 관련 있는 것을 모두 고르세요.

(   )

① $9 \div 5$ ② $16 \div 5$

③ $16 \div 9$ ④ $\dfrac{5}{9}$

⑤ $\dfrac{9}{5}$

정답과 해설 2쪽

⌐중요⌐
08 계산 결과가 큰 것부터 순서대로 기호를 써 보세요.

$$
\begin{array}{l}
\bigcirc \ \dfrac{7}{15} \div \dfrac{4}{15} \\[2mm]
\bigcirc \ \dfrac{18}{23} \div \dfrac{5}{23} \\[2mm]
\bigcirc \ \dfrac{14}{25} \div \dfrac{3}{25}
\end{array}
$$

( )

09 귤 한 상자를 민희는 전체의 $\dfrac{13}{21}$ 만큼 먹었고, 준호는 전체의 $\dfrac{8}{21}$ 만큼 먹었습니다. 민희가 먹은 귤의 양은 준호가 먹은 귤의 양의 몇 배인가요?

( )

⌐어려운 문제⌐
10 보기 의 수들 중 2개를 골라 나눗셈식을 만들려고 합니다. 나눗셈 결과가 가장 큰 식을 만들어 계산 결과를 구해 보세요.

보기
$$
\dfrac{4}{27} \qquad \dfrac{7}{27} \qquad \dfrac{11}{27} \qquad \dfrac{17}{27} \qquad \dfrac{23}{27}
$$

( )

도움말 가장 큰 수를 가장 작은 수로 나눌 때 나눗셈 결과가 가장 큽니다.

문제해결 접근하기

11 길이가 $\dfrac{28}{29}$ m인 끈을 겹치지 않게 모두 사용하여 한 변의 길이가 $\dfrac{1}{29}$ m인 정사각형을 여러 개 만들려고 합니다. 정사각형을 몇 개 만들 수 있는지 구해 보세요.

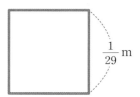

이해하기
구하려고 하는 것은 무엇인가요?

답 _____

계획 세우기
어떤 방법으로 문제를 해결하면 좋을까요?

답 _____

해결하기
(1) 한 변의 길이가 $\dfrac{1}{29}$ m인 정사각형의 둘레는

$$\dfrac{1}{29} \times \boxed{} = \dfrac{\boxed{}}{\boxed{}} \text{(m)입니다.}$$

(2) 만들 수 있는 정사각형의 개수는

$$\dfrac{28}{29} \div \dfrac{\boxed{}}{29} = \boxed{} \text{(개)입니다.}$$

되돌아보기
길이가 $\dfrac{20}{29}$ m인 끈을 겹치지 않게 모두 사용하여 한 변의 길이가 $\dfrac{2}{29}$ m인 정오각형을 여러 개 만들려고 합니다. 정오각형을 몇 개 만들 수 있는지 구해 보세요.

답 _____

개념 확인 학습 **개념 3** (분수)÷(분수)를 알아볼까요(3)

• 분모가 다를 때에는 두 분수를 통분해서 계산합니다.

분모가 다르고 분자끼리 나누어떨어지는 (분수)÷(분수)

• $\dfrac{3}{4} \div \dfrac{1}{8}$ 의 계산

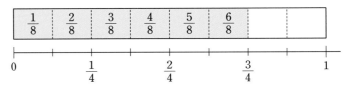

$\dfrac{3}{4}$ 은 $\dfrac{6}{8}$ 과 같습니다. $\dfrac{6}{8}$ 은 $\dfrac{1}{8}$ 이 6개이므로 $\dfrac{3}{4} \div \dfrac{1}{8} = 6$ 입니다.

➡ $\dfrac{3}{4} \div \dfrac{1}{8} = \dfrac{6}{8} \div \dfrac{1}{8} = 6 \div 1 = 6$

• 두 분수를 통분할 때에는 두 분모의 곱이나 두 분모의 최소공배수를 공통분모로 합니다.

분모가 다르고 분자끼리 나누어떨어지지 않는 (분수)÷(분수)

• $\dfrac{2}{5} \div \dfrac{3}{4}$ 의 계산

$\dfrac{2}{5} \div \dfrac{3}{4} = \dfrac{8}{20} \div \dfrac{15}{20} = 8 \div 15 = \dfrac{8}{15}$

• $\dfrac{5}{6} \div \dfrac{2}{9}$ 의 계산

$\dfrac{5}{6} \div \dfrac{2}{9} = \dfrac{15}{18} \div \dfrac{4}{18} = 15 \div 4 = \dfrac{15}{4} = 3\dfrac{3}{4}$

분모가 다른 (분수)÷(분수)는 어떻게 계산하지?

우선 통분을 한 후에 분자끼리 나누어 계산해!

문제를 풀며 이해해요

1 $\dfrac{3}{4} \div \dfrac{3}{8}$ 을 계산하려고 합니다. ☐ 안에 알맞은 수를 써넣으세요.

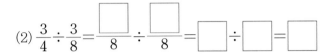

| $\frac{1}{8}$ | $\frac{2}{8}$ | $\frac{3}{8}$ | $\frac{4}{8}$ | $\frac{5}{8}$ | $\frac{6}{8}$ | | |

0　　　$\frac{1}{4}$　　　$\frac{2}{4}$　　　$\frac{3}{4}$　　　1

(1) $\dfrac{3}{4}$ 에는 $\dfrac{1}{8}$ 이 ☐ 번 들어갑니다.

(2) $\dfrac{3}{4} \div \dfrac{3}{8} = \dfrac{\Box}{8} \div \dfrac{\Box}{8} = \Box \div \Box = \Box$

> 분모가 다른 (분수)÷(분수)의 계산 방법을 알고 있는지 묻는 문제예요.
>
> ■ 분모가 다른 분수의 나눗셈은 통분하여 계산할 수 있어요.

2 $\dfrac{5}{9} \div \dfrac{1}{18}$ 을 계산하려고 합니다. ☐ 안에 알맞은 수를 써넣으세요.

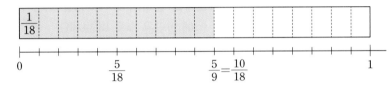

| $\frac{1}{18}$ | | | | | | | | | | | |

0　　　$\frac{5}{18}$　　　$\frac{5}{9}=\frac{10}{18}$　　　1

(1) $\dfrac{5}{9}$ 에는 $\dfrac{1}{18}$ 이 ☐ 번 들어갑니다.

(2) $\dfrac{5}{9} \div \dfrac{1}{18} = \dfrac{\Box}{18} \div \dfrac{\Box}{18} = \Box \div \Box = \Box$

3 두 분수를 통분하여 나눗셈하는 과정입니다. ☐ 안에 알맞은 수를 써넣으세요.

> ■ 두 분모의 최소공배수로 통분하면 두 분모의 곱으로 통분할 때보다 분모와 분자가 작아져서 더 간단하게 계산할 수 있어요.

(1) $\dfrac{5}{6} \div \dfrac{4}{9} = \dfrac{5 \times 3}{6 \times 3} \div \dfrac{4 \times 2}{9 \times 2} = \dfrac{15}{18} \div \dfrac{\Box}{18}$

$= \Box \div \Box = \dfrac{\Box}{\Box} = \Box\dfrac{\Box}{\Box}$

(2) $\dfrac{2}{5} \div \dfrac{1}{4} = \dfrac{2 \times 4}{5 \times 4} \div \dfrac{1 \times 5}{4 \times 5} = \dfrac{\Box}{20} \div \dfrac{5}{20}$

$= \Box \div \Box = \dfrac{\Box}{\Box} = \Box\dfrac{\Box}{\Box}$

01 계산해 보세요.

(1) $\dfrac{4}{5} \div \dfrac{1}{3}$

(2) $\dfrac{9}{14} \div \dfrac{3}{4}$

02 <u>잘못된</u> 곳을 찾아 바르게 계산해 보세요.

$$\dfrac{3}{7} \div \dfrac{3}{14} = 7 \div 14 = \dfrac{7}{14} = \dfrac{1}{2}$$

$$\dfrac{3}{7} \div \dfrac{3}{14} =$$

03 ⌐중요⌐
작은 수를 큰 수로 나눈 몫을 분수로 구해 보세요.

$$\dfrac{3}{4} \qquad \dfrac{13}{20}$$

( )

04 계산 결과를 비교하여 ○ 안에 >, =, <를 알맞게 써넣으세요.

$$\dfrac{13}{15} \div \dfrac{3}{5} \quad \bigcirc \quad \dfrac{7}{10} \div \dfrac{7}{20}$$

05 밀가루 $\dfrac{5}{6}$ kg을 한 봉지에 $\dfrac{1}{12}$ kg씩 나누어 담으려고 합니다. 필요한 봉지는 몇 개인가요?

( )

06 두 분수를 통분하여 나눗셈을 하는 과정입니다. ㉠, ㉡, ㉢에 알맞은 수를 써 보세요.

$$\dfrac{1}{4} \div \dfrac{2}{3} = \dfrac{㉠}{12} \div \dfrac{8}{12} = \dfrac{㉢}{㉡}$$

㉠	㉡	㉢

07 ⌐중요⌐
빈칸에 알맞은 수를 써넣으세요.

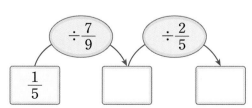

08 계산 결과가 작은 것부터 순서대로 기호를 써 보세요.

㉠ $\frac{7}{9} \div \frac{4}{5}$

㉡ $\frac{3}{8} \div \frac{5}{6}$

㉢ $\frac{5}{9} \div \frac{2}{7}$

(   )

09 한 병에 $\frac{9}{20}$ L씩 들어 있는 주스 4병을 종이컵 한 개에 $\frac{3}{10}$ L씩 담으려고 합니다. 종이컵은 몇 개 필요한가요?

(   )

⌐어려운 문제┐

10 어떤 수를 $\frac{4}{7}$로 나누어야 하는데 잘못하여 어떤 수에 $\frac{4}{7}$를 곱했더니 $\frac{15}{49}$가 되었습니다. 바르게 계산한 값은 얼마인가요?

(   )

도움말 어떤 수를 □라고 하면 □$\times \frac{4}{7} = \frac{15}{49}$이므로

□$= \frac{15}{49} \div \frac{4}{7}$입니다.

문제해결 접근하기

11 길이가 $\frac{6}{11}$ m인 초록색 테이프와 $\frac{4}{11}$ m인 빨간색 테이프를 겹치지 않게 이어 붙인 후 $\frac{5}{22}$ m씩 잘라서 리본을 만들려고 합니다. 리본을 몇 개 만들 수 있는지 구해 보세요.

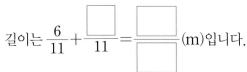

이해하기

구하려고 하는 것은 무엇인가요?

답 _____

_____

계획 세우기

어떤 방법으로 문제를 해결하면 좋을까요?

답 _____

_____

_____

해결하기

(1) 초록색 테이프와 빨간색 테이프를 이어 붙인 길이는 $\frac{6}{11} + \frac{\boxed{}}{11} = \frac{\boxed{}}{\boxed{}}$ (m)입니다.

(2) 이어 붙인 색 테이프를 $\frac{5}{22}$ m씩 자르면 리본을 $\frac{\boxed{}}{11} \div \frac{5}{22} = \boxed{}$ (개) 만들 수 있습니다.

되돌아보기

이어 붙인 색 테이프를 $\frac{10}{33}$ m씩 잘라 리본을 만든다면 리본을 몇 개 만들 수 있는지 구해 보세요.

답 _____

_____

개념 확인 학습 **개념 4** **(자연수)÷(분수)를 알아볼까요**

• 6 kg을 캐는 데 $\frac{3}{8}$시간이 걸리면 1시간 동안에 캘 수 있는 감자의 양은 $\left(6÷\frac{3}{8}\right)$kg입니다.

> 감자 6 kg을 캐는 데 $\frac{3}{8}$시간이 걸릴 때 1시간 동안 몇 kg을 캘 수 있는지 알아보기

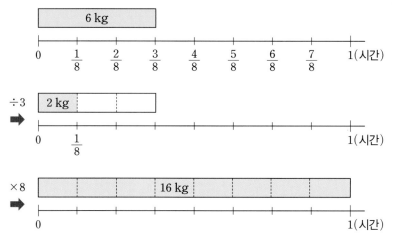

• $\frac{1}{8}$시간은 $\frac{3}{8}$시간을 3으로 나눈 것과 같습니다.

$\frac{1}{8}$시간 동안 캘 수 있는 감자의 양은 6 kg을 3으로 나눈 것과 같습니다.

$6÷3=2$이므로 $\frac{1}{8}$시간 동안 2 kg의 감자를 캘 수 있습니다.

1시간은 $\frac{1}{8}$시간의 8배이므로 캘 수 있는 양은 $2×8=16$ (kg)입니다.

• $6÷\frac{3}{8}$의 계산 방법 정리하기

$\frac{1}{8}$시간 동안 캘 수 있는 양을 구하기 위해 $6÷3$을 먼저 계산합니다.

그리고 1시간 동안 캘 수 있는 양을 구하기 위해 $6÷3$에 8을 곱합니다.

➡ $6÷\frac{3}{8}=(6÷3)×8=16$

• $■÷\dfrac{★}{●}=(■÷★)×●$

(자연수)÷(분수)의 계산은 어떻게 하지?

(자연수)÷(분자)를 먼저 계산한 후 분모를 곱하면 돼!

[1~2] 수박 $\frac{4}{5}$통의 무게가 8 kg입니다. 수박 1통의 무게는 몇 kg인지 구해 보세요.

1 다음은 수박 **1**통의 무게를 구하는 과정입니다. □ 안에 알맞은 수를 써넣으세요.

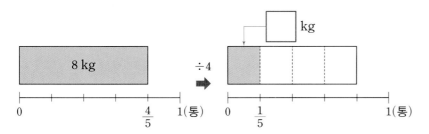

$\frac{1}{5}$통은 $\frac{4}{5}$통을 $\boxed{}$(으)로 나눈 것과 같습니다.

➡ $\left(\text{수박 } \frac{1}{5}\text{통의 무게}\right) = 8 \div \boxed{} = \boxed{} \text{(kg)}$

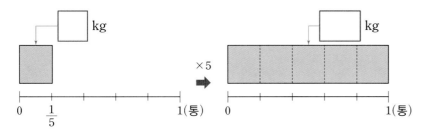

1통은 $\frac{1}{5}$통의 $\boxed{}$배입니다.

➡ (수박 1통의 무게) $= 2 \times \boxed{} = \boxed{}$ (kg)

2 □ 안에 알맞은 수를 써넣으세요.

$$8 \div \frac{4}{5} = (8 \div \boxed{}) \times \boxed{} = \boxed{}$$

3 □ 안에 알맞은 수를 써넣으세요.

(1) $12 \div \frac{4}{7} = (12 \div \boxed{}) \times \boxed{} = \boxed{}$

(2) $9 \div \frac{3}{11} = (9 \div \boxed{}) \times \boxed{} = \boxed{}$

(자연수)÷(분수)의 계산 방법을 알고 있는지 묻는 문제예요.

■ 수박 $\frac{4}{5}$통의 무게가 8 kg이면 수박 1통의 무게는 $\left(8 \div \frac{4}{5}\right)$ kg이에요.

■ $\blacksquare \div \dfrac{\bigstar}{\bullet}$의 계산은

$(\blacksquare \div \bigstar) \times \bullet$와 같아요.

교과서 내용 학습

01 계산해 보세요.

(1) $10 \div \dfrac{2}{7}$

(2) $16 \div \dfrac{4}{11}$

02 □ 안에 알맞은 수를 써넣으세요.

$$14 \div \dfrac{2}{\boxed{}} = (14 \div 2) \times 9$$

03 〔중요〕
잘못 계산한 식의 기호를 쓰고, 그 식을 바르게 계산한 값을 구해 보세요.

$$\textcircled{\tiny ㉠} \; 3 \div \dfrac{3}{5} = 5$$

$$\textcircled{\tiny ㉡} \; 15 \div \dfrac{3}{5} = 5$$

(   ), (   )

04 빈칸에 알맞은 수를 써넣으세요.

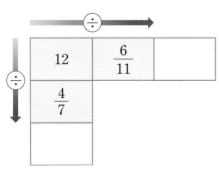

05 계산 결과를 비교하여 ○ 안에 >, =, <를 알맞게 써넣으세요.

$$9 \div \dfrac{3}{5} \quad \bigcirc \quad 12 \div \dfrac{2}{7}$$

06 계산 결과가 가장 큰 것의 기호를 써 보세요.

㉠ $14 \div \dfrac{2}{5}$ ㉡ $15 \div \dfrac{5}{8}$

㉢ $16 \div \dfrac{4}{7}$ ㉣ $18 \div \dfrac{6}{11}$

(   )

07 〔중요〕
□ 안에 들어갈 수 있는 자연수 중 가장 큰 수를 써 보세요.

$$\boxed{} < 24 \div \dfrac{6}{7}$$

(   )

08 □ 안에 알맞은 수를 써넣으세요.

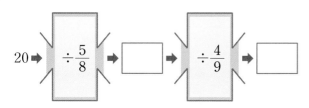

09 넓이가 **12 m²**인 삼각형의 밑변의 길이는 $\frac{8}{9}$ **m**입니다. 이 삼각형의 높이는 몇 **m**인가요?

(   )

⊏어려운 문제⊐

10 어느 스마트 워치의 배터리는 $\frac{3}{5}$만큼 충전되는 데 21분이 걸립니다. 매분 충전되는 양이 일정할 때 방전된 배터리를 완전히 충전하는 데 걸리는 시간은 몇 분인가요?

(   )

도움말 완전히 충전되는 데 걸리는 시간은 (걸린 시간)÷(충전된 양)입니다.

문제해결 접근하기

11 한 포대의 무게가 **5 kg**인 쌀 6포대를 한 사람당 $\frac{5}{7}$ **kg**씩 똑같이 나누어 주려고 합니다. 몇 명에게 나누어 줄 수 있는지 구해 보세요.

이해하기

구하려고 하는 것은 무엇인가요?

답 _____

_____

계획 세우기

어떤 방법으로 문제를 해결하면 좋을까요?

답 _____

_____

_____

해결하기

(1) 전체 쌀의 양은 5 × □ = □ (kg)입니다.

(2) (나누어 줄 수 있는 사람 수)

= □ ÷ $\frac{5}{7}$ = □ (명)

되돌아보기

한 봉지의 무게가 **4 kg**인 고구마 6봉지를 한 사람당 $\frac{3}{4}$ **kg**씩 똑같이 나누어 주려고 합니다. 몇 명에게 나누어 줄 수 있는지 구해 보세요.

답 _____

_____

_____

개념 확인 학습

개념 5 (분수)÷(분수)를 (분수)×(분수)로 나타내어 볼까요

- (분수)÷(분수)를 계산하기 위해
  ① 나눗셈을 곱셈으로 나타내고
  ② 나누는 분수의 분모와 분자를 바꾸어 줍니다.

$$\frac{★}{■}÷\frac{▲}{●}=\frac{★}{■}×\frac{●}{▲}$$

음료수 $\frac{3}{5}$ L를 빈 통에 담아 보니 통의 $\frac{3}{4}$이 찼을 때 한 통을 가득 채울 수 있는 음료수의 양 구하기

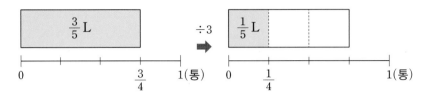

$$(\text{한 통의 } \frac{1}{4} \text{을 채울 수 있는 음료수의 양}) = \frac{3}{5}÷3=\frac{3}{5}×\frac{1}{3}=\frac{1}{5}(L)$$

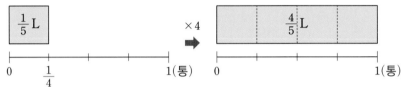

$$(\text{한 통을 가득 채울 수 있는 음료수의 양}) = \frac{1}{5}×4=\frac{4}{5}(L)$$

➡ $\frac{3}{5}÷\frac{3}{4}=\left(\frac{3}{5}÷3\right)×4=\left(\frac{3}{5}×\frac{1}{3}\right)×4=\frac{3}{5}×\frac{4}{3}$

개념 6 (분수)÷(분수)를 계산해 볼까요

- (자연수)÷(분수)는 나눗셈을 곱셈으로 나타내고 나누는 분수의 분모와 분자를 바꾸어 계산합니다.

$$3÷\frac{2}{5}=3×\frac{5}{2}=\frac{15}{2}=7\frac{1}{2}$$

- (분수)÷(분수)는 통분하여 계산하거나 분수의 곱셈으로 나타내어 계산합니다.

  방법 1 $\frac{3}{4}÷\frac{2}{5}=\frac{15}{20}÷\frac{8}{20}=15÷8=\frac{15}{8}=1\frac{7}{8}$

  방법 2 $\frac{3}{4}÷\frac{2}{5}=\frac{3}{4}×\frac{5}{2}=\frac{15}{8}=1\frac{7}{8}$

- (대분수)÷(분수)는 대분수를 가분수로 나타내어 계산합니다.

  - (대분수)÷(분수)를 계산할 때는 먼저 대분수를 가분수로 바꾼 후 계산합니다.

$$1\frac{1}{4}÷\frac{3}{7}=\frac{5}{4}÷\frac{3}{7}=\frac{5}{4}×\frac{7}{3}=\frac{35}{12}=2\frac{11}{12}$$

[1~2] 무게가 $\frac{2}{5}$ kg인 가죽끈 $\frac{3}{7}$ m가 있습니다. 가죽끈 **1** m의 무게는 몇 kg인지 구해 보세요.

1 가죽끈 **1** m의 무게를 구하는 과정입니다. ☐ 안에 알맞은 수를 써넣으세요.

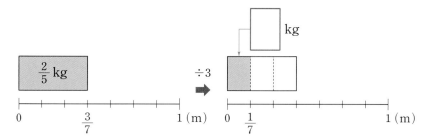

$\frac{1}{7}$ m는 $\frac{3}{7}$ m를 ☐(으)로 나눈 것과 같습니다.

➡ (가죽끈 $\frac{1}{7}$ m의 무게)$= \frac{2}{5} \div \boxed{} = \frac{2}{5} \times \frac{1}{\boxed{}} = \frac{\boxed{}}{\boxed{}}$ (kg)

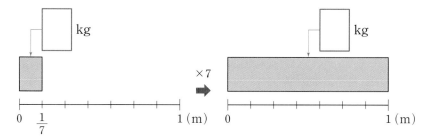

1 m는 $\frac{1}{7}$ m의 ☐ 배입니다.

➡ (가죽끈 **1** m의 무게)$= \frac{\boxed{}}{\boxed{}} \times 7 = \frac{\boxed{}}{\boxed{}}$ (kg)

2 ☐ 안에 알맞은 수를 써넣으세요.

$$\frac{2}{5} \div \frac{3}{7} = \left(\frac{2}{5} \div 3\right) \times \boxed{} = \left(\frac{2}{5} \times \frac{1}{\boxed{}}\right) \times \boxed{} = \frac{\boxed{}}{\boxed{}}$$

3 ☐ 안에 알맞은 수를 써넣으세요.

$$1\frac{3}{5} \div \frac{2}{7} = \frac{\boxed{}}{5} \div \frac{2}{7} = \frac{\boxed{}}{5} \times \frac{\boxed{}}{\boxed{}} = \frac{\boxed{}}{5} = \boxed{}\frac{\boxed{}}{\boxed{}}$$

(분수)÷(분수)를 (분수)×(분수)로 나타내는 방법을 알고 있는지 묻는 문제예요.

■ 가죽끈 $\frac{3}{7}$ m의 무게가 $\frac{2}{5}$ kg이면 가죽끈 **1** m의 무게는 $\left(\frac{2}{5} \div \frac{3}{7}\right)$ kg이에요.

■ 대분수는 반드시 가분수로 바꾼 후 계산해요.

01 보기 와 같이 계산해 보세요.

보기
$$\frac{3}{5} \div \frac{7}{10} = \frac{3}{5} \times \frac{\overset{2}{10}}{7} = \frac{6}{7}$$

(1) $\frac{1}{6} \div \frac{2}{3}$

(2) $\frac{4}{15} \div \frac{3}{5}$

02 $\frac{7}{10} \div \frac{2}{5}$ 를 곱셈식으로 바르게 나타낸 것은 어느 것인가요? (　　)

① $\frac{7}{10} \times \frac{2}{5}$ 　　② $\frac{7}{10} \times \frac{5}{2}$

③ $\frac{10}{7} \times \frac{5}{2}$ 　　④ $\frac{10}{7} \times \frac{2}{5}$

⑤ $\frac{2}{5} \times \frac{7}{10}$

03 ㄷ중요ㄱ
다음 식을 보고 ㉠+㉡의 값을 구해 보세요.

$$\frac{4}{15} \div \frac{5}{9} = \frac{4}{15} \times \frac{9}{㉠} = \frac{㉡}{25}$$

(　　　　　　　　　)

04 빈칸에 알맞은 수를 써넣으세요.

÷ →

$\frac{4}{9}$	$\frac{6}{11}$	
$\frac{3}{7}$	$\frac{7}{12}$	

05 ㄷ중요ㄱ
잘못된 곳을 찾아 바르게 고쳐 계산해 보세요.

$$1\frac{3}{8} \div \frac{3}{5} = \frac{11}{8} \div \frac{3}{5} = \frac{11}{8} \times \frac{3}{5} = \frac{33}{40}$$

$$1\frac{3}{8} \div \frac{3}{5} =$$

06 계산 결과를 찾아 이어 보세요.

$4\frac{1}{2} \div \frac{3}{7}$ ·

$\frac{8}{5} \div \frac{3}{10}$ ·

· $5\frac{1}{3}$

· $7\frac{2}{5}$

· $10\frac{1}{2}$

07 □ 안에 들어갈 수 있는 자연수를 구해 보세요.

$$1\frac{3}{10} \div \frac{3}{5} < □ < \frac{15}{11} \div \frac{3}{7}$$

(　　　　　　　　　)

정답과 해설 5쪽

08 우유가 $6\frac{3}{5}$ L 있습니다. 하루에 $1\frac{1}{10}$ L씩 마신다면 며칠 동안 마실 수 있나요?

(   )

09 초콜릿 $\frac{5}{7}$개의 열량이 $3\frac{1}{3}$ 킬로칼로리입니다. 초콜릿 1개의 열량은 몇 킬로칼로리인지 기약분수로 구해 보세요.

(   )

⊏어려운 문제⊐

10 수 카드 4 , 5 , 9 중 2장을 골라 □ 안에 넣어 계산 결과가 가장 큰 나눗셈을 만들려고 합니다. 나눗셈의 몫은 얼마인가요?

$$\frac{\Box}{2} \div \frac{\Box}{7}$$

(   )

도움말 (계산 결과가 가장 큰 나눗셈)
＝(가장 큰 수)÷(가장 작은 수)

 문제해결 접근하기

11 자전거를 타고 $1\frac{4}{21}$ km를 이동하는 데 $\frac{5}{9}$시간이 걸린다고 합니다. 같은 빠르기로 자전거를 탄다면 3시간 동안에 몇 km를 이동할 수 있는지 구해 보세요.

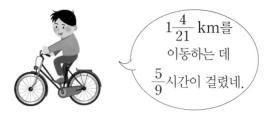

$1\frac{4}{21}$ km를 이동하는 데 $\frac{5}{9}$시간이 걸렸네.

이해하기
구하려고 하는 것은 무엇인가요?

답 _____

계획 세우기
어떤 방법으로 문제를 해결하면 좋을까요?

답 _____

해결하기

(1) 1시간 동안 이동할 수 있는 거리는

$$1\frac{4}{21} \div \frac{\Box}{\Box} = \frac{\Box}{21} \times \frac{\Box}{\Box}$$

$$= \frac{\Box}{7} \text{(km)입니다.}$$

(2) 3시간 동안 이동할 수 있는 거리는

$$\frac{\Box}{7} \times 3 = \frac{\Box}{7} = \Box\frac{\Box}{7} \text{(km)입니다.}$$

되돌아보기

휘발유 $\frac{8}{15}$ L로 $4\frac{2}{5}$ km를 이동할 수 있는 자동차가 있습니다. 휘발유 1 L로 몇 km를 이동할 수 있는지 구해 보세요.

답 _____
_____

01 □ 안에 알맞은 수를 써넣으세요.

$\dfrac{7}{8}$ 은 $\dfrac{1}{8}$ 이 □ 개이고 $\dfrac{1}{8}$ 은 $\dfrac{1}{8}$ 이 □ 개이므로 $\dfrac{7}{8} \div \dfrac{1}{8} =$ □ 입니다.

02 ᄃ중요ᄀ
다음 나눗셈과 몫이 같은 것은 어느 것인가요?

(　　)

$\dfrac{8}{15} \div \dfrac{2}{15}$

① $2 \div 8$　　② $8 \div 2$　　③ $15 \div 2$
④ $15 \div 8$　　⑤ $15 \div 15$

03 계산 결과가 다른 것의 기호를 써 보세요.

ᄀ $\dfrac{5}{13} \div \dfrac{1}{13}$　　ᄂ $\dfrac{6}{13} \div \dfrac{2}{13}$

ᄃ $\dfrac{9}{13} \div \dfrac{3}{13}$　　ᄅ $\dfrac{12}{13} \div \dfrac{4}{13}$

(　　　　　　)

04 관계있는 것끼리 이어 보세요.

$\dfrac{6}{7} \div \dfrac{4}{7}$　・　・ $9 \div 5$ ・　・ $1\dfrac{4}{5}$

$\dfrac{9}{17} \div \dfrac{5}{17}$　・　・ $6 \div 4$ ・　・ $1\dfrac{1}{2}$

05 ᄃ서술형ᄀ
□ 안에 들어갈 수 있는 자연수는 몇 개인지 풀이 과정을 쓰고 답을 구해 보세요.

$\dfrac{13}{24} \div \dfrac{5}{24} < □ < \dfrac{17}{23} \div \dfrac{3}{23}$

풀이

(1) $\dfrac{13}{24} \div \dfrac{5}{24} =$ (　　　　)

(2) $\dfrac{17}{23} \div \dfrac{3}{23} =$ (　　　　)

(3) (　　　　) < □ < (　　　　) 이므로
□ 안에 들어갈 수 있는 자연수는 (　　　　)
개입니다.

답 _____

06 우유가 $\frac{23}{27}$ L 있습니다. $\frac{4}{27}$ L까지 담을 수 있는 컵에 모두 나누어 담으려고 합니다. 컵은 적어도 몇 개 필요한가요?

(   )

07 □ 안에 알맞은 수를 써넣으세요.

$$\boxed{} \times \frac{3}{5} = \frac{7}{8}$$

08 작은 수를 큰 수로 나눈 몫을 구해 보세요.

| $\frac{3}{5}$ | $\frac{2}{7}$ |

(   )

09 다음 중 몫이 자연수인 것을 모두 찾아 색칠해 보세요.

$\frac{3}{5} \div \frac{7}{10}$	$\frac{4}{7} \div \frac{2}{21}$
$\frac{3}{8} \div \frac{1}{6}$	$\frac{8}{9} \div \frac{2}{27}$
$\frac{6}{11} \div \frac{3}{22}$	$\frac{12}{13} \div \frac{2}{5}$

⊂서술형⊃

10 페인트 $\frac{2}{3}$ L를 모두 사용하여 가로 $\frac{4}{5}$ m, 세로 $\frac{3}{4}$ m 인 직사각형 모양의 담장을 칠했습니다. $1\ m^2$의 담장을 칠하는 데 사용한 페인트는 몇 L인지 풀이 과정을 쓰고 답을 구해 보세요.

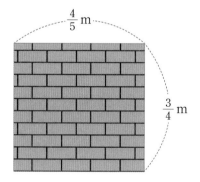

풀이

(1) 직사각형 모양의 담장의 넓이는

(   ) × (   ) = (   ) (m^2)

입니다.

(2) $1\ m^2$의 담장을 칠하는 데 사용한 페인트는

(   ) ÷ (   ) = (   ) (L)

입니다.

답 _____

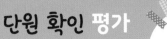

11 계산 결과를 비교하여 ○ 안에 ＞, ＝, ＜를 알맞게 써넣으세요.

$$8 \div \frac{4}{5} \quad \bigcirc \quad 4 \div \frac{2}{5}$$

⊏어려운 문제⊐

12 넓이가 2 m²인 마름모가 있습니다. 한 대각선의 길이가 $1\frac{1}{3}$ m일 때, 다른 대각선의 길이는 몇 m인가요?

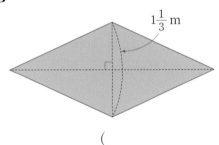

$1\frac{1}{3}$ m

(   )

도움말 (마름모의 넓이)
＝(한 대각선의 길이)×(다른 대각선의 길이)÷2

13 ㉠은 ㉡의 몇 배인지 구해 보세요.

| ㉠ $12 \div \frac{6}{7}$ | ㉡ $\frac{7}{11} \div \frac{9}{22}$ |

(   )

14 딸기 10 kg을 친구들에게 나누어 주려고 합니다. 친구 1명에게 $\frac{5}{6}$ kg씩 나누어 준다면 모두 몇 명에게 나누어 줄 수 있나요?

(   )

⊏중요⊐

15 서준이가 자전거를 타고 $\frac{10}{9}$ km를 가는 데 $\frac{2}{5}$ 시간이 걸린다고 합니다. 같은 빠르기로 자전거를 탄다면 한 시간에 몇 km를 갈 수 있나요?

(   )

16 다음 수 중에서 가분수를 진분수로 나눈 몫을 기약분수로 구해 보세요.

$$\frac{8}{13} \qquad 1\frac{3}{4} \qquad \frac{16}{7} \qquad 2\frac{2}{5}$$

(   )

⊏서술형⊐

17 4 L 들이 물통에 물이 $1\frac{3}{4}$ L 들어 있습니다. 물을 한 번에 $\frac{3}{8}$ L씩 부어 물통을 가득 채우려면 물을 몇 번 부어야 하는지 풀이 과정을 쓰고 답을 구해 보세요.

풀이

(1) 물통에 더 채워야 하는 물의 양은

(   )－(   )＝(   )(L)

입니다.

(2) 물통에 더 채워야 하는 물을 $\frac{3}{8}$ L씩 담아 채우려면

(   )÷(   )＝(   )(번)

부어야 합니다.

답 _____

18 수 카드 3 , 5 , 7 을 한 번씩만 이용하여 만들 수 있는 대분수로 $5\frac{1}{5}$ 를 나누려고 합니다. 몫이 가장 클 때의 값을 기약분수로 구해 보세요.

(   )

⊏어려운 문제⊐

19 가▲나를 다음과 같이 약속할 때, $\left(\frac{3}{4}▲\frac{1}{2}\right)▲\frac{2}{7}$ 의 값을 구해 보세요.

가▲나 ＝(가＋나)÷(가－나)

(   )

20 넓이가 $1\frac{3}{7}$ m²인 삼각형이 있습니다. 이 삼각형의 밑변의 길이가 $\frac{4}{5}$ m일 때, 높이는 몇 m인가요?

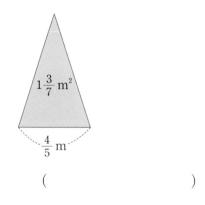

(   )

6학년 현우네 반 학급 신문

현우네 반 학급 신문에 다음과 같은 자료를 조사하여 실으려고 합니다. 분수의 나눗셈을 이용하여 알맞은 결과를 구해 보세요.

1 **핸드폰과 함께 하는 수학 시간**

– 충전 시간이 가장 짧은 핸드폰을 찾아라.

우리 반 친구들이 가지고 있는 핸드폰의 충전 시간에 대해 조사했습니다. 다음 중 방전된 핸드폰이 100 % 충전될 때까지 충전 시간이 가장 짧은 핸드폰은 누구의 것인지 찾아보세요. (단, 핸드폰은 각각 일정한 빠르기로 충전됩니다.)

찬희		내 핸드폰은 $\frac{3}{5}$만큼 충전하는 데 30분이 걸려.
민서		내 핸드폰은 $\frac{2}{5}$만큼 충전하는 데 18분이 걸려.
도현		내 핸드폰은 $\frac{1}{4}$만큼 충전하는 데 9분이 걸려.
예성		내 핸드폰은 $\frac{3}{4}$만큼 충전하는 데 36분이 걸려.
성윤		내 핸드폰은 $\frac{5}{7}$만큼 충전하는 데 35분이 걸려.

( )

2 **스마트 워치와 함께 하는 수학 시간**

– 가장 빠른 친구를 찾아라.

우리 반 친구들과 함께 중랑천을 산책했습니다. 산책할 때의 기록과 같은 빠르기로 걸을 때, 한 시간에 가장 많이 걸을 수 있는 친구는 누구인지 찾아보세요.

은하	나는 $\frac{5}{6}$ km를 걷는 데 $\frac{10}{13}$시간이 걸렸어.
연서	나는 $\frac{8}{9}$ km를 걷는 데 $\frac{1}{3}$시간이 걸렸어.
서은	나는 $1\frac{1}{3}$ km를 걷는 데 $1\frac{1}{7}$시간이 걸렸어.
선미	나는 $1\frac{3}{5}$ km를 걷는 데 $1\frac{1}{2}$시간이 걸렸어.
혜연	나는 $2\frac{2}{3}$ km를 걷는 데 $1\frac{3}{5}$시간이 걸렸어.

( )

③ 사다리 타기와 함께 하는 수학 시간

– 좋아하는 간식을 찾아라.

주어진 식 중 하나를 골라 사다리를 타고 내려가면 친구들이 좋아하는 간식이 있습니다. 계산한 답이 맞아야 간식을 먹을 수 있어요. 도착한 곳에 계산 결과를 적어 보세요.

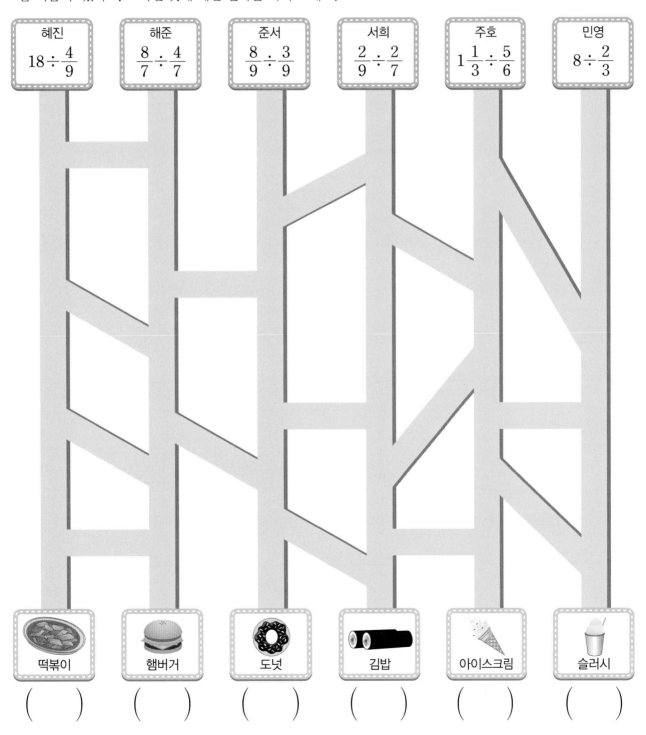

혜진
$18 \div \dfrac{4}{9}$

해준
$\dfrac{8}{7} \div \dfrac{4}{7}$

준서
$\dfrac{8}{9} \div \dfrac{3}{9}$

서희
$\dfrac{2}{9} \div \dfrac{2}{7}$

주호
$1\dfrac{1}{3} \div \dfrac{5}{6}$

민영
$8 \div \dfrac{2}{3}$

떡볶이
(   )

햄버거
(   )

도넛
(   )

김밥
(   )

아이스크림
(   )

슬러시
(   )

2 단원

소수의 나눗셈

우현이네 음료 매장에 블루베리 4.8 kg, 매실청 3.6 L가 있어요.

블루베리 주스 1컵을 만드는 데 블루베리 0.4 kg이 필요하고, 매실 주스 1컵을 만드는 데 매실청 0.15 L가 필요해요. 우현이는 블루베리 주스와 매실 주스를 몇 컵 만들 수 있을까요? 또 어떤 주스를 더 많이 만들 수 있을까요?

이번 2단원에서는 소수를 소수로 나누는 방법을 배울 거예요.

단원 학습 목표

1. 소수의 나눗셈에서 나누는 수를 자연수로 바꾸어 계산하는 원리를 이해할 수 있습니다.
2. (소수)÷(소수)의 계산 원리를 알고 계산할 수 있습니다.
3. (자연수)÷(소수)의 계산 원리를 알고 계산할 수 있습니다.
4. 몫이 나누어떨어지지 않거나 계산이 복잡할 때 몫을 반올림하여 나타낼 수 있습니다.
5. 소수의 나눗셈에서 나누어 주고 남는 양을 구할 수 있습니다.

단원 진도 체크

회차	구성		진도 체크
1차	개념 1 (소수)÷(소수)를 알아볼까요(1)	개념 확인 학습 + 문제 / 교과서 내용 학습	✓
2차	개념 2 (소수)÷(소수)를 알아볼까요(2)	개념 확인 학습 + 문제 / 교과서 내용 학습	✓
3차	개념 3 (소수)÷(소수)를 알아볼까요(3)	개념 확인 학습 + 문제 / 교과서 내용 학습	✓
4차	개념 4 (자연수)÷(소수)를 알아볼까요	개념 확인 학습 + 문제 / 교과서 내용 학습	✓
5차	개념 5 몫을 반올림하여 나타내어 볼까요 개념 6 나누어 주고 남는 양을 알아볼까요	개념 확인 학습 + 문제 / 교과서 내용 학습	✓
6차	단원 확인 평가		✓
7차	수학으로 세상보기		✓

해당 부분을 공부한 후 ✓표를 하세요.

개념 1 **(소수)÷(소수)를 알아볼까요(1)**

직접 나누어 계산하기

• 1.2÷0.2의 계산

0   1   1.2

➡ 1.2를 0.2씩 나누면 모두 6도막이 됩니다.

1.2−0.2−0.2−0.2−0.2−0.2−0.2=0

$$1.2÷0.2=6$$

• **단위 변환하여 계산하기**

22.4÷0.8

➡ 1 cm=10 mm이므로
22.4 cm=224 mm,
0.8 cm=8 mm입니다.

➡ 22.4÷0.8
=224÷8

자연수의 나눗셈을 이용하여 계산하기

• 22.4÷0.8의 계산

22.4 ÷ 0.8
10배   10배
224 ÷ 8 ◄=28

➡ 22.4÷0.8=28

1.26÷0.03

➡ 1 m=100 cm이므로
1.26 m=126 cm,
0.03 m=3 cm입니다.

➡ 1.26÷0.03
=126÷3

• 1.26÷0.03의 계산

1.26 ÷ 0.03
100배   100배
126 ÷ 3 ◄=42

➡ 1.26÷0.03=42

➡ (소수)÷(소수)에서 나누는 수와 나누어지는 수를 똑같이 10배 또는 100배 하여
(자연수)÷(자연수)로 계산합니다.

1 그림을 보고 □ 안에 알맞은 수를 써넣으세요.

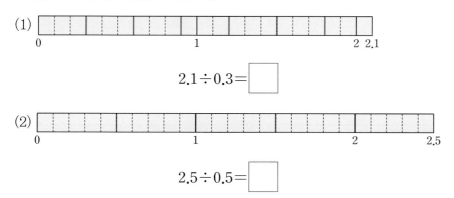

(1)

$$2.1 \div 0.3 = \boxed{}$$

(2)

$$2.5 \div 0.5 = \boxed{}$$

자연수의 나눗셈을 이용하여
(소수)÷(소수)의 계산 원리를
이해하고 계산할 수 있는지
묻는 문제예요.

[2~3] 자연수의 나눗셈을 이용하여 소수의 나눗셈을 계산하려고 합니다. □ 안에 알맞은 수를 써넣으세요.

2

41.5 ÷ 0.5

10배

$\boxed{}$ 배

$\boxed{}$ ÷ $\boxed{}$

➡ $41.5 \div 0.5 = \boxed{}$

■ 나누는 수와 나누어지는 수를 똑같이 10배 해도 몫은 같아요.

3

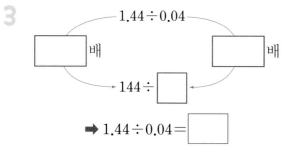

1.44 ÷ 0.04

$\boxed{}$ 배 $\boxed{}$ 배

$144 \div \boxed{}$

➡ $1.44 \div 0.04 = \boxed{}$

■ 나누는 수와 나누어지는 수를 똑같이 100배 해도 몫은 같아요.

01 그림을 보고 □ 안에 알맞은 수를 써넣으세요.

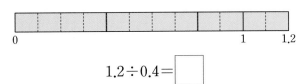

$$1.2 \div 0.4 = \boxed{}$$

02 다음 식을 보고 □ 안에 알맞은 수를 써넣으세요.

$$1.5 - 0.3 - 0.3 - 0.3 - 0.3 - 0.3 = 0$$

$$1.5 \div 0.3 = \boxed{}$$

03 종이끈 **12.4 cm**를 **0.4 cm**씩 잘라서 눈송이를 만들려고 합니다. 눈송이를 몇 개 만들 수 있는지 □ 안에 알맞은 수를 써넣으세요.

> 12.4 cm와 0.4 cm를 mm로 바꾸어 계산하면
>
> 12.4 cm = $\boxed{}$ mm, 0.4 cm = $\boxed{}$ mm
>
> ➡ $12.4 \div 0.4 = 124 \div \boxed{} = \boxed{}$
>
> 따라서 눈송이를 $\boxed{}$ 개 만들 수 있습니다.

04 끈 **5.76 m**를 **0.08 m**씩 잘라서 리본을 만들려고 합니다. 리본을 몇 개 만들 수 있는지 □ 안에 알맞은 수를 써넣으세요.

> 5.76 m와 0.08 m를 cm로 바꾸어 계산하면
>
> 5.76 m = $\boxed{}$ cm, 0.08 m = $\boxed{}$ cm
>
> ➡ $5.76 \div 0.08 = 576 \div \boxed{} = \boxed{}$ 입니다.
>
> 따라서 리본을 $\boxed{}$ 개 만들 수 있습니다.

⌐중요⌐
05 □ 안에 알맞은 수를 써넣으세요.

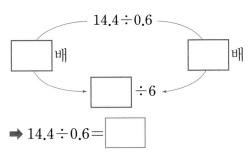

➡ $14.4 \div 0.6 = \boxed{}$

06 자연수의 나눗셈을 이용하여 소수의 나눗셈을 해 보세요.

$$288 \div 9 = 32$$
$$2.88 \div 0.09 = \boxed{}$$

07 나눗셈의 몫을 구해 보세요.

$$3.15 \div 0.09$$

(   )

ㄷ중요ㄱ

08 ☐ 안에 알맞은 수를 써넣으세요.

$$27 \div 3 = \boxed{}$$

$$2.7 \div 0.3 = \boxed{}$$

$$0.27 \div 0.03 = \boxed{}$$

09 계산 결과가 작은 것부터 순서대로 기호를 써 보세요.

㉠ $3.5 \div 0.7$ ㉡ $5.4 \div 0.6$ ㉢ $7.2 \div 0.9$

(   )

ㄷ어려운 문제ㄱ

10 조건을 만족하는 나눗셈식을 쓰고 답을 구해 보세요.

⑴ $235 \div 5$를 이용하여 풀 수 있습니다.
⑵ 나누는 수와 나누어지는 수를
   각각 100배 한 식은 $235 \div 5$입니다.

식 _____

답 _____

도움말 나누는 수와 나누어지는 수를 똑같이 100배 해서 (자연수)÷(자연수)로 바꾸어도 몫은 같아요.

문제해결 접근하기

11 상훈이는 우유 6.4 L를 하루에 0.4 L씩 마셨고, 민희는 우유 1.12 L를 하루에 0.08 L씩 마셨습니다. 같은 날부터 마시기 시작했다면 상훈이가 민희보다 우유를 며칠 더 많이 마셨는지 구해 보세요.

이해하기

구하려고 하는 것은 무엇인가요?

답 _____

_____

계획 세우기

어떤 방법으로 문제를 해결하면 좋을까요?

답 _____

_____

_____

해결하기

⑴ 상훈이가 우유를 마신 날은

$\boxed{} \div 0.4 = \boxed{}$ (일)입니다.

⑵ 민희가 우유를 마신 날은

$\boxed{} \div \boxed{} = \boxed{}$ (일)입니다.

⑶ 상훈이는 민희보다 우유를 $\boxed{}$ 일 더 많이 마셨습니다.

되돌아보기

은성이는 우유 1.04 L를 하루에 0.08 L씩 마셨습니다. 상훈이와 은성이 중 우유를 마신 날이 더 많은 사람은 누구인지 구해 보세요.

답 _____

_____

_____

개념 확인 학습

개념 2 (소수)÷(소수)를 알아볼까요(2)

• 소수를 분수로 바꿀 때, 소수 한 자리 수는 분모가 10인 분수로, 소수 두 자리 수는 분모가 100인 분수로 바꾸어 계산합니다.

(소수 한 자리 수)÷(소수 한 자리 수) 계산하기

• 2.8÷0.4의 계산

방법 1 분수의 나눗셈으로 바꾸어 계산하기

$$2.8 \div 0.4 = \frac{28}{10} \div \frac{4}{10} = 28 \div 4 = 7$$

방법 2 자연수의 나눗셈으로 바꾸어 계산하기

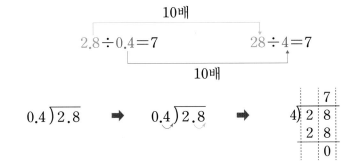

$$0.4 \overline{)2.8} \quad \Rightarrow \quad 0.4 \overline{)2.8} \quad \Rightarrow \quad 4\overline{)288}$$

(소수 두 자리 수)÷(소수 두 자리 수) 계산하기

• 1.44÷0.16의 계산

방법 1 분수의 나눗셈으로 바꾸어 계산하기

$$1.44 \div 0.16 = \frac{144}{100} \div \frac{16}{100} = 144 \div 16 = 9$$

방법 2 자연수의 나눗셈으로 바꾸어 계산하기

100배

1.44÷0.16=9   144÷16=9

100배

• 나누는 수와 나누어지는 수의 소수점을 똑같이 옮겨 계산합니다.

$$0.16 \overline{)1.44} \quad \Rightarrow \quad 0.16 \overline{)1.44} \quad \Rightarrow \quad 16\overline{)144}$$

(소수)÷(소수)를 세로로 계산하려면 어떻게 해야 할까?

나누는 수와 나누어지는 수의 소수점을 똑같이 옮겨야 해.

정답과 해설 10쪽

[1~2] □ 안에 알맞은 수를 써넣으세요.

1 $8.1 \div 0.9 = \dfrac{\boxed{}}{10} \div \dfrac{\boxed{}}{10} = \boxed{} \div \boxed{} = \boxed{}$

자릿수가 같은 (소수)÷(소수)의 계산 방법을 알고 있는지 묻는 문제예요.

2 $1.12 \div 0.14 = \dfrac{\boxed{}}{100} \div \dfrac{\boxed{}}{100} = \boxed{} \div \boxed{} = \boxed{}$

■ 소수를 분모가 10이나 100인 분수로 바꾸어 나눗셈을 할 수 있어요.

[3~6] □ 안에 알맞은 수를 써넣으세요.

■ 나누는 수와 나누어지는 수의 소수점을 똑같이 옮겨 자연수의 나눗셈으로 바꾸어 계산해요.

3
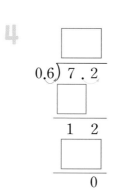

4

5
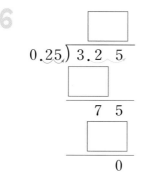

6

[01~02] □ 안에 알맞은 수를 써넣으세요.

01 $6.3 \div 0.9 = \dfrac{\boxed{}}{10} \div \dfrac{\boxed{}}{10} = \boxed{} \div 9 = \boxed{}$

02 $1.02 \div 0.06 = \dfrac{\boxed{}}{100} \div \dfrac{\boxed{}}{100}$

$= \boxed{} \div 6 = \boxed{}$

03 계산해 보세요.

(1) $1.4\,\overline{)\,1\,2.6\,}$　　　(2) $0.17\,\overline{)\,2.5\,5\,}$

04 ⌐중요⌐
자연수의 나눗셈을 계산한 몫을 보고 □ 안에 알맞은 수를 써넣으세요.

$$
\begin{array}{r}
2\ 4 \\
12\,\overline{)\,2\ 8\ 8\,} \\
2\ 4 \\
\hline
4\ 8 \\
4\ 8 \\
\hline
0
\end{array}
\quad\Rightarrow\quad
\begin{array}{r}
\boxed{} \\
1.2\,\overline{)\,2\ 8.8\,}
\end{array}
$$

05 다음 중 두 번째로 큰 수를 가장 작은 수로 나눈 몫을 구해 보세요.

| 1.2 | 0.06 | 3.4 | 1.92 |

(　　　　　　　　　)

06 나눗셈의 몫을 찾아 이어 보세요.

| 41.6÷5.2 | ・ | | ・ | 8 |
| 40.5÷4.5 | ・ | | ・ | 9 |

07 ⌐중요⌐
□ 안에 알맞은 수를 써넣으세요.

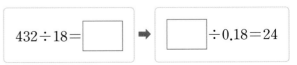

$432 \div 18 = \boxed{}$　$\Rightarrow$　$\boxed{} \div 0.18 = 24$

08 두 나눗셈의 몫의 합을 구해 보세요.

> ㉠ 27.6÷2.3   ㉡ 1.44÷0.08

( )

09 음료수 2.38 L를 컵 한 개에 0.34 L씩 모두 나누어 담으려고 합니다. 컵은 모두 몇 개 필요한가요?

( )

⊏어려운 문제⊐

10 다음 수 카드로 만들 수 있는 가장 작은 소수 두 자리의 수를 0.15로 나눈 몫을 구해 보세요.

> 3 4 5

( )

도움말 가장 작은 수부터 차례대로 3장을 골라서 가장 작은 소수 두 자리 수를 만듭니다.

문제해결 접근하기

11 지후의 방은 한 변의 길이가 2.1 m인 정사각형 모양의 방이고, 지후의 책상의 넓이는 0.49 m²입니다. 지후의 방의 넓이는 책상의 넓이의 몇 배인지 구해 보세요.

이해하기

구하려고 하는 것은 무엇인가요?

답 _____

_____

계획 세우기

어떤 방법으로 문제를 해결하면 좋을까요?

답 _____

_____

해결하기

(1) 지후의 방의 넓이는

2.1× ☐ = ☐ (m²)입니다.

(2) 지후의 방의 넓이는 책상의 넓이의

☐ ÷0.49= ☐ (배)입니다.

되돌아보기

지후네 집 거실의 넓이는 35.28 m²입니다. 거실의 넓이는 지후의 방의 넓이의 몇 배인지 구해 보세요.

답 _____

_____

개념 확인 학습

개념 3 (소수)÷(소수)를 알아볼까요(3)

(소수 두 자리 수)÷(소수 한 자리 수) 계산하기

• 1.44÷0.4의 계산

방법 1 나누는 수와 나누어지는 수를 똑같이 100배 하여 자연수의 나눗셈으로 바꾸어 계산하기

100배

$1.44÷0.4=3.6$ $144÷40=3.6$

100배

• 나누는 수와 나누어지는 수의 소수점을 각각 오른쪽으로 한 자리씩(×10), 또는 두 자리씩(×100) 옮겨서 계산합니다.

$0.4\overline{)1.44}$ ➡ $0.40\overline{)1.44}$ ➡

```
        3.6
40)1 4 4.0
   1 2 0
     2 4 0
     2 4 0
         0
```

방법 2 나누는 수와 나누어지는 수를 똑같이 10배 하여 나누는 수가 자연수가 되도록 바꾸어 계산하기

10배

$1.44÷0.4=3.6$ $14.4÷4=3.6$

10배

• 몫을 쓸 때는 옮긴 소수점의 위치에 맞춰 소수점을 찍어 주어야 합니다.

$0.4\overline{)1.44}$ ➡ $0.4\overline{)1.44}$ ➡

```
       3.6
4)1 4.4
  1 2
    2 4
    2 4
       0
```

자릿수가 다른 (소수)÷(소수)는 나누는 수가 자연수가 되도록 바꿔.

응. 나누는 수와 나누어지는 수를 똑같이 10배 하거나 100배 하여 계산하면 돼.

[1~2] 5.95 ÷ 1.7을 두 가지 방법으로 계산하려고 합니다. □ 안에 알맞은 수를 써넣으세요.

자릿수가 다른 (소수) ÷ (소수)의 계산 방법을 알고 있는지 묻는 문제예요.

1

5.95와 1.7을 각각 10배 하여 계산하면

59.5 ÷ □ = □ 입니다.

2

5.95와 1.7을 각각 100배 하여 계산하면

595 ÷ □ = □ 입니다.

3 □ 안에 알맞은 수를 써넣으세요.

(1)

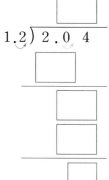

(2)

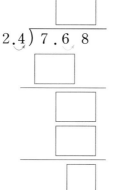

■ 몫을 쓸 때는 옮긴 소수점의 위치에 맞춰 소수점을 찍어 주어야 해요.

01 □ 안에 알맞은 수를 써넣으세요.

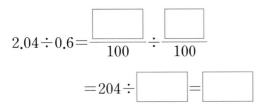

$$11.52 \div 4.8 = \frac{115.2}{10} \div \frac{\boxed{}}{10}$$

$$= 115.2 \div \boxed{} = \boxed{}$$

02 □ 안에 알맞은 수를 써넣으세요.

$$2.04 \div 0.6 = \frac{\boxed{}}{100} \div \frac{\boxed{}}{100}$$

$$= 204 \div \boxed{} = \boxed{}$$

03 ᄃ중요ᄀ

보기 와 같은 방법으로 계산해 보세요.

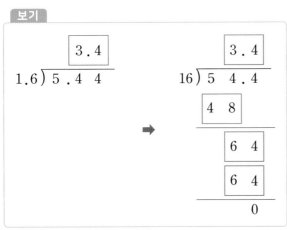

보기

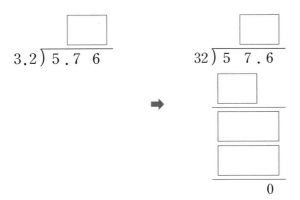

04 계산해 보세요.

(1) $2.6 \overline{)3.1\,2}$ (2) $2.4 \overline{)5.7\,6}$

05 빈칸에 알맞은 수를 써넣으세요.

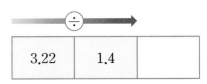

	÷	→
3.22	1.4	

06 계산 결과를 비교하여 ○ 안에 >, =, <를 알맞게 써넣으세요.

86.4÷24	○	8.64÷2.4

07 ᄃ중요ᄀ

몫이 큰 것부터 순서대로 기호를 써 보세요.

ㄱ 3.68÷2.3
ㄴ 4.25÷2.5
ㄷ 6.44÷4.6

( )

정답과 해설 11쪽

08 7.14를 어떤 수로 나누었더니 몫이 1.7이 되었습니다. 어떤 수를 0.7로 나눈 몫은 얼마인가요?

$$7.14 \div \boxed{} = 1.7$$

( )

09 1부터 9까지의 자연수 중에서 ☐ 안에 들어갈 수 있는 자연수를 모두 구해 보세요.

$$8.37 \div 3.1 < \boxed{} < 8.68 \div 1.4$$

( )

⊂어려운 문제⊃
10 사다리꼴의 높이는 몇 m인가요?

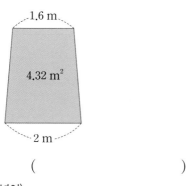

( )

도움말 (사다리꼴의 넓이)
=((윗변의 길이)+(아랫변의 길이))×(높이)÷2

문제해결 접근하기

11 서현이가 가지고 있는 소금의 양은 설탕의 양의 2.2배입니다. 소금의 양이 7.04 kg일 때, 소금의 양과 설탕의 양의 차는 몇 kg인지 구해 보세요.

7.04 kg

이해하기
구하려고 하는 것은 무엇인가요?

답 _____

_____

계획 세우기
어떤 방법으로 문제를 해결하면 좋을까요?

답 _____

_____

_____

해결하기
(1) 설탕의 양은 $\boxed{} \div 2.2 = \boxed{}$ (kg)입니다.

(2) (소금의 양)−(설탕의 양)
= $\boxed{} - \boxed{} = \boxed{}$ (kg)

되돌아보기
서현이가 가지고 있는 밀가루의 양이 4.16 kg일 때 밀가루의 양은 설탕의 양의 몇 배인지 구해 보세요.

답 _____

_____

_____

_____

개념 확인 학습 **개념 4** **(자연수)÷(소수)를 알아볼까요**

• 나누는 수가 소수 한 자리 수일 때는 분모가 10인 분수로 바꾸어 계산합니다.

(자연수)÷(소수 한 자리 수)

방법 1 분모가 10인 분수로 바꾸어 계산하기

$$14 \div 2.8 = \frac{140}{10} \div \frac{28}{10} = 140 \div 28 = 5$$

방법 2 소수점을 각각 오른쪽으로 한 자리씩 옮겨서 자연수의 나눗셈으로 바꾸어 계산하기

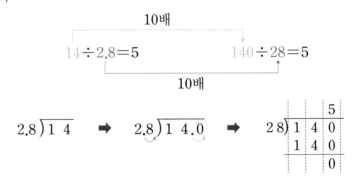

• 나누는 수가 소수 두 자리 수일 때는 분모가 100인 분수로 바꾸어 계산합니다.

(자연수)÷(소수 두 자리 수)

방법 1 분모가 100인 분수로 바꾸어 계산하기

$$18 \div 2.25 = \frac{1800}{100} \div \frac{225}{100} = 1800 \div 225 = 8$$

방법 2 소수점을 각각 오른쪽으로 두 자리씩 옮겨서 자연수의 나눗셈으로 바꾸어 계산하기

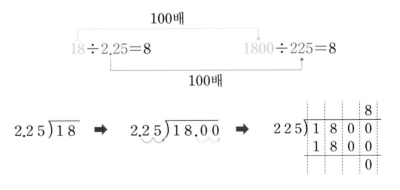

(자연수)÷(소수)를 분수의 나눗셈으로 바꾸어 계산할 수 있어.

나누는 수와 나누어지는 수를 똑같이 10배 또는 100배 하여 계산할 수도 있어.

문제를 풀며 이해해요

[1~2] □ 안에 알맞은 수를 써넣으세요.

1 $9 \div 1.8 = \dfrac{\boxed{}}{10} \div \dfrac{18}{10} = \boxed{} \div 18 = \boxed{}$

2 $26 \div 3.25 = \dfrac{\boxed{}}{100} \div \dfrac{\boxed{}}{100} = \boxed{} \div 325 = \boxed{}$

(자연수)÷(소수)의 계산 원리를 이해하고 계산할 수 있는지 묻는 문제예요.

■ 소수를 분모가 10 또는 100인 분수로 바꾸어 계산해요.

3 □ 안에 알맞은 수를 써넣으세요.

(1)
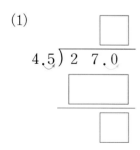

(2)
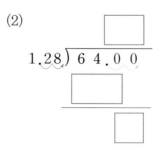

■ 나누는 수와 나누어지는 수의 소수점을 각각 오른쪽으로 똑같이 옮겨 계산해요.

2. 소수의 나눗셈 45

[01~02] ☐ 안에 알맞은 수를 써넣으세요.

01 $21 \div 3.5 = \dfrac{\boxed{}}{10} \div \dfrac{35}{10}$

$= \boxed{} \div 35 = \boxed{}$

02 $13 \div 3.25 = \dfrac{\boxed{}}{100} \div \dfrac{325}{100}$

$= \boxed{} \div 325 = \boxed{}$

03 ⊂중요⊃
계산해 보세요.

(1) $1.6\overline{)8}$　　　　(2) $2.34\overline{)1\ 1\ 7}$

04 계산 결과를 찾아 이어 보세요.

| $40 \div 0.16$ | • | | • | 25 |
| $60 \div 2.4$ | • | | • | 250 |

05 계산 결과를 비교하여 ○ 안에 >, =, <를 알맞게 써넣으세요.

$123 \div 4.1$ ◯ 33

06 ⊂중요⊃
잘못 계산한 식의 기호를 쓰고, 그 식을 바르게 계산한 값을 구해 보세요.

⊙ $63 \div 0.35 = 18$
⊙ $36 \div 0.12 = 300$

(　　　　　), (　　　　　)

07 다음 중 계산 결과가 가장 큰 것을 찾아 색칠해 보세요.

| $30 \div 0.25$ | $45 \div 0.15$ |
| $51 \div 4.25$ | $81 \div 1.8$ |

08 □ 안에 알맞은 수를 써넣으세요.

(1)
$$0.56 \div 0.14 = 4$$
$$5.6 \div 0.14 = \boxed{}$$
$$56 \div 0.14 = \boxed{}$$

(2)
$$192 \div 8 = 24$$
$$192 \div 0.8 = \boxed{}$$
$$192 \div 0.08 = \boxed{}$$

09 감자 141 kg을 한 상자에 9.4 kg씩 담으면 모두 몇 상자가 되는지 구해 보세요.

(   )

⌐어려운 문제⌐

10 길이가 613 m인 도로의 양쪽에 처음부터 끝까지 12.26 m 간격으로 나무를 심으려고 합니다. 필요한 나무는 모두 몇 그루인가요? (단, 나무의 두께는 생각하지 않습니다.)

(   )

도움말 (도로의 한쪽에 심는 나무의 수)
=(도로의 길이)÷(나무 사이의 간격)+1

문제해결 접근하기

11 2.35에 어떤 수를 곱하였더니 84.6이 되었습니다. 어떤 수를 2.4로 나눈 몫은 얼마인지 구해 보세요.

어떤 수가 얼마지?

이해하기
구하려고 하는 것은 무엇인가요?

답 _____

_____

계획 세우기
어떤 방법으로 문제를 해결하면 좋을까요?

답 _____

_____

해결하기

(1) 어떤 수는 $\boxed{} \div \boxed{}$ (으)로 구할 수 있습니다.

(2) 어떤 수는 $\boxed{}$ 입니다.

(3) $\boxed{} \div 2.4 = \boxed{}$

되돌아보기
어떤 수를 0.24로 나눈 몫은 얼마인지 구해 보세요.

답 _____

_____

개념 5 몫을 반올림하여 나타내어 볼까요

• **반올림**
구하려는 자리 바로 아래 자리의 숫자가 0, 1, 2, 3, 4이면 버리고, 5, 6, 7, 8, 9이면 올립니다.

1.45÷0.6의 몫을 반올림하여 나타내기

$$1.45 \div 0.6 = 2.4166\cdots$$

• 몫을 반올림하여 일의 자리까지 나타내기
  ➡ 몫의 소수 첫째 자리 숫자가 4이므로 버립니다.
    따라서 반올림하여 일의 자리까지 나타내면 2입니다.

• 몫을 반올림하여 소수 첫째 자리까지 나타내기
  ➡ 몫의 소수 둘째 자리 숫자가 1이므로 버립니다.
    따라서 반올림하여 소수 첫째 자리까지 나타내면 2.4입니다.

• 몫을 반올림하여 소수 둘째 자리까지 나타내기
  ➡ 몫의 소수 셋째 자리 숫자가 6이므로 올림합니다.
    따라서 반올림하여 소수 둘째 자리까지 나타내면 2.42입니다.

• 나눗셈의 몫을 반올림하여 나타낼 때에는 구하려는 자리보다 한 자리 아래까지 몫을 구한 후 반올림합니다.

개념 6 나누어 주고 남는 양을 알아볼까요

쌀 22.5 kg을 한 사람에게 3 kg씩 나누어 줄 때 나누어 줄 수 있는 사람 수와 남는 쌀의 양 구하기

방법 1 나누어지는 수에서 나누는 수를 덜어내어 구하기

$$22.5 - 3 - 3 - 3 - 3 - 3 - 3 - 3 = 1.5$$

  ➡ 22.5에서 3을 7번 덜어 내면 1.5가 남으므로
    쌀을 7명에게 나누어 줄 수 있고, 남는 쌀의 양은 1.5 kg입니다.

• 나누어 주고 남는 양의 소수점은 나누어지는 수의 처음 소수점의 위치에 맞추어 찍어야 합니다.

방법 2 나눗셈의 몫을 자연수까지만 구하기

한 사람이 가지는 쌀의 양
$$\begin{array}{r} 7 \\ 3\overline{\smash{)}2\,2.5} \\ \underline{2\ 1} \\ 1.5 \end{array}$$
나누어 주는 쌀의 양 → 남는 쌀의 양

• 한 사람이 가지는 쌀의 양: 3 kg
• 나누어 줄 수 있는 사람의 수: 7명
• 나누어 주는 쌀의 양: 21 kg
• 남는 쌀의 양: 1.5 kg

1 나눗셈을 보고 □ 안에 알맞은 수를 써넣으세요.

$$32 \div 7 = 4.5714\cdots$$

(1) 몫을 반올림하여 일의 자리까지 나타내면 □ 입니다.

(2) 몫을 반올림하여 소수 첫째 자리까지 나타내면 □ 입니다.

(3) 몫을 반올림하여 소수 둘째 자리까지 나타내면 □ 입니다.

소수의 나눗셈의 몫을 반올림하여 나타낼 수 있는지 묻는 문제예요.

■ 나눗셈에서 몫이 간단한 소수로 구해지지 않을 경우 몫을 반올림하여 나타내요.

2 밀가루 34.7 kg을 한 봉지에 5 kg씩 나누어 담으려고 합니다. □ 안에 알맞은 수를 써넣으세요.

(1) 34.7에서 5를 □ 번 뺄 수 있으므로 밀가루는 □ 봉지에 나누어 담을 수 있습니다.

(2)

```
       □
   5 ) 3 4.7
       □
       □
```

(3) 나눗셈의 몫을 자연수까지만 구하면 밀가루는 □ kg이 남습니다.

나눗셈에서 나누어 주고 남는 양을 구할 수 있는지 묻는 문제예요.

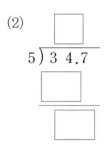

[01~02] 몫을 반올림하여 소수 첫째 자리까지 나타내어 보세요.

01 $5.2 \div 7 = 0.742\cdots$

( )

02 $15.9 \div 9 = 1.766\cdots$

( )

03 몫을 반올림하여 일의 자리까지 나타내어 보세요.

$$35.7 \div 9$$

( )

⊏중요⊐

04 $23.4 \div 4.2$의 몫을 반올림하여 주어진 자리까지 나타내어 보세요.

일의 자리	
소수 첫째 자리	
소수 둘째 자리	

05 계산 결과를 비교하여 ○ 안에 >, =, <를 알맞게 써넣으세요.

| 4.1÷7의 몫을 반올림하여 소수 둘째 자리까지 나타낸 수 | ○ | 4.1÷7 |

06 □ 안에 알맞은 수를 써넣으세요.

$$15.7 - 4 - 4 - 4 = \boxed{}$$

07 포도 27.9 kg을 한 상자에 5 kg씩 나누어 담으려고 합니다. □ 안에 알맞은 수를 써넣으세요.

$$\begin{array}{r} \boxed{} \\ 5{\overline{\smash{\big)}\,2\,7.9}} \\ \underline{2\ 5} \\ \boxed{} \end{array}$$

상자의 수: □ 상자

남는 포도의 양: □ kg

정답과 해설 13쪽

⌐중요⌐
08 나눗셈의 몫을 자연수 부분까지 구하고 남는 수를 써 보세요.

(1)
| 45.8÷6 | 몫: |
| | 남는 수: |

(2)
| 37.7÷9 | 몫: |
| | 남는 수: |

09 주말에 찬영이와 민혁이는 자전거를 탔습니다. 찬영이는 4.6 km, 민혁이는 7.7 km를 탔을 때, 민혁이가 자전거를 탄 거리는 찬영이가 자전거를 탄 거리의 몇 배인지 반올림하여 소수 첫째 자리까지 나타내어 보세요.

( )

⌐어려운 문제⌐
10 철사 9 cm로 정삼각형 1개를 만들 수 있습니다. 철사 57.8 cm로 똑같은 크기의 정삼각형을 몇 개 만들 수 있고, 만들고 남는 철사의 길이는 몇 cm인가요?

만들 수 있는 정삼각형의 수 ( )
남는 철사의 길이 ( )

도움말 만들 수 있는 정삼각형의 수는 (철사의 길이)÷9를 이용하여 구합니다.

11 고구마 32.8 kg을 한 바구니에 7 kg씩 나누어 담으려고 합니다. 고구마를 남김없이 모두 나누어 담으려면 고구마는 적어도 몇 kg이 더 필요한지 구해 보세요.

이해하기
구하려고 하는 것은 무엇인가요?

답 _____

_____

계획 세우기
어떤 방법으로 문제를 해결하면 좋을까요?

답 _____

_____

해결하기
(1) 32.8÷7= ☐ ⋯ ☐

(2) 바구니 ☐ 개에 나누어 담을 수 있고, 남는 고구마는 ☐ kg입니다.

(3) 고구마를 남김없이 모두 나누어 담으려면
7− ☐ = ☐ (kg)이 더 필요합니다.

되돌아보기
만약 한 바구니에 8 kg씩 나누어 담고 고구마를 남김없이 모두 나누어 담으려면 적어도 몇 kg이 더 필요한지 구해 보세요.

답 _____

_____

단원 확인 평가

2. 소수의 나눗셈

01 □ 안에 알맞은 수를 써넣으세요.

띠골판지 42.6 cm를 0.6 cm씩 자르려고 합니다.

42.6 cm = [ ] mm,

0.6 cm = [ ] mm이므로

42.6÷0.6 = [ ] ÷6 = [ ] 입니다.

따라서 띠골판지 42.6 cm를 0.6 cm씩 자르면

[ ] 조각이 됩니다.

02 소수의 나눗셈을 자연수의 나눗셈을 이용하여 계산하려고 합니다. □ 안에 알맞은 수를 써넣으세요.

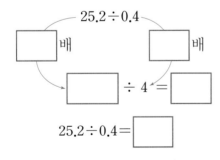

25.2÷0.4 = [ ]

ㄷ중요ㄱ
03 693÷3=231을 이용해서 □ 안에 알맞은 수를 써넣으세요.

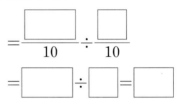

6.93÷0.03 = [ ]

69.3÷0.3 = [ ]

04 □ 안에 알맞은 수를 써넣으세요.

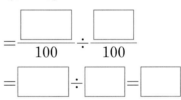

(1) 18.4÷0.4

$= \dfrac{\boxed{}}{10} \div \dfrac{\boxed{}}{10}$

$= \boxed{} \div \boxed{} = \boxed{}$

(2) 4.62÷0.11

$= \dfrac{\boxed{}}{100} \div \dfrac{\boxed{}}{100}$

$= \boxed{} \div \boxed{} = \boxed{}$

05 큰 수를 작은 수로 나눈 몫을 빈칸에 써넣으세요.

14.8	3.7

06 계산 결과를 비교하여 ○ 안에 >, =, <를 알맞게 써넣으세요.

(1) $4.2 \div 0.6$ ○ $2.8 \div 0.4$

(2) $25.6 \div 1.6$ ○ $50.4 \div 2.1$

07 리본 16.8 m를 1.2 m씩 자르려고 합니다. 자른 리본은 모두 몇 도막인가요?

( )

08 음료수 7.56 L를 매일 0.36 L씩 마시려고 합니다. 며칠 동안 마실 수 있는지 구해 보세요.

( )

⊂서술형⊃

09 다음 중 가장 큰 수를 두 번째로 작은 수로 나눈 몫은 얼마인지 풀이 과정을 쓰고 답을 구해 보세요.

| 0.14 | 1.7 | 0.23 | 5.52 | 5.1 |

풀이

(1) 가장 큰 수는 ( )입니다.

(2) 두 번째로 작은 수는 ( )입니다.

(3) 가장 큰 수를 두 번째로 작은 수로 나눈 식은
( )÷( )=( )입니다.

답 _____

10 잘못 계산한 곳을 찾아 바르게 계산해 보세요.

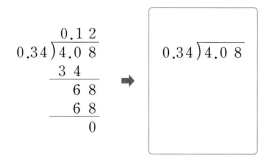

11 다음 중 $8.64 \div 0.32$와 몫이 같은 것은 어느 것인지 기호를 써 보세요.

㉠ $28.75 \div 1.25$
㉡ $12.15 \div 0.45$

( )

12 빈칸에 알맞은 수를 써넣으세요.

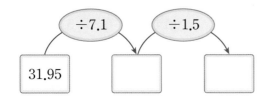

31.95

13 □ 안에 들어갈 수 있는 자연수 중 가장 큰 수를 구해 보세요.

$$\square < 36.48 \div 5.7$$

(   )

⊏서술형⊐

14 휘발유 2.7 L로 31.32 km를 갈 수 있는 자동차가 있습니다. 이 자동차에 휘발유 1 L의 가격이 1700원인 휘발유를 8500원만큼 주유했을 때 자동차가 갈 수 있는 거리는 몇 km인지 풀이 과정을 쓰고 답을 구해 보세요.

풀이

(1) 휘발유 1 L로 갈 수 있는 거리는
(   ) ÷ (   ) = (   ) (km)
입니다.

(2) 8500원으로 주유할 수 있는 휘발유의 양은
(   ) ÷ (   ) = (   ) (L)입니다.

(3) 8500원으로 갈 수 있는 거리는
(   ) × (   ) = (   ) (km)
입니다.

답 _____

15 □ 안에 들어갈 수 있는 나눗셈식을 골라 기호를 써 보세요.

$$20 < \square < 30$$

㉠ 30 ÷ 1.25
㉡ 36 ÷ 1.8
㉢ 63 ÷ 3.5

(   )

⊏중요⊐

16 빈칸에 알맞은 수를 써넣으세요.

÷		
45	2.25	
63	4.2	

17 넓이가 35 m^2인 평행사변형의 밑변의 길이가 1.75 m 입니다. 이 평행사변형의 높이는 몇 m인가요?

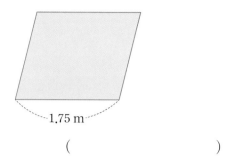

1.75 m

(   )

18 ᒣ어려운 문제ᒥ

어떤 수를 8.6으로 나누어야 할 것을 잘못하여 곱하였더니 894.4가 되었습니다. 바르게 계산하였을 때의 몫을 반올림하여 소수 첫째 자리까지 나타낸 수와 몫을 반올림하여 소수 둘째 자리까지 나타낸 수의 차를 구해 보세요.

(   )

19 물 24.5 L를 3 L들이 유리병에 나누어 담으려고 합니다. 물을 유리병 몇 개에 담을 수 있고, 담고 남는 물은 몇 L인지 구해 보세요.

유리병의 개수 (   )

남는 물의 양 (   )

20 ᒣ어려운 문제ᒥ

어떤 자동차가 45분 동안 90.34 km를 달렸습니다. 이 자동차의 빠르기가 일정하다면 한 시간 동안 달리는 거리는 몇 km인지 반올림하여 소수 첫째 자리까지 구해 보세요.

(   )

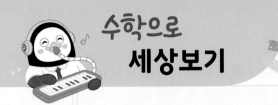

소수와 함께 한강으로 떠나 볼까요?

① 소수와 함께 여의도 한강공원으로 떠나기

정치, 금융, 언론의 중심지인 여의도에 자리하고 있는 '여의도 한강공원'은 지하철, 버스 등 대중교통으로 접근성이 좋아 시민들이 즐겨 찾는 명소이자 봄꽃축제, 세계불꽃축제, 각종 공연 및 마라톤 행사 등의 볼거리와 즐길 거리가 풍부한 휴식공간입니다. 또한 밤섬, 여의도 샛강 등은 비교적 자연 그대로 보존되어 있어 생태학습장 및 자연 친화형 공원입니다.

여의도 샛강 자전거 도로의 길이는 약 4 km입니다. 자전거 도로의 한쪽에 0.25 km 간격으로 처음부터 끝까지 의자를 설치하려고 합니다. 의자는 모두 약 몇 개 필요한지 구해 보세요. (단, 의자의 두께는 생각하지 않습니다.)

약 (   )

여의도 샛강 자전거 도로

잠실 한강공원

2 소수와 함께 잠실 한강공원으로 떠나기

'잠실 한강공원'은 잠실철교에서 영동대교 사이 강변 남단에 위치해 있으며, 잠실종합운동장, 올림픽공원이 인접해 있어 어느 지역보다 생활체육시설 및 문화시설을 함께 이용하기에 편리한 곳입니다. 특히 잠실 한강공원에 있는 자연학습장은 야생화를 포함한 각종 꽃과 농작물 등으로 잘 조성되어 있어 어린이들의 자연학습과 가족 단위의 소풍 장소로 인기가 높습니다.

잠실 한강공원의 길이는 약 4.8 km입니다. 이 공원을 2시간 45분 동안 걸었다면 1시간에 약 몇 km 이동한 것인지 반올림하여 소수 첫째 자리까지 구해 보세요.

약 (   )

3 소수와 함께 하는 ○, × 퀴즈

○, × 퀴즈로 한강공원 여행 중 방문한 장소를 맞혀 보려고 합니다. 다음 조건을 보고 한강공원을 갔을 때 방문한 장소는 어디인지 구해 보세요.

1. 제시된 문제의 답이 맞다면 초록선을, 틀리다면 빨간선을 따라 갑니다.
2. 문제를 풀면서 선을 따라가면 한강 공원에서 방문한 곳이 어디인지 찾을 수 있습니다.

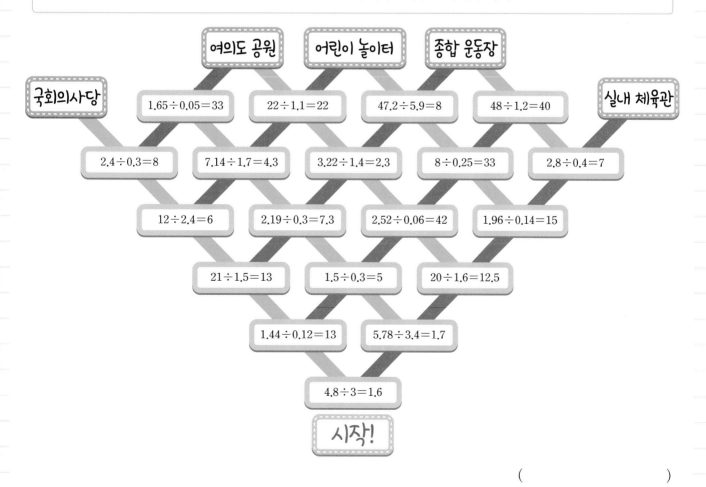

(   )

3 단원

공간과 입체

미경이네 반 학생들은 블록으로 만든 도시 모형 전시회에 갔어요. 전시되어 있는 블록으로 만든 도시 모형을 위쪽과 앞쪽, 오른쪽에서 보았더니 도시의 모습이 모두 다르게 보였어요. 미경이와 친구들은 블록으로 만든 도시 모형을 보면서 공간과 입체에 대해 알 수 있었어요.

이번 3단원에서는 어느 방향에서 보았는지와 쌓은 모양과 쌓기나무의 개수, 쌓기나무로 여러 가지 모양 만들기에 대해 배울 거예요.

단원 학습 목표

1. 쌓기나무로 쌓은 모양과 위에서 본 모양을 보고, 쌓은 모양과 쌓기나무의 개수를 알 수 있습니다.
2. 쌓기나무로 쌓은 모양의 위, 앞, 옆에서 본 모양을 표현할 수 있고, 이러한 표현을 보고 쌓은 모양과 쌓기나무의 개수를 알 수 있습니다.
3. 쌓기나무로 쌓은 모양을 위에서 본 모양에 수를 쓰는 방법으로 표현할 수 있고, 이러한 표현을 보고 쌓은 모양과 쌓기나무의 개수를 알 수 있습니다.
4. 쌓기나무로 쌓은 모양을 층별로 나타낸 모양으로 표현할 수 있고, 이러한 표현을 보고 쌓은 모양과 쌓기나무의 개수를 알 수 있습니다.
5. 쌓기나무로 조건에 맞게 모양을 만들 수 있습니다.

단원 진도 체크

회차	구성		진도 체크
1차	**개념 1** 어느 방향에서 보았을까요	개념 확인 학습 + 문제 / 교과서 내용 학습	✓
2차	**개념 2** 쌓은 모양과 쌓기나무의 개수를 알아볼까요(1)	개념 확인 학습 + 문제 / 교과서 내용 학습	✓
3차	**개념 3** 쌓은 모양과 쌓기나무의 개수를 알아볼까요(2)	개념 확인 학습 + 문제 / 교과서 내용 학습	✓
4차	**개념 4** 쌓은 모양과 쌓기나무의 개수를 알아볼까요(3)	개념 확인 학습 + 문제 / 교과서 내용 학습	✓
5차	**개념 5** 쌓은 모양과 쌓기나무의 개수를 알아볼까요(4)	개념 확인 학습 + 문제 / 교과서 내용 학습	✓
6차	**개념 6** 쌓기나무로 여러 가지 모양을 만들어 볼까요	개념 확인 학습 + 문제 / 교과서 내용 학습	✓
7차	단원 확인 평가		✓
8차	수학으로 세상보기		✓

해당 부분을 공부한 후 ✓표를 하세요.

개념 확인 학습 | 개념 1 | 어느 방향에서 보았을까요

- 어느 건물과 조형물이 있는지 잘 살펴보면 어느 방향에서 본 것인지 알 수 있습니다.

어느 방향에서 본 것인지 알아보기

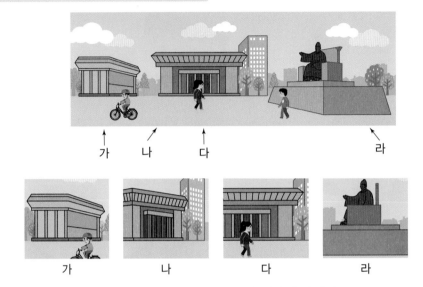

➡ 건물과 조형물을 어느 방향에서 본 것인지 생각해 봅니다.

- 돌하르방 조각상을 바라본 방향에 따른 사진의 차이를 비교해 봅니다.

누가 찍은 것인지 알아보기

미경

보빈

제민

소영

1 다음 사진은 어느 위치에서 찍은 것인지 기호를 써 보세요.

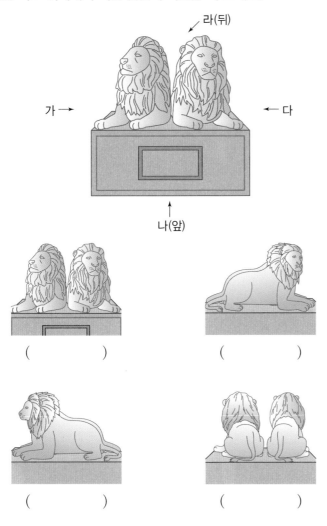

바라본 방향을 알 수 있는지 묻는 문제예요.

■ 전체적인 모습을 관찰하고, 찍힌 부분의 사진 속 정보를 근거로 하여 어느 위치에서 찍은 것인지 생각해 보아요.

(   )   (   )

(   )   (   )

2 오른쪽 조형물을 가, 나, 다 세 곳에서 사진을 찍었습니다. 각 사진을 찍은 위치의 기호를 써 보세요.

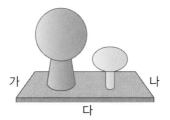

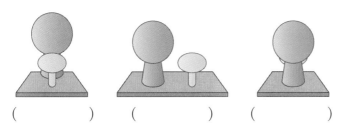

(   )   (   )   (   )

[01~03] 각 사진은 어느 위치에서 찍은 것인지 기호를 써 보세요.

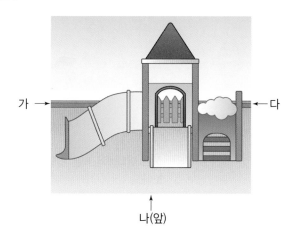

가 →

← 다

↑
나(앞)

01

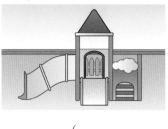

( )

02

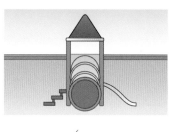

( )

03

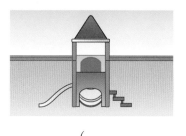

( )

[04~07] 컵을 위에서 본 모양입니다. 물음에 답하세요.

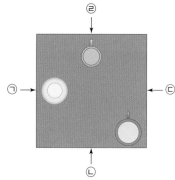

ㄷ**중요**ㄱ

04 어느 방향에서 바라본 것인지 기호를 써 보세요.

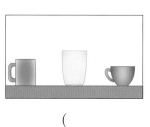

( )

05 어느 방향에서 바라본 것인지 기호를 써 보세요.

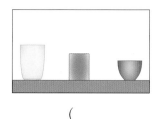

( )

06 어느 방향에서 바라본 것인지 기호를 써 보세요.

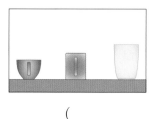

( )

07 어느 방향에서 바라본 것인지 기호를 써 보세요.

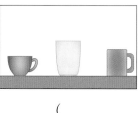

( )

정답과 해설 15쪽

[08~09] 선호가 만든 보석함을 여러 방향에서 바라보았습니다. 물음에 답하세요.

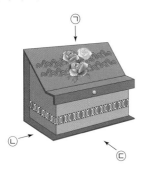

08 다음은 어느 방향에서 본 것인지 기호를 써 보세요.

(   )

⌐중요⌐

09 ㉡에서 본 것은 어느 것인지 ○표 하세요.

(   )   (   )

⌐어려운 문제⌐

10 공원에 있는 건물의 사진을 찍은 것입니다. 어느 방향에서 찍은 사진인지 기호를 써 보세요.

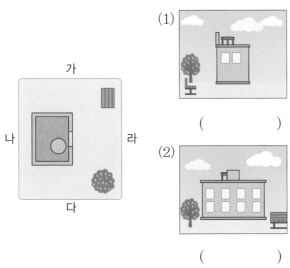

(1)

(   )

(2)

(   )

도움말 나무와 의자의 위치를 보고 어느 방향에서 찍은 것인지 생각해 봅니다.

문제해결 접근하기

11 보기 는 3개의 컵을 위에서 본 모양입니다. 사진을 찍을 때 나올 수 없는 사진은 무엇인지 찾아 기호를 써 보세요.

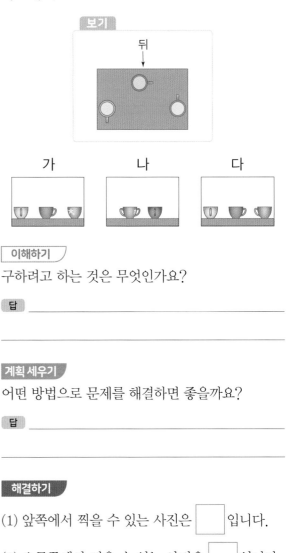

이해하기

구하려고 하는 것은 무엇인가요?

답 _____

_____

계획 세우기

어떤 방법으로 문제를 해결하면 좋을까요?

답 _____

_____

해결하기

(1) 앞쪽에서 찍을 수 있는 사진은 ☐ 입니다.

(2) 오른쪽에서 찍을 수 있는 사진은 ☐ 입니다.

(3) 찍을 수 없는 사진은 ☐ 입니다.

되돌아보기

문제를 해결한 방법을 설명해 보세요.

답 _____

_____

개념 확인 학습

개념 2 쌓은 모양과 쌓기나무의 개수를 알아볼까요(1)

보이지 않는 쌓기나무가 없는 경우 필요한 쌓기나무의 개수 알아보기

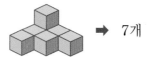 ➡ 7개

• 보이지 않는 쌓기나무가 있을 수 있어서 쌓기나무를 쌓은 모양을 보고 정확한 쌓기나무의 개수를 알 수 없는 경우가 있습니다. 이때 위에서 본 모양이 함께 주어지면 보이지 않는 쌓기나무를 확인할 수 있습니다.

보이지 않는 쌓기나무가 있는 경우 필요한 쌓기나무의 개수 알아보기

 ➡ 9개~13개

• 보이는 쌓기나무의 개수는 9개이지만 보이지 않는 쌓기나무의 개수를 확인할 수 없습니다.

• 주어진 쌓기나무에서는 위에서 본 모양을 알면 정확한 쌓기나무의 개수를 알 수 있습니다.

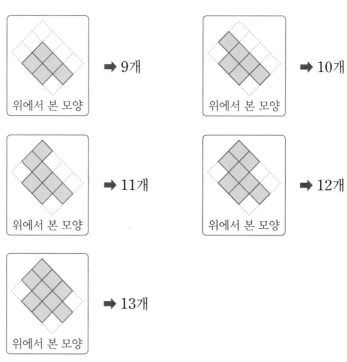

1 주어진 모양과 똑같이 쌓는 데 필요한 쌓기나무의 개수를 써 보세요.

(   )

보이지 않는 쌓기나무가 없는 경우, 필요한 쌓기나무의 개수를 알 수 있는지 묻는 문제예요.

2 쌓기나무를 다음과 같이 쌓았습니다. 뒤로 돌렸을 때의 모양을 보고 사용한 쌓기나무의 개수를 구해 보세요.

가	나	다	라

보이지 않는 쌓기나무가 있는 경우, 필요한 쌓기나무의 개수를 알 수 있는지 묻는 문제예요.

■ 앞에서 보았을 때 셀 수 있는 쌓기나무의 개수에 뒤로 돌렸을 때 보이는 쌓기나무의 개수를 더해 보아요.

3 주어진 모양과 똑같이 쌓는 데 필요한 쌓기나무의 개수를 구해 보세요.

위에서 본 모양

(   )

01 쌓기나무로 쌓은 모양을 보고 사용한 쌓기나무의 개수를 정확하게 알 수 있는 모양에 모두 ○표 하세요.

(   ) (   ) (   )

02 쌓기나무로 쌓은 모양을 보고 위에서 본 모양을 그렸습니다. 관계있는 것끼리 이어 보세요.

 ·   ·

 ·   ·

 ·   ·

03 쌓기나무로 쌓은 모양을 보고 □ 안에 알맞은 수를 써넣으세요.

소영

위와 같이 쌓기나무를 쌓으려면 쌓기나무가 적어도 □ 개 필요해.

[04~07] 주어진 모양과 똑같이 쌓는 데 필요한 쌓기나무의 개수를 구해 보세요.

04 ⊏중요⊐

위에서 본 모양

(   )

05

위에서 본 모양

(   )

06

위에서 본 모양

(   )

07

위에서 본 모양

(   )

[08~09] 쌓기나무로 쌓은 모양을 보고 물음에 답하세요.

08 사용한 쌓기나무의 개수가 10개일 때 위에서 본 모양을 완성해 보세요.

⌐**중요**⌐
09 사용한 쌓기나무의 개수가 11개일 때 위에서 본 모양을 완성해 보세요.

⌐**어려운 문제**⌐
10 미경이와 소영이가 쌓기나무로 각각 다음과 같은 모양을 만들었습니다. 누가 쌓기나무를 몇 개 더 적게 사용했는지 구해 보세요.

미경		소영	
	위에서 본 모양		위에서 본 모양

(   ), (   )

도움말 위에서 본 모양을 보고 보이지 않는 쌓기나무가 있는지 살펴봅니다.

 문제해결 접근하기

11 보빈이가 쌓기나무로 다음과 같은 모양을 만들었습니다. 보빈이가 사용한 쌓기나무는 몇 개인지 구해 보세요.

위에서 본 모양

이해하기
구하려고 하는 것은 무엇인가요?

답 _____

_____

계획 세우기
어떤 방법으로 문제를 해결하면 좋을까요?

답 _____

해결하기
(1) 주어진 모양과 똑같이 쌓으려면 1층에 ☐개,

2층에 ☐개, 3층에 ☐개 필요합니다.

(2) 보빈이가 사용한 쌓기나무는

☐ + ☐ + ☐ = ☐ (개)입니다.

되돌아보기
문제를 해결한 방법을 설명해 보세요.

답 _____

_____

_____

개념 확인 학습

개념 3 쌓은 모양과 쌓기나무의 개수를 알아볼까요(2)

▌쌓기나무로 쌓은 모양을 여러 방향에서 살펴보기

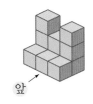

앞

위	아래	앞	뒤	왼쪽	오른쪽

위와 아래, 앞과 뒤, 왼쪽과 오른쪽의 모양이 서로 대칭이므로 여섯 방향에서 본 모양이 모두 필요하지 않습니다. 쌓기나무로 쌓은 모양을 보고 똑같이 쌓을 때 필요한 것은 위, 앞, 옆에서 본 모양입니다.

• 옆에서 본 모양은 오른쪽에서 본 모양으로 약속합니다.

▌위, 앞, 옆에서 본 모양 그리기

위

앞 옆

위 앞 옆

• 위에서 본 모양은 바닥에 닿은 면의 모양과 같습니다.
• 앞과 옆에서 본 모양은 각 방향에서 가장 높은 층의 모양과 같습니다.

• 위, 앞, 옆에서 본 모양이 오른쪽과 같은 모양을 쌓기나무로 쌓아 보면 다음과 같습니다.

▌위, 앞, 옆에서 본 모양을 보고, 쌓은 모양과 쌓기나무의 개수 알아보기

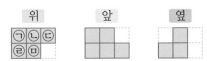

위 앞 옆

㉠	㉡	㉢
㉣	㉤	

• 위에서 본 모양을 보면 1층의 쌓기나무는 5개입니다.
• 앞에서 본 모양을 보면 ㉢에 쌓인 쌓기나무는 1개입니다.
• 옆에서 본 모양을 보면 ㉣, ㉤에 쌓인 쌓기나무는 각각 1개입니다.
• 앞과 옆에서 본 모양을 보면 ㉠, ㉡에 쌓인 쌓기나무는 각각 2개입니다.
➡ 1층에 5개, 2층에 2개이므로 똑같은 모양으로 쌓는 데 필요한 쌓기나무는 모두 7개입니다.

[1~3] 쌓기나무 10개로 쌓은 모양을 보고 물음에 답하세요.

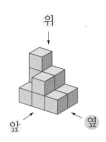

위

앞   옆

 쌓기나무로 쌓은 모양을 보고 위, 앞, 옆에서 본 모양을 그릴 수 있는지 묻는 문제예요.

1 위에서 본 모양을 그려 보세요.

위

■ 위에서 본 모양은 바닥에 닿는 면의 모양과 같아요.

2 앞에서 본 모양을 그려 보세요.

앞

■ 앞과 옆에서 본 모양은 각 방향에서 가장 높은 층의 모양과 같아요.

3 옆에서 본 모양을 그려 보세요.

옆

교과서 내용 학습

[01~02] 쌓기나무로 쌓은 모양과 위에서 본 모양입니다. 앞과 옆에서 본 모양을 각각 그려 보세요.

01

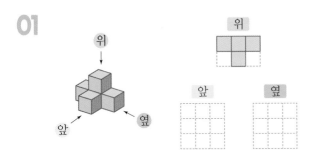

02

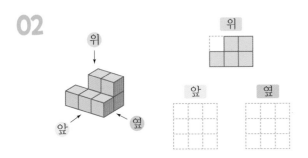

03 ⌐중요⌐
쌓기나무로 쌓은 모양을 위, 앞, 옆에서 본 모양입니다. 똑같은 모양으로 쌓는 데 필요한 쌓기나무는 몇 개인가요?

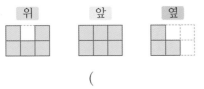

( )

[04~06] 쌓기나무로 쌓은 모양을 보고 물음에 답하세요.

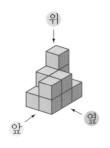

04 쌓기나무 11개로 만들었을 때 위에서 본 모양을 그려 보세요.

05 쌓기나무 12개로 만들었을 때 위에서 본 모양을 그려 보세요.

06 ⌐중요⌐
쌓기나무 12개로 만들었을 때 앞에서 본 모양을 그려 보세요.

07 소영이가 쌓기나무로 쌓은 모양을 앞에서 본 모양입니다. 소영이가 쌓은 모양을 찾아 기호를 써 보세요.

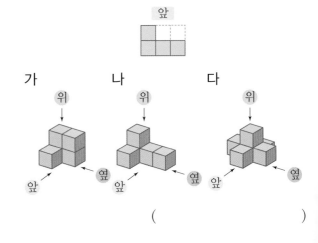

( )

정답과 해설 17쪽

08 쌓기나무로 쌓은 모양을 위, 앞, 옆에서 본 모양입니다. 어떤 모양을 본 것인지 ○표 하세요.

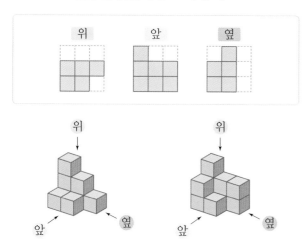

(   )   (   )

09 쌓기나무 12개로 쌓은 모양을 보고 위, 앞, 옆에서 본 모양을 그려 보세요.

   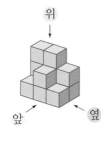

⊂어려운 문제⊃

10 쌓기나무 10개로 쌓은 모양을 위와 앞에서 본 모양입니다. 옆에서 본 모양을 그려 보세요.

도움말 위에서 본 모양은 바닥에 닿는 면의 모양과 같고, 앞에서 본 모양은 가장 높은 층을 나타냅니다.

문제해결 접근하기

11 쌓기나무로 쌓은 모양을 위, 앞, 옆에서 본 모양을 보고 똑같은 모양으로 쌓는 데 필요한 쌓기나무는 몇 개인지 구해 보세요.

이해하기

구하려고 하는 것은 무엇인가요?

답 _____

_____

계획 세우기

어떤 방법으로 문제를 해결하면 좋을까요?

답 _____

_____

해결하기

(1) 앞에서 본 모양을 보면 ㉡, ㉣, ㉤, ㉥에 쌓인 쌓기나무는 각각 ☐ 개입니다.

(2) 옆에서 본 모양을 보면 ㉠에 쌓인 쌓기나무는 ☐ 개이고, ㉢, ㉤에 쌓인 쌓기나무는 각각 ☐ 개입니다.

(3) 똑같은 모양으로 쌓는 데 필요한 쌓기나무는 ☐ 개입니다.

되돌아보기

내가 푼 방법이 맞는지 검토해 보세요.

답 _____

_____

_____

개념
확인 학습

개념 **4** 쌓은 모양과 쌓기나무의 개수를 알아볼까요(3)

• 위에서 본 모양에 수를 쓰는 방법으로 나타내면 좋은 점
보이지 않는 쌓기나무가 있는지 알 수 있으므로 쌓은 모양을 정확하게 알 수 있습니다.

쌓기나무로 쌓은 모양을 보고 위에서 본 모양에 수를 쓰는 방법으로 나타내기

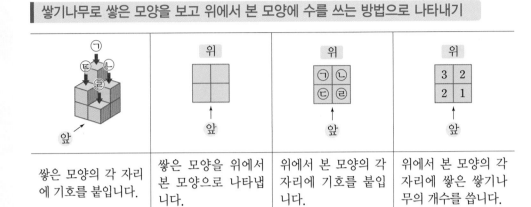

| 쌓은 모양의 각 자리에 기호를 붙입니다. | 쌓은 모양을 위에서 본 모양으로 나타냅니다. | 위에서 본 모양의 각 자리에 기호를 붙입니다. | 위에서 본 모양의 각 자리에 쌓은 쌓기나무의 개수를 씁니다. |

• 위에서 본 모양에 수를 쓴 것을 보고 앞(옆)에서 본 모양을 그릴 때에는 각 방향에서 가장 큰 수만큼 그리면 됩니다.
오른쪽 쌓기나무로 쌓은 모양에서 위에서 본 모양에 수를 쓴 것을 보고 앞과 옆에서 본 모양을 각각 그려 보면 다음과 같습니다.

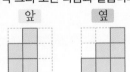

위에서 본 모양에 수를 쓴 것을 보고 쌓은 모양과 사용한 쌓기나무의 개수 알아보기

위에서 본 모양에 수를 써서 나타내기	쌓은 모양	사용한 쌓기나무의 개수
위 2 3 1 2 ←옆 1 1 ↑ 앞		$2+3+1+2+1+1=10$(개)

➡ 사용한 쌓기나무의 개수는 위에서 본 모양에 쓰인 수를 모두 더하면 됩니다.

[1~3] 쌓기나무로 쌓은 모양을 보고 위에서 본 모양에 수를 써 보세요.

쌓기나무로 쌓은 모양을 보고
위에서 본 모양에 수를 써넣을
수 있는지 묻는 문제예요.

■ 위에서 본 모양의 각 자리에 몇 개
의 쌓기나무가 있는지 생각해 보고
수를 써 보아요.

1

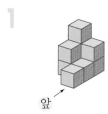

앞

위

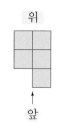

앞

2

앞

위

앞

3

앞

위

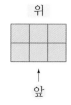

앞

[01~02] 쌓기나무로 쌓은 모양을 보고 물음에 답하세요.

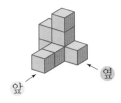

01 위에서 본 모양에 수를 써넣으세요.

위

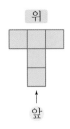

앞

02 앞과 옆에서 본 모양을 각각 그려 보세요.

앞   옆

03 쌓기나무로 쌓은 모양을 보고 위에서 본 모양에 수를 썼습니다. 앞에서 본 모양을 그려 보세요.

위

앞   앞

ㄷ중요ㄱ

04 쌓기나무로 쌓은 모양을 보고 위에서 본 모양에 수를 썼습니다. 관계있는 것끼리 이어 보세요.

  ·

· | 2 | 3 | 1 |
|---|---|---|
| | 2 | 1 |

  ·

· | 3 | 2 | 1 |
|---|---|---|
| 1 | 1 | |

  ·

· | 3 | 1 | 2 |
|---|---|---|
| 2 | 1 | |

[05~06] 쌓기나무로 쌓은 모양을 보고 오른쪽 과 같이 위에서 본 모양에 수를 썼습니다. 물음 에 답하세요.

위

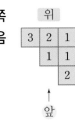

앞

05 (   ) 안에 앞에서 본 모양은 '앞', 옆에서 본 모양은 '옆'이라고 써 보세요.

(   )   (   )

06 주어진 모양과 똑같이 쌓는 데 필요한 쌓기나무는 몇 개인가요?

(   )

07 소빈이가 쌓기나무로 쌓은 모양에서 ㉠과 ㉡ 자리에 쌓인 쌓기나무의 개수의 합은 몇 개인가요?

위

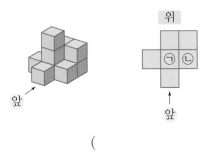

앞   앞

(   )

[08~09] 쌓기나무로 쌓은 모양을 위에서 본 모양입니다. 물음에 답하세요.

위

앞

ᆮ중욕

08 표를 완성하고 똑같은 모양으로 쌓는 데 필요한 쌓기나무는 모두 몇 개인지 구해 보세요.

자리	㉠	㉡	㉢	㉣	㉤
쌓기나무의 수(개)					

( )

09 쌓기나무로 쌓은 모양을 앞, 옆에서 본 모양을 그려 보세요.

앞

옆

ᆮ어려운 문젝

10 쌓기나무로 쌓은 모양을 보고 위에서 본 모양에 수를 쓴 것입니다. 옳은 것을 모두 골라 기호를 써 보세요.

앞

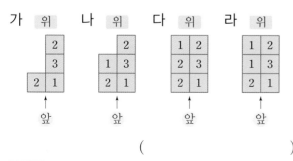

가 위 / 나 위 / 다 위 / 라 위

( )

도움말 보이지 않는 쌓기나무의 위치를 생각해 봅니다.

문제해결 접근하기

11 영서가 쌓기나무로 쌓은 모양과 이를 위에서 본 모양입니다. 영서가 사용한 쌓기나무의 개수를 2가지로 구해 보세요.

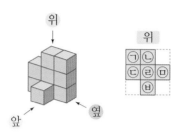
위
앞
옆
위
㉠㉡
㉢㉣㉤
㉥

이해하기

구하려고 하는 것은 무엇인가요?

답 _____

계획 세우기

어떤 방법으로 문제를 해결하면 좋을까요?

답 _____

해결하기

(1) ㉠, ㉢, ㉣, ㉤, ㉥에 쌓을 수 있는 쌓기나무는 1개, ☐개, ☐개, 3개, 1개입니다.

(2) ㉡에 쌓을 수 있는 쌓기나무는 ☐개 또는 ☐개입니다.

(3) 영서가 사용한 쌓기나무의 개수는 ☐개 또는 ☐개입니다.

되돌아보기

내가 푼 방법이 맞는지 검토해 보세요.

답 _____

확인 학습 **개념 5** 쌓은 모양과 쌓기나무의 개수를 알아볼까요(4)

• 층별로 나타내면 좋은 점
층별로 나타낸 모양대로 쌓기나무를 쌓으면 쌓은 모양이 하나로 만들어집니다. 따라서 쌓기나무로 쌓은 모양을 정확하게 알 수 있습니다.

• 위에서 본 모양과 1층의 모양은 서로 같습니다. 쌓기나무로 모양을 만들 때 각 칸의 가장 밑에 있는 쌓기나무가 모두 바닥에 닿고 그 위에 쌓아야 하기 때문입니다.

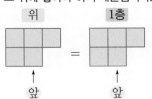

쌓기나무로 쌓은 모양을 보고 층별로 나타내기

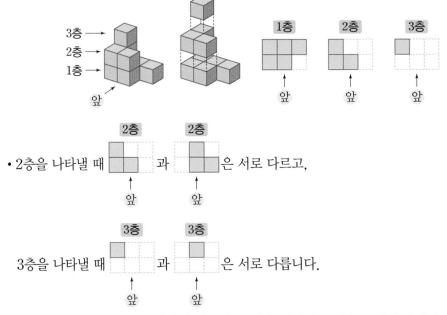

• 2층을 나타낼 때 ◻ 과 ◻ 은 서로 다르고,

• 3층을 나타낼 때 ◻ 과 ◻ 은 서로 다릅니다.

• 위에서 본 모양에서 같은 위치에 있는 층은 같은 위치에 그림을 그려야 합니다.

층별로 나타낸 모양을 보고 쌓은 모양과 쌓기나무의 개수 알아보기

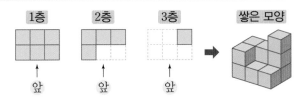

• 각 층에 사용된 쌓기나무의 개수는 층별로 나타낸 모양에서 색이 칠해진 수와 같습니다.

• 1층에 6개, 2층에 4개, 3층에 1개이므로 똑같은 모양으로 쌓는 데 필요한 쌓기나무는 11개입니다.

[1~3] 쌓기나무 11개를 사용하여 쌓은 모양을 보고 물음에 답하세요.

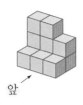

앞

1 1층 모양을 그려 보세요.

1층

↑
앞

2 2층 모양을 그려 보세요.

2층

↑
앞

3 3층 모양을 그려 보세요.

3층

↑
앞

쌓기나무로 쌓은 모양을 보고 층별로 나타낼 수 있는지 묻는 문제예요.

■ 1층의 모양은 쌓기나무가 바닥에 있는 층이라서 위에서 본 모양과 같아요.

■ 2층에 있는 쌓기나무는 몇 개이고, 어느 위치에 있는지 생각해 보아요.

■ 3층에 있는 쌓기나무는 몇 개이고, 어느 위치에 있는지 생각해 보아요.

[01~03] 쌓기나무로 쌓은 모양과 1층 모양을 보고 물음에 답하세요.

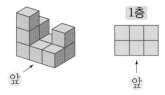

01 각 층에 쌓인 쌓기나무의 개수를 빈칸에 써넣으세요.

층	1층	2층	3층
쌓기나무의 수(개)			

02 똑같은 모양으로 쌓는 데 필요한 쌓기나무는 몇 개인 가요?

(   )

03 2층과 3층 모양을 각각 그려 보세요.

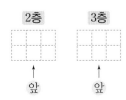

04 쌓기나무로 쌓은 모양과 1층 모양을 보고 2층과 3층 모양을 각각 그려 보세요.

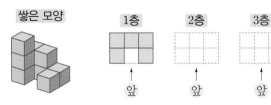

[05~07] 쌓기나무로 쌓은 모양을 층별로 나타낸 모양입니다. 물음에 답하세요.

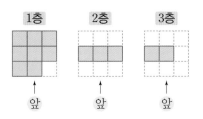

05 위에서 본 모양의 각 자리에 쌓은 쌓기나무의 수를 써넣으세요.

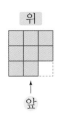

06 ⌐중요⌐ 앞에서 본 모양을 그려 보세요.

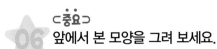

07 똑같은 모양으로 쌓는 데 필요한 쌓기나무의 개수를 구해 보세요.

(   )

[08~09] 쌓기나무로 쌓은 모양과 위에서 본 모양입니다. 물음에 답하세요.

위

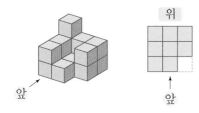

앞

앞

08 각 모양은 몇 층을 나타낸 것인지 (   ) 안에 알맞게 써 보세요.

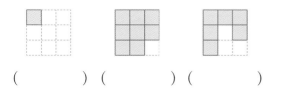

(   ) (   ) (   )

⌐중요⌐
09 바르게 설명한 학생의 이름을 써 보세요.

- 소빈: 1층에 쌓은 쌓기나무는 9개야.
- 영호: 위에서 본 모양과 1층의 모양이 서로 달라.
- 민정: 똑같은 모양으로 쌓는 데 필요한 쌓기나무는 모두 15개야.

(   )

⌐어려운 문제⌐
10 쌓기나무로 1층 위에 2층을 쌓으려고 합니다. 오른쪽 1층 모양을 보고 쌓을 수 있는 2층 모양을 찾아 기호를 써 보세요.

1층

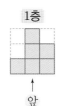

앞

가   나   다   라

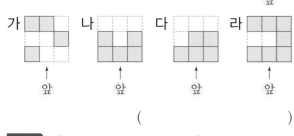

앞   앞   앞   앞

(   )

도움말 1층이 빈 공간인 자리 위에는 2층에 쌓기나무를 쌓을 수 없습니다.

문제해결 접근하기

11 민진이가 쌓기나무로 쌓은 모양을 보고 층별로 나타내었습니다. 민진이가 쌓은 쌓기나무의 개수는 몇 개인지 구해 보세요.

1층   2층   3층

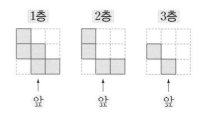

앞   앞   앞

이해하기
구하려고 하는 것은 무엇인가요?

답 _____

_____

계획 세우기
어떤 방법으로 문제를 해결하면 좋을까요?

답 _____

_____

해결하기
(1) 1층에 쌓은 쌓기나무는 ☐ 개입니다.

(2) 2층에 쌓은 쌓기나무는 ☐ 개입니다.

(3) 3층에 쌓은 쌓기나무는 ☐ 개입니다.

(4) 민진이가 쌓은 쌓기나무는 ☐ 개입니다.

되돌아보기
문제를 해결한 방법을 설명해 보세요.

답 _____

_____

개념 확인 학습 개념 6 쌓기나무로 여러 가지 모양을 만들어 볼까요

- 돌리거나 뒤집었을 때 모양이 같은지 확인합니다.

 =

 =

▌ 쌓기나무 4개로 만들 수 있는 서로 다른 모양 찾기

- 모양에 쌓기나무 1개를 더 붙여서 만들 수 있는 모양

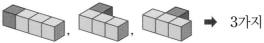 ➡ 3가지

- 모양에 쌓기나무 1개를 더 붙여서 만들 수 있는 모양

 ,

➡ 7가지

 , ,

- 모양과 모양은 같고, 모양과 모양은 같으므로

쌓기나무 4개로 만들 수 있는 모양은 모두 8가지입니다.

▌ 여러 가지 모양 만들기

- 두 가지 모양을 사용하여 다양한 모양 만들기

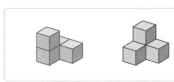

➡ 다양한 모양을 만들 수 있습니다.

- 만든 모양을 보고 구분하여 색칠하기

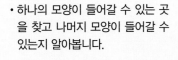

- 하나의 모양이 들어갈 수 있는 곳을 찾고 나머지 모양이 들어갈 수 있는지 알아봅니다.

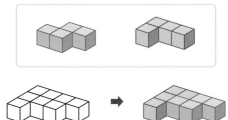

문제를 풀며 이해해요

정답과 해설 20쪽

[1~2] 주어진 모양에 쌓기나무 **1개**를 더 붙여서 만든 모양을 모두 찾아 ○표 하세요.

1

 ( ) ( ) ( )

쌓기나무 모양에 1개를 더 붙여 만들 수 있는 모양을 알 수 있는지 묻는 문제예요.

 모양의 각 면에 순서를 정해 하나씩 붙여보며 만들 수 있는 모양을 생각해 보아요.

2

  ( ) ( ) ( )

 모양의 각 면에 순서를 정해 하나씩 붙여보며 만들 수 있는 모양을 생각해 보아요.

3 두 가지 모양을 사용하여 만든 모양을 모두 찾아 ○표 하세요.

 ( ) ( ) ( )

쌓기나무를 4개씩 붙여 만든 두 가지 모양을 사용하여 만들 수 있는 모양을 알 수 있는지 묻는 문제예요.

주어진 두 가지 모양을 뒤집거나 돌렸을 때의 여러 가지 모양을 생각하여 만들 수 있는 모양을 찾아보아요.

01 알맞은 모양에 ○표 하세요.

> 모양에 쌓기나무 1개를 더 붙여서 만들
>
> 수 있는 모양은 (,)입니다.

02 모양에 쌓기나무를 더 붙여서 다음과 같은 모양을 만들려고 합니다. 더 필요한 쌓기나무는 각각 몇 개인지 써 보세요.

(1)

(   )

(2)

(   )

03 쌓기나무 모양을 뒤집거나 돌렸을 때 같은 모양인 것을 찾아 이어 보세요.

  ·

·

  ·

·

04 모양에 쌓기나무 1개를 더 붙여서 만들 수 있는 모양을 찾아 ○표 하세요.

(   ) (   ) (   )

05 모양에 쌓기나무 1개를 더 붙여서 만들 수 있는 모양을 모두 찾아 기호를 써 보세요.

가   나   다

(   )

06 쌓기나무를 4개씩 붙여서 만든 두 가지 모양을 사용하여 만들 수 있는 새로운 모양을 찾아 ○표 하세요.

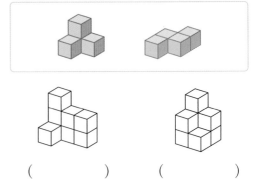

(   )   (   )

07 가, 나, 다 모양 중에서 두 가지 모양을 사용하여 새로운 모양을 만들었습니다. 사용한 두 가지 모양을 찾아 기호를 써 보세요.

(   ), (   )

08 쌓기나무를 4개씩 붙여 만든 후 두 가지 모양을 사용하여 다음 모양을 만들었습니다. 어떻게 만들어졌는지 구분하여 색칠해 보세요.

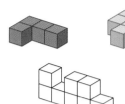

09 다음 두 가지 모양을 사용하여 만들 수 있는 새로운 모양을 찾아 기호를 써 보세요.

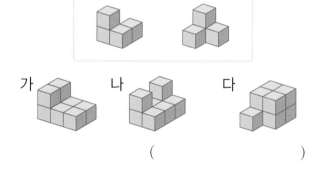

가　　　나　　　다

(　　　　　　　　　)

⌐어려운 문제⌐

10 쌓기나무를 4개씩 붙여서 만든 모양 두 가지를 사용하여 만든 새로운 모양입니다. 어떤 모양으로 만들었는지 구분하여 색칠해 보세요.

도움말 쌓기나무 4개로 만들 수 있는 모양을 먼저 생각해 봅니다.

문제해결 접근하기

11 미경이가 쌓기나무를 4개씩 붙여 만든 모양 두 가지를 사용하여 다음과 같은 모양을 만들었습니다. 미경이가 사용한 두 가지 모양을 찾아 기호를 써 보세요.

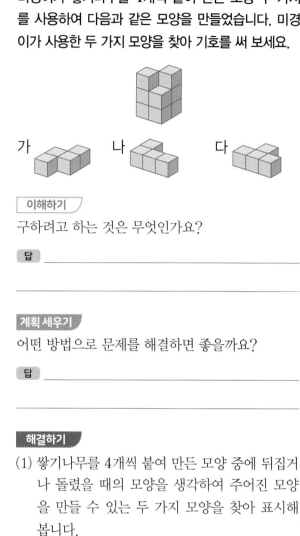

가　　　나　　　다

이해하기

구하려고 하는 것은 무엇인가요?

답 _____

_____

계획 세우기

어떤 방법으로 문제를 해결하면 좋을까요?

답 _____

_____

해결하기

(1) 쌓기나무를 4개씩 붙여 만든 모양 중에 뒤집거나 돌렸을 때의 모양을 생각하여 주어진 모양을 만들 수 있는 두 가지 모양을 찾아 표시해 봅니다.

(2) 미경이가 사용한 두 가지 모양은 ☐ 와

☐ 입니다.

되돌아보기

문제를 해결한 방법을 설명해 보세요.

답 _____

_____

_____

01 민준이는 동물원에 갔습니다. 민준이가 서 있는 위치는 어디인지 번호를 써 보세요.

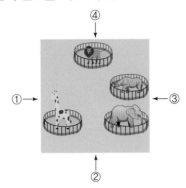

 민준

코끼리는 내 왼쪽에 있고, 코뿔소는 내 오른쪽에 있어.

( )

02 다음과 같이 쌓기나무를 쌓았습니다. 쌓기나무를 가장 적게 사용할 때 필요한 쌓기나무는 몇 개인가요?

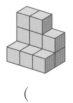

( )

03 주어진 모양과 똑같이 쌓는 데 필요한 쌓기나무의 개수를 구해 보세요.

위에서 본 모양

( )

04 다음은 쌓기나무 9개를 사용하여 쌓은 모양입니다. 위에서 본 모양을 그려 보세요.

위에서 본 모양

┌서술형┐
05 가, 나 모양과 각각 똑같이 쌓는 데 필요한 쌓기나무의 개수의 차는 몇 개인지 풀이 과정을 쓰고 답을 구해 보세요.

가

위에서 본 모양

나

위에서 본 모양

(1) 가 모양과 똑같이 쌓는 데 필요한 쌓기나무는
( )개입니다.

(2) 나 모양과 똑같이 쌓는 데 필요한 쌓기나무는
( )개입니다.

(3) 따라서 필요한 쌓기나무의 개수의 차는
( )－( )＝( )(개)입니다.

 답

⌜중요⌝
06 쌓기나무로 쌓은 모양과 위에서 본 모양입니다. 앞과 옆에서 본 모양을 각각 그려 보세요.

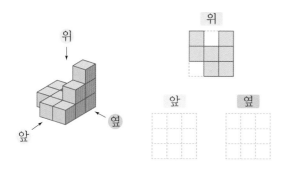
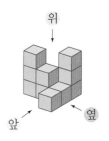

08 쌓기나무 10개로 쌓은 모양을 보고 앞과 옆에서 보이는 면의 개수를 각각 써 보세요.

앞에서 보이는 면의 개수 (   )
옆에서 보이는 면의 개수 (   )

07 쌓기나무 6개로 만든 모양입니다. 옆에서 본 모양이 다른 하나를 찾아 기호를 써 보세요.

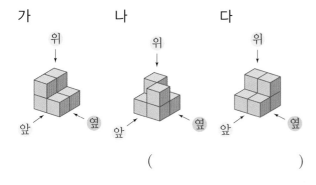

(   )

[09~10] 쌓기나무로 쌓은 모양을 보고 위에서 본 모양에 수를 썼습니다. 똑같은 모양으로 쌓는 데 필요한 쌓기나무의 개수를 구해 보세요.

09

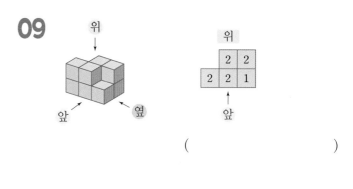

(   )

10

(   )

⌜**중요**⌝
11 쌓기나무로 쌓은 모양을 보고 위에서 본 모양에 수를 썼습니다. 앞에서 본 모양과 옆에서 본 모양을 각각 그려 보세요.

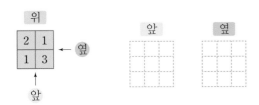

12 쌓기나무 **9**개를 사용하여 오른쪽과 같이 쌓은 모양을 보고 설명한 것입니다. 옳은 것을 찾아 기호를 써 보세요.

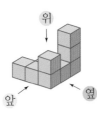

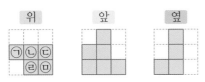
ㄱ 위에서 본 모양은 ▨▨ 입니다.

ㄴ 앞에서 본 모양과 위에서 본 모양은 서로 같습니다.

ㄷ 옆에서 본 모양은 ▨▨ 입니다.

( )

13 쌓기나무로 쌓은 모양을 위, 앞, 옆에서 본 모양을 보고 위에서 본 모양에 수를 써넣으려고 합니다. 맞으면 ○표, 틀리면 ×표 하세요.

위 | 앞 | 옆

(1) ㄱ에 들어갈 수는 2입니다. ( )
(2) ㄴ과 ㄹ에 들어갈 수의 합은 4입니다. ( )

(3) ㄱ~ㅁ 중 가장 큰 수가 들어갈 자리는 ㄷ입니다.
( )

14 쌓기나무로 쌓은 모양을 위, 앞, 옆에서 본 모양입니다. 똑같은 모양을 만들기 위해 필요한 쌓기나무는 몇 개인가요?

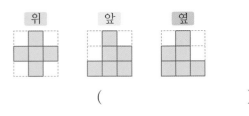

( )

15 쌓기나무로 쌓은 모양을 층별로 나타낸 모양입니다. 똑같은 모양으로 쌓는 데 필요한 쌓기나무는 몇 개인가요?

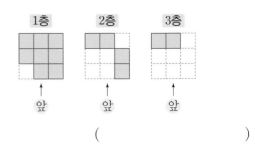

( )

⌜**어려운 문제**⌝
16 쌓기나무를 쌓아 만든 모양을 보고 2층 모양을 그리려고 합니다. 가능한 모양을 2가지 그려 보세요.

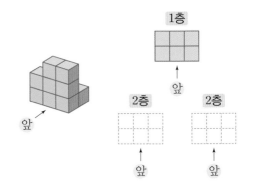

[서술형]

17 쌓기나무로 쌓은 모양을 보고 위에서 본 모양에 수를 썼습니다. 2층과 3층에 쌓은 쌓기나무의 개수의 합은 몇 개인지 풀이 과정을 쓰고 답을 구해 보세요.

위

2	1	2
3	1	2
	1	

↑
앞

풀이

(1) 각 칸에 쓰여 있는 수가 (   ) 이상이면 2층에 쌓기나무가 쌓인 것이므로 2층에 쌓은 쌓기나무는 (   )개입니다.

(2) 각 칸에 쓰여 있는 수가 (   ) 이상이면 3층에 쌓기나무가 쌓인 것이므로 3층에 쌓은 쌓기나무는 (   )개입니다.

(3) 따라서 2층과 3층에 쌓은 쌓기나무는 모두 (   )개입니다.

답 _____

18  모양에 쌓기나무 1개를 더 붙여서 만들 수 있는 모양을 모두 찾아 기호를 써 보세요.

가   나   다   라

(   )

19 다음 모양에 쌓기나무 1개를 더 붙여서 만들 수 없는 모양을 찾아 기호를 써 보세요.

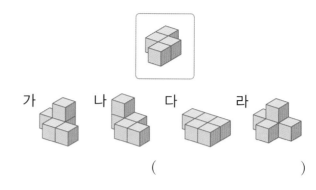

가   나   다   라

(   )

[어려운 문제]

20 쌓기나무를 4개씩 붙여서 만든 두 가지 모양을 사용하여 주어진 모양을 만들었습니다. 어떻게 만들었는지 구분하여 색칠해 보세요.

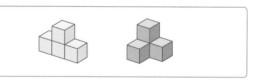

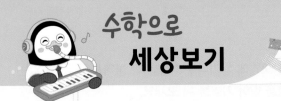
그림 카드를 보고 미션을 수행해 봐요.

그림 카드에 제시된 위, 앞, 옆에서 본 모양을 보고 쌓기나무로 똑같이 만드는 놀이를 해 볼까요?

1 그림 카드에 제시된 위, 앞, 옆에서 본 모양을 보고 쌓기나무로 똑같이 만드는 놀이를 해 보세요.

〈준비물〉 위, 앞, 옆에서 본 모양이 그려진 그림 카드 16장, 쌓기나무 20개   〈인원〉 2명

〈방법〉

① 가위바위보를 해서 이긴 사람부터 그림 카드 1장을 뽑습니다.

② 뽑은 그림 카드에 제시된 위, 앞, 옆에서 본 모양을 보고 쌓기나무를 사용하여 똑같이 만듭니다.

③ 쌓기나무로 똑같이 만들면 1점을 얻도록 합니다.

④ 놀이를 3회 실시하고 얻은 점수가 더 높은 친구가 이기는 것으로 합니다.

(예시)

	〈무경〉			〈소빈〉	
뽑은 그림 카드	위 앞 옆		뽑은 그림 카드	위 앞 옆	
쌓기나무로 만든 모양			쌓기나무로 만든 모양		
얻은 점수	1점		얻은 점수	1점	

※ 무경이와 소빈이가 뽑은 그림 카드를 보고 쌓기나무로 만든 모양이 맞으므로 각각 1점씩 얻습니다.

	1회		2회		3회	
	〈나〉	〈친구〉	〈나〉	〈친구〉	〈나〉	〈친구〉
뽑은 그림 카드						
쌓기나무로 만든 모양						
얻은 점수						

2 그림 카드에 제시된 쌓기나무로 쌓은 모양을 보고 위, 앞, 옆에서 본 모양을 그려 보는 놀이를 해 보세요.

〈준비물〉 쌓기나무로 쌓은 모양을 나타내는 그림 카드 16장, 위, 앞, 옆에서 본 모양을 그리는 카드 24장

〈인원〉 2명

〈방법〉

① 가위바위보를 해서 이긴 사람부터 그림 카드 1장을 뽑습니다.

② 뽑은 그림 카드에 제시된 쌓기나무로 쌓은 모양을 보고 위, 앞, 옆에서 본 모양을 그립니다. (단, 보이지 않는 쌓기나무는 없는 것으로 생각합니다.)

③ 위, 앞, 옆에서 본 모양을 바르게 그리면 각각 1점씩 얻도록 합니다.

④ 놀이를 3회 실시하고 얻은 점수가 더 높은 친구가 이기는 것으로 합니다.

(예시)

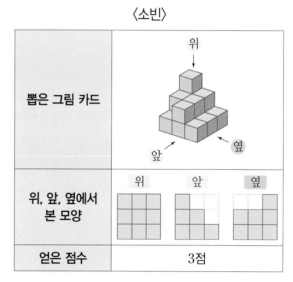

	〈무경〉	〈소빈〉
뽑은 그림 카드	〈그림〉	〈그림〉
위, 앞, 옆에서 본 모양	위 앞 옆	위 앞 옆
얻은 점수	3점	3점

※ 무경이와 소빈이가 뽑은 그림 카드를 보고 위, 앞, 옆에서 본 모양을 바르게 그렸으므로 각각 1점씩 얻습니다.

	1회		2회		3회	
	〈나〉	〈친구〉	〈나〉	〈친구〉	〈나〉	〈친구〉
뽑은 그림 카드						
위, 앞, 옆에서 본 모양						
얻은 점수						

4 단원

비례식과 비례배분

보빈이네 반에서는 놀이공원으로 현장체험학습을 갔어요. 보빈이는 친구들과 사진을 찍고 현장체험학습을 다녀온 후 인터넷 사진 현상소에서 친구들과 찍은 사진을 확대한 것과 축소한 것으로 인화했어요. 사진을 친구들과 함께 보면서 비례식에 대해 알 수 있었어요.

이번 4단원에서는 비의 성질 알아보기, 간단한 자연수의 비로 나타내기, 비례식과 비례식의 성질 알아보기, 비례식의 활용과 비례배분에 대해 배울 거예요.

단원 학습 목표

1. 비의 성질을 이해하고 주어진 비를 간단한 자연수의 비로 나타낼 수 있습니다.
2. 비례식을 이해하고 비율이 같은 두 비를 비례식으로 나타낼 수 있습니다.
3. 비례식의 성질을 이해하고 이를 활용하여 문제를 해결할 수 있습니다.
4. 비례배분을 이해하고 주어진 양을 비례배분할 수 있습니다.

단원 진도 체크

회차	구성		진도 체크
1차	개념 1 비의 성질을 알아볼까요	개념 확인 학습 + 문제 / 교과서 내용 학습	✓
2차	개념 2 간단한 자연수의 비로 나타내어 볼까요	개념 확인 학습 + 문제 / 교과서 내용 학습	✓
3차	개념 3 비례식을 알아볼까요	개념 확인 학습 + 문제 / 교과서 내용 학습	✓
4차	개념 4 비례식의 성질을 알아볼까요 개념 5 비례식을 활용해 볼까요	개념 확인 학습 + 문제 / 교과서 내용 학습	✓
5차	개념 6 비례배분을 해 볼까요	개념 확인 학습 + 문제 / 교과서 내용 학습	✓
6차	단원 확인 평가		✓
7차	수학으로 세상보기		✓

해당 부분을 공부한 후 ✓표를 하세요.

개념 1 비의 성질을 알아볼까요

• 비 ● : ■에서

비율은 $\dfrac{●}{■}$입니다.

비와 비율

포도 주스 한 병을 만드는 데 포도 원액 1컵과 물 2컵이 필요합니다. 포도 주스 한 병을
만들 때와 두 병을 만들 때 필요한 포도 원액의 양과 물의 양의 비를 구하고 그 비율을
비교해 보면 다음과 같습니다.

• 포도 주스 한 병을 만들 때와 두 병을 만들 때 필요한 포도 원액의 양과 물의 양의 비
와 비율

한 병을 만들 때		두 병을 만들 때	
비	$1 : 2$	비	$2 : 4$
비율	$\dfrac{1}{2}$	비율	$\dfrac{2}{4}\left(=\dfrac{1}{2}\right)$

➡ 두 비의 비율은 같습니다.

• 비 $1 : 2$에서 기호 ' : ' 앞에 있는 1을 전항, 뒤에 있는 2를 후항이라고 합니다.

• $\underset{\text{후항}}{\overset{\text{전항}}{●}} : ■$

비의 성질

비의 성질 1 비의 전항과 후항에 0이 아닌 같은 수를 곱하여도 비율은 같습니다.

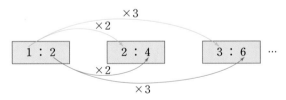

➡ $1 : 2$, $2 : 4$, $3 : 6$, ...은 비율이 같습니다.

• $1 : 2$, $2 : 4$, $3 : 6$의 비율은
각각

$1 : 2 ➡ \dfrac{1}{2}$,

$2 : 4 ➡ \dfrac{2}{4}\left(=\dfrac{1}{2}\right)$,

$3 : 6 ➡ \dfrac{3}{6}\left(=\dfrac{1}{2}\right)$이므로
모두 같습니다.

비의 성질 2 비의 전항과 후항을 0이 아닌 같은 수로 나누어도 비율은 같습니다.

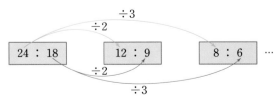

➡ $24 : 18$, $12 : 9$, $8 : 6$, ...은 비율이 같습니다.

• $24 : 18$, $12 : 9$, $8 : 6$의 비율은
각각

$24 : 18 ➡ \dfrac{24}{18}\left(=\dfrac{4}{3}\right)$,

$12 : 9 ➡ \dfrac{12}{9}\left(=\dfrac{4}{3}\right)$,

$8 : 6 ➡ \dfrac{8}{6}\left(=\dfrac{4}{3}\right)$이므로
모두 같습니다.

정답과 해설 22쪽

1 비를 보고 전항과 후항을 각각 써 보세요.

(1)

3 : 5

전항 (   ), 후항 (   )

(2)

8 : 7

전항 (   ), 후항 (   )

비에서 전항과 후항을 알고 있는지 묻는 문제예요.

■ 비 ● : ■에서 기호 ' : ' 앞에 있는 ●를 전항, 뒤에 있는 ■를 후항이라고 해요.

2 비의 전항과 후항에 **4**를 곱한 비를 쓰고, 알맞은 말에 ○표 하세요.

(1) 3 : 7 ➡ ☐ : ☐

두 비의 비율은 (같습니다 , 다릅니다).

(2) 5 : 4 ➡ ☐ : ☐

두 비의 비율은 (같습니다 , 다릅니다).

비의 성질을 알고 있는지 묻는 문제예요.

■ 비의 전항과 후항에 4를 곱하여 비를 구한 후 두 비의 비율을 구해 비교해 보아요.

3 비의 전항과 후항을 **3**으로 나눈 비를 쓰고, 알맞은 말에 ○표 하세요.

(1) 9 : 15 ➡ ☐ : ☐

두 비의 비율은 (같습니다 , 다릅니다).

(2) 12 : 27 ➡ ☐ : ☐

두 비의 비율은 (같습니다 , 다릅니다).

■ 비의 전항과 후항을 3으로 나누어 비를 구한 후 두 비의 비율을 구해 비교해 보아요.

01 전항에 ◯표, 후항에 ☐표 하세요.

| 5 : 4 | 1 : 5 |
| 2 : 7 | 3 : 8 |

02 16 : 12와 비율이 같은 비를 구하려고 합니다. ☐ 안에 알맞은 수를 써넣으세요.

(16÷4) : (12÷☐) ➡ 4 : ☐

03 비율이 같은 두 비를 찾아 ◯표 하세요.

1 : 4   2 : 7   3 : 11   4 : 14

04 비의 성질을 이용하여 비율이 같은 비를 찾아 이어 보세요.

4 : 9	•	•	15 : 24
5 : 8	•	•	4 : 3
24 : 18	•	•	16 : 36

05 비의 성질을 이용하여 6 : 5와 비율이 같은 비를 2개 써 보세요.

(   ), (   )

06 비의 성질을 이용하여 24 : 30과 비율이 같은 비를 2개 써 보세요.

(   ), (   )

07 가로와 세로의 비가 3 : 2와 비율이 같은 직사각형을 모두 찾아 기호를 써 보세요.

가
15 cm
10 cm

나
8 cm
12 cm

다
12 cm
8 cm

라
18 cm
14 cm

(   )

08 직사각형을 보며 대화하는 두 친구의 생각이 옳은지 알아보고 그렇게 생각한 이유를 써 보세요.

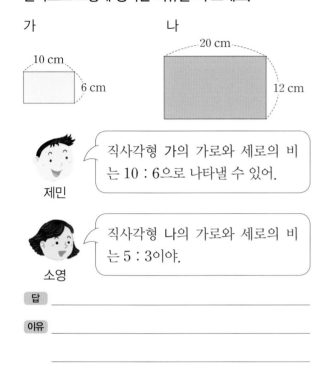

가

나

제민: 직사각형 가의 가로와 세로의 비는 10 : 6으로 나타낼 수 있어.

소영: 직사각형 나의 가로와 세로의 비는 5 : 3이야.

답 _____

이유 _____

_____

_____

[09~10] 넓이가 18 m²인 땅에서 토끼 24마리를 키운다고 합니다. 땅의 넓이와 토끼 수의 비율이 일정할 때 물음에 답하세요.

⊏어려운 문제⊐

09 넓이가 3 m²인 땅에서는 토끼를 몇 마리 키우면 되나요?

( )

도움말 땅의 넓이와 토끼 수의 비를 구한 후 이 비와 비율이 같은 비로 나타내어 토끼의 수를 구합니다.

10 넓이가 108 m²인 땅에서는 토끼를 몇 마리 키우면 되나요?

( )

 문제해결 접근하기

11 가로와 세로의 비가 4 : 3과 비율이 같은 비가 되도록 액자를 만들 때 액자의 가로가 60 cm이면 세로는 몇 cm인지 구해 보세요.

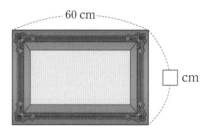

이해하기

구하려고 하는 것은 무엇인가요?

답 _____

_____

계획 세우기

어떤 방법으로 문제를 해결하면 좋을까요?

답 _____

_____

해결하기

(1) 액자의 가로와 세로의 비는 4 : ☐ 입니다.

(2) 4 : 3의 전항과 후항에 ☐ 을/를 곱하면 60 : ☐ 입니다.

(3) 액자의 세로는 ☐ cm입니다.

되돌아보기

가로와 세로의 비가 5 : 4와 비율이 같은 비가 되도록 액자를 만들 때 액자의 가로가 80 cm이면 세로는 몇 cm인지 구해 보세요.

답 _____

_____

_____

개념 2 **간단한 자연수의 비로 나타내어 볼까요**

• 소수를 자연수로 만들기 위해서는 10, 100, 1000, ...을 곱하면 됩니다.

소수의 비를 간단한 자연수의 비로 나타내기

• 2.4 : 1.8을 간단한 자연수의 비로 나타내기

– 2.4 : 1.8의 전항과 후항에 10을 곱하면 24 : 18이 됩니다.

– 24 : 18의 전항과 후항을 6으로 나누면 4 : 3이 됩니다.

– 따라서 2.4 : 1.8을 간단한 자연수의 비로 나타내면 4 : 3입니다.

$$2.4 : 1.8 \Rightarrow (2.4 \times 10) : (1.8 \times 10) \Rightarrow 24 : 18$$
$$\Rightarrow (24 \div 6) : (18 \div 6) \Rightarrow 4 : 3$$

• 소수의 비를 자연수의 비로 나타내기 위해서는 비의 전항과 후항에 0이 아닌 같은 수를 곱해도 비율이 변하지 않는다는 비의 성질을 이용합니다.

• 분수의 비를 간단한 자연수의 비로 나타내기 위해서 비의 전항과 후항에 각각 두 분모의 공배수를 곱하여 해결합니다.

분수의 비를 간단한 자연수의 비로 나타내기

• $\frac{1}{5} : \frac{1}{4}$을 간단한 자연수의 비로 나타내기

– $\frac{1}{5} : \frac{1}{4}$의 전항과 후항에 두 분모의 최소공배수인 20을 곱하면

$\left(\frac{1}{5} \times 20\right) : \left(\frac{1}{4} \times 20\right) \Rightarrow 4 : 5$입니다.

$$\frac{1}{5} : \frac{1}{4} \Rightarrow \left(\frac{1}{5} \times 20\right) : \left(\frac{1}{4} \times 20\right) \Rightarrow 4 : 5$$

• 분수의 비를 자연수의 비로 나타내기 위해서는 비의 전항과 후항에 0이 아닌 같은 수를 곱해도 비율이 변하지 않는다는 비의 성질을 이용합니다.

$0.8 : \frac{3}{5}$을 간단한 자연수의 비로 나타내기

방법 1 분수를 소수로 바꾸어 간단한 자연수의 비로 나타내기

$\frac{3}{5}$을 소수로 바꾸면 0.6입니다. 0.8 : 0.6의 전항과 후항에 10을 곱하면

8 : 6입니다. 8 : 6의 전항과 후항을 2로 나누면 4 : 3입니다.

방법 2 소수를 분수로 바꾸어 간단한 자연수의 비로 나타내기

0.8을 분수로 나타내면 $\frac{8}{10}$입니다. $\frac{8}{10} : \frac{3}{5}$의 전항과 후항에 10을 곱하면

8 : 6입니다. 8 : 6의 전항과 후항을 2로 나누면 4 : 3입니다.

1 □ 안에 알맞은 수를 써넣어 간단한 자연수의 비로 나타내어 보세요.

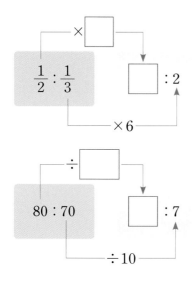

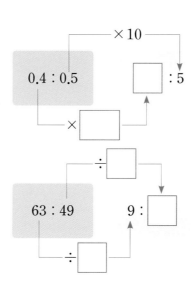

비를 간단한 자연수의 비로
나타낼 수 있는지 묻는 문제
예요.

■ 분수의 비는 전항과 후항에 두 분
모의 최소공배수를 곱하고, 소수의
비는 10, 100, ...을 곱해 자연수의
비로 나타내어요.

2 $0.5 : \dfrac{2}{5}$를 두 가지 방법으로 간단한 자연수의 비로 나타내려고 합니다. □ 안
에 알맞은 수를 써넣으세요.

방법 1 분수를 소수로 바꾸어 간단한 자연수의 비로 나타내기

$\dfrac{2}{5}$를 소수로 바꾸면 □입니다. 0.5 : □ 의 전항과 후항

에 10을 곱하면 5 : □ 입니다.

방법 2 소수를 분수로 바꾸어 간단한 자연수의 비로 나타내기

0.5를 분수로 나타내면 □입니다. □ : $\dfrac{2}{5}$의 전항과 후항

에 10을 곱하면 □ : 4입니다.

■ 소수 한 자리 수는 분모가 10인 분
수로 나타낼 수 있어요. 소수를 분
수로 나타낼 때에는 먼저 소수를 분
모가 10, 100, ...인 분수로 나타내
어요.

01 $\frac{1}{3} : \frac{3}{4}$을 간단한 자연수의 비로 나타내려고 합니다. ☐ 안에 알맞은 수를 써넣으세요.

$$\left(\frac{1}{3} \times \boxed{}\right) : \left(\frac{3}{4} \times \boxed{}\right) \Rightarrow 4 : \boxed{}$$

02 1.2 : 1.8을 간단한 자연수의 비로 나타내려고 합니다. ☐ 안에 알맞은 수를 써넣으세요.

$$(1.2 \times \boxed{}) : (1.8 \times \boxed{})$$

$$\Rightarrow 12 : \boxed{}$$

$$\Rightarrow (12 \div \boxed{}) : (18 \div 6)$$

$$\Rightarrow \boxed{} : 3$$

[03~04] 간단한 자연수의 비로 나타내어 보세요.

03 $\frac{1}{4} : \frac{1}{7}$ ➡ (   )

04 $\frac{2}{5} : \frac{5}{6}$ ➡ (   )

[05~06] 간단한 자연수의 비로 나타내어 보세요.

05 30 : 70 ➡ (   )

06 40 : 64 ➡ (   )

07 $\frac{1}{2} : 0.7$을 간단한 자연수의 비로 나타낸 것을 찾아 기호를 써 보세요.

㉠ 2 : 5	㉡ 12 : 14
㉢ 7 : 2	㉣ 5 : 7

(   )

⌐중요⌐

08 다음 비를 간단한 자연수의 비로 나타내었을 때 5 : 3이 되는 것을 모두 찾아 기호를 써 보세요.

㉠ $\frac{1}{5} : \frac{1}{3}$	㉡ 3 : 1.8
㉢ 60 : 36	㉣ 120 : 96

(   )

ᄃ중요ᄀ
09 간단한 자연수의 비로 나타낸 것을 찾아 이어 보세요.

$\dfrac{2}{5} : 1.6$ •　　　　• $14 : 15$

$\dfrac{3}{8} : 0.5$ •　　　　• $3 : 4$

$0.8 : \dfrac{6}{7}$ •　　　　• $1 : 4$

ᄃ어려운 문제ᄀ
10 $1.9 : 2\dfrac{1}{5}$ 을 간단한 자연수의 비로 나타내려고 합니다. 두 친구의 해결 방법을 살펴보고 각각의 방법으로 나타내어 보세요.

도윤
후항을 소수로 바꾸어 간단한 자연수의 비로 나타낼 수 있어.

_____

가은
전항을 분수로 바꾸어 간단한 자연수의 비로 나타낼 수 있어.

_____

도움말 소수를 분수로 바꾸거나 분수를 소수로 바꾼 후 간단한 자연수의 비로 나타냅니다.

문제해결 접근하기

11 저울에 올려진 배와 수박의 무게의 비를 간단한 자연수의 비로 나타내어 보세요.

이해하기
구하려고 하는 것은 무엇인가요?

답 _____

_____

계획 세우기
어떤 방법으로 문제를 해결하면 좋을까요?

답 _____

_____

해결하기
(1) 배와 수박의 무게의 비는 $\dfrac{7}{8} : \boxed{}$ 입니다.

(2) 후항의 4.5를 분수로 나타내면 $\dfrac{45}{\boxed{}}$입니다.

$\dfrac{7}{8} : \dfrac{45}{10}$의 전항과 후항에 40을 곱하면

$\boxed{} : \boxed{}$ 이고 이 비의 전항과 후항을

5로 나누면 $\boxed{} : \boxed{}$ 입니다.

(3) 저울에 올려진 배와 수박의 무게의 비는

$\boxed{} : \boxed{}$ 입니다.

되돌아보기
문제를 해결한 방법을 설명해 보세요.

답 _____

_____

_____

개념 3 비례식을 알아볼까요

컴퓨터 화면에 있는 사진과 인쇄한 사진의 가로와 세로의 비와 비율 비교하기

사진	가로 (cm)	세로 (cm)	가로 : 세로	가로와 세로의 비율
컴퓨터 화면에 있는 사진	10	14	10 : 14	$\frac{10}{14}\left(=\frac{5}{7}\right)$
인쇄한 사진	15	21	15 : 21	$\frac{15}{21}\left(=\frac{5}{7}\right)$

• 컴퓨터 화면에 있는 사진과 인쇄한 사진의 가로와 세로의 비율은 같습니다.

• 비례식이 아닌 경우

  예 2 : 3의 비율은 $\frac{2}{3}$이고,

  3 : 2의 비율은 $\frac{3}{2}$입니다.

  두 비의 비율이 다르므로
  2 : 3 = 3 : 2는 비례식이
  아닙니다.

비율이 같은 두 비를 하나의 식으로 나타내기

• 비율이 같은 두 비를 기호 '='를 사용하여
  10 : 14＝15 : 21과 같이 나타낼 수 있습니다.
  이와 같은 식을 비례식이라고 합니다.
• 비례식 10 : 14＝15 : 21에서 바깥쪽에 있는 10과
  21을 외항, 안쪽에 있는 14와 15를 내항이라고 합니다.

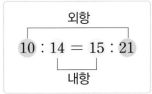

비례식을 이용하여 비의 성질 나타내기

$$\begin{array}{c}\overset{\times 2}{\overbrace{}}\\ 4 : 7 = 8 : 14 \\ \underset{\times 2}{\underbrace{}}\end{array}$$

• 4 : 7은 전항과 후항에 2를 곱한 8 : 14와 그 비율이 같습니다.

$$\begin{array}{c}\overset{\div 5}{\overbrace{}}\\ 20 : 15 = 4 : 3 \\ \underset{\div 5}{\underbrace{}}\end{array}$$

• 20 : 15는 전항과 후항을 5로 나눈 4 : 3과 그 비율이 같습니다.

1 비례식을 보고 □ 안에 알맞은 수를 써넣으세요.

$$4:5 = 8:10$$

- 외항은 □ 과/와 □ 입니다.

- 내항은 □ 과/와 □ 입니다.

■ 비례식 ● : ■ = ▲ : ◆ 에서 바깥쪽에 있는 ●과 ◆를 외항, 안쪽에 있는 ■와 ▲를 내항이라고 해요.

■ 주어진 비는 전항과 후항에 0이 아닌 같은 수를 곱한 비와 그 비율이 같아요.

2 □ 안에 알맞은 수를 써넣으세요.

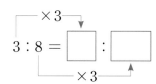

$$3:8 = □ : □$$

■ 주어진 비는 전항과 후항을 0이 아닌 같은 수로 나눈 비와 그 비율이 같아요.

3 □ 안에 알맞은 수를 써넣으세요.

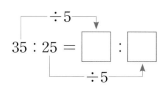

$$35:25 = □ : □$$

■ 각 비의 비율을 구한 후 비율이 같은 두 비를 찾아보아요.

4 비율이 같은 두 비를 찾아 비례식을 세우려고 합니다. □ 안에 알맞은 수를 써넣으세요.

$$5:8 \qquad 3:7 \qquad 15:27 \qquad 30:48$$

$$□ : □ = □ : □$$

01 □ 안에 알맞은 수와 말을 써넣으세요.

> 비율이 같은 두 비를 기호 '='를 사용하여
>
> 2 : 5＝4 : ☐ 와/과 같이 나타낼 수 있으며
>
> 이와 같은 식을 ☐ (이)라고 합니다.

02 외항에 ○표, 내항에 □표 하세요.

(1) 7 : 8 ＝ 14 : 16

(2) 2 : 9 ＝ 10 : 45

03 ⌐중요⌐
비율이 같은 두 비를 찾아 비례식을 세워 보세요.

> 8 : 3   5 : 8   16 : 10   24 : 9

(   )

04 비례식을 찾아 ○표 하세요.

> 4 : 9＝8 : 18   (   )

> 6 : 5＝25 : 30   (   )

05 비례식 14 : 12 ＝ 21 : 18에 대해 <u>잘못</u> 설명한 친구의 이름을 써 보세요.

> • 민준: 외항은 14와 18이고, 내항은 12와 21이야.
> • 서윤: 두 비의 비율이 $\frac{6}{7}$으로 같아.

(   )

06 ⌐중요⌐
$\frac{9}{16}$: $\frac{7}{8}$을 간단한 자연수의 비로 나타내어 비례식을 세워 보세요.

(   )

07 3 : 2.1을 간단한 자연수의 비로 나타내어 비례식을 세워 보세요.

(   )

08 비율이 $\dfrac{7}{9}$인 두 비를 이용하여 비례식을 세워 보세요.

(   )

09 성훈이와 예나가 $6:5=12:10$을 보고 한 생각입니다. 친구들의 생각이 맞는지 알아보고 잘못 생각한 부분이 있으면 바르게 고쳐 보세요.

친구	친구의 생각	나의 생각
성훈	두 비율이 $\dfrac{6}{5}$으로 같으니 비례식 $6:5=12:10$으로 나타낼 수 있어.	
예나	비례식 $6:5=12:10$에서 내항은 6과 10이고, 외항은 5와 12야.	

ᄃ어려운 문제ᄀ

10 내항이 7, 25이고 외항이 5, 35인 비례식을 2개 세워 보세요.

_____

_____

도움말 비례식 ● : ■ = ▲ : ◆에서 외항은 ●와 ◆, 내항은 ■와 ▲입니다.

문제해결 접근하기

11 조건 에 알맞은 비례식을 완성하기 위해 ㉠, ㉡, ㉢에 알맞은 수를 각각 구해 보세요.

조건

- 각 비의 비율은 $\dfrac{3}{5}$입니다.
- 외항끼리 곱하면 75입니다.

$$3 : \boxed{㉠} = \boxed{㉡} : \boxed{㉢}$$

이해하기

구하려고 하는 것은 무엇인가요?

답 _____

_____

계획 세우기

어떤 방법으로 문제를 해결하면 좋을까요?

답 _____

_____

해결하기

(1) $3:㉠=㉡:㉢$에서 $3:㉠$의 비율은 $\dfrac{3}{㉠}=\dfrac{3}{5}$ 이므로 $㉠=\boxed{}$입니다.

(2) 외항끼리 곱하면 75이므로 $3\times㉢=75$, $㉢=75\div\boxed{}=\boxed{}$입니다.

$㉡:㉢$의 비율은 $\dfrac{㉡}{㉢}=\dfrac{㉡}{25}=\dfrac{3}{5}=\dfrac{3\times5}{5\times5}=\dfrac{15}{25}$ 이므로 $㉡=\boxed{}$입니다.

(3) $㉠=\boxed{}$, $㉡=\boxed{}$, $㉢=\boxed{}$입니다.

되돌아보기

내가 푼 방법이 맞는지 검토해 보세요.

답 _____

_____

_____

개념 확인 학습

개념 4 비례식의 성질을 알아볼까요

• 외항의 곱과 내항의 곱이 같지 않으면 비례식이 아닙니다.

비례식의 성질 알아보기

$$3 : 5 = 6 : 10$$

• 비례식에서 외항의 곱은 $3 \times 10 = 30$입니다.

• 비례식에서 내항의 곱은 $5 \times 6 = 30$입니다.

➡ 비례식에서 외항의 곱과 내항의 곱은 같습니다.

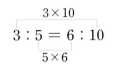

비례식인지 비례식이 아닌지 판단하기

• 외항의 곱과 내항의 곱을 각각 구하여 그 값이 같은지 알아봅니다.

(예) • $6 : 5 = 30 : 25$

➡ 외항의 곱: $6 \times 25 = 150$, 내항의 곱: $5 \times 30 = 150$

➡ 외항의 곱과 내항의 곱이 같으므로 비례식입니다.

• $4 : 6 = 20 : 24$

➡ 외항의 곱: $4 \times 24 = 96$, 내항의 곱: $6 \times 20 = 120$

➡ 외항의 곱과 내항의 곱이 같지 않으므로 비례식이 아닙니다.

개념 5 비례식을 활용해 볼까요

의자 한 개를 만드는 데 의자 다리가 4개 필요합니다. 의자 9개를 만들려면 의자 다리가 몇 개 필요한지 알아보세요.

• **비례식의 성질**
비례식에서 외항의 곱과 내항의 곱은 같습니다.

[방법 1] 비례식의 성질을 이용하여 문제 해결하기

필요한 의자 다리의 수를 □개라 하고 비례식을 세우면

$1 : 4 = 9 : □$입니다. 따라서 $1 \times □ = 4 \times 9$, □$=36$이므로

의자 다리가 36개 필요합니다.

• **비의 성질**
비의 전항과 후항에 0이 아닌 같은 수를 곱하거나 비의 전항과 후항을 0이 아닌 같은 수로 나누어도 비율은 같습니다.

[방법 2] 비의 성질을 이용하여 문제 해결하기

필요한 의자 다리의 수를 □개라 하고 비례식을 세우면

$1 : 4 = 9 : □$입니다. 따라서 $(1 \times 9) : (4 \times 9)$ ➡ $9 : 36$에서

□$=36$이므로 의자 다리가 36개 필요합니다.

1 □ 안에 알맞은 수를 써넣어 비례식에서 외항의 곱과 내항의 곱을 구하고, 알맞은 말에 ○표 하세요.

비례식의 성질을 알고, 이를 이용하여 문제를 해결할 수 있는지 묻는 문제예요.

4 : 9＝12 : 27	외항의 곱	□ × □ ＝ □
	내항의 곱	□ × □ ＝ □
0.3 : 0.8＝15 : 40	외항의 곱	□ × □ ＝ □
	내항의 곱	□ × □ ＝ □

비례식에서 외항의 곱과 내항의 곱은 (같습니다 , 다릅니다).

2 $\frac{3}{4}$: $\frac{2}{5}$＝25 : 16이 비례식인지 알아보는 과정입니다. □ 안에 알맞은 수를 써넣고, 알맞은 말에 ○표 하세요.

■ 비례식 ● : ■＝▲ : ◆에서 외항의 곱 ●×◆와 내항의 곱 ■×▲의 값이 같은지 비교해 보아요.

• 외항의 곱: □ × □ ＝ □

• 내항의 곱: □ × □ ＝ □

• 외항의 곱과 내항의 곱이 (같으므로 , 다르므로)
  (비례식입니다 , 비례식이 아닙니다).

3 팔찌 한 개를 만드는 데 구슬이 9개 필요합니다. 팔찌 6개를 만드는 데 필요한 구슬은 몇 개인지 알아보려고 합니다. □ 안에 알맞은 수를 써넣으세요.

■ 비례식의 성질을 이용하여 식을 세우고 ●의 값을 구해 보아요.

필요한 구슬의 수를 ●개라 하고 비례식을 세우면 1 : 9＝6 : ●입니다.

외항의 곱과 내항의 곱은 같으므로 1×●＝ □ × □ , ●＝ □ 입니다.

따라서 구슬은 □ 개 필요합니다.

01 비례식을 모두 찾아 ○표 하세요.

$5 : 3 = 15 : 9$	$7 : 4 = 8 : 14$
( )	( )
$0.4 : 0.7 = 8 : 14$	$5 : 8 = \dfrac{1}{5} : \dfrac{1}{8}$
( )	( )

⌐중요⌐
02 비례식의 성질을 이용하여 □ 안에 알맞은 수를 써넣으세요.

(1) □ : $21 = 8 : 24$

(2) $4 : 2.8 =$ □ : 3.5

03 외항의 곱이 24인 비례식이 되도록 □ 안에 알맞은 수를 써넣으세요.

$3 : $ □ $= 4 : $ □

04 수 카드를 한 번씩 모두 사용하여 만들 수 있는 비례식을 2개 세워 보세요.

2	3	9	6

_____

_____

[05~06] 휘발유 1 L로 18 km를 가는 자동차가 있습니다. 이 자동차로 90 km를 가려면 휘발유가 몇 L 필요한지 구해 보세요.

05 필요한 휘발유의 양을 □ L라 하고 비례식을 세워 보세요.

( )

06 05에서 세운 비례식을 이용하여 필요한 휘발유의 양은 몇 L인지 구해 보세요.

( )

07 단팥빵 2개를 만드는 데 밀가루가 0.4 kg 필요합니다. 단팥빵 7개를 만드는 데 필요한 밀가루의 양은 몇 kg인지 구해 보세요.

( )

⌐중요⌐

08 12초에 9장을 복사할 수 있는 복사기가 있습니다. 이 복사기로 36장을 복사하려면 몇 초가 걸리는지 구해 보세요.

( )

09 그림으로 나타낸 다음 직사각형 모양의 땅의 가로와 세로의 비는 6 : 5입니다. 실제 땅의 가로가 42 m라면 세로는 몇 m인가요?

( )

⌐어려운 문제⌐

10 사과 5개가 7000원일 때 사과 7개는 얼마인지 구하려고 합니다. 사과 7개의 가격을 □원이라 하여 비례식을 세우고, 답을 구해 보세요.

비례식 _____

답 _____

도움말 사과 7개의 가격을 □원이라 하고 비례식의 성질을 이용하여 식을 세운 후 □의 값을 구합니다.

 문제해결 접근하기

11 김밥 2줄을 만드는 데 밥이 280 g 필요합니다. 김밥 5줄을 만들려면 밥이 몇 g 필요한지 구해 보세요.

이해하기
구하려고 하는 것은 무엇인가요?

답 _____

_____

계획 세우기
어떤 방법으로 문제를 해결하면 좋을까요?

답 _____

_____

해결하기
(1) 구하려는 밥의 양을 △ g이라 하고 비례식을 세우면 2 : ☐ =5 : △입니다.

(2) 2 × △ = ☐ × 5,

2 × △ = ☐ , △ = ☐ 입니다.

(3) 김밥 5줄을 만드는 데 필요한 밥은 ☐ g입니다.

되돌아보기
김밥 2줄을 만드는 데 밥이 280 g 필요합니다. 김밥 7줄을 만들려면 밥이 몇 g 필요한지 구해 보세요.

답 _____

_____

_____

개념 확인 학습 **개념 6** **비례배분을 해 볼까요**

공책 15권을 오빠와 동생이 3 : 2로 나누어 갖기

• 그림을 그려서 알아보기

오빠   동생

• 3 : 2로 나누어야 하므로 전체를 3+2=5등분합니다.

• 전체의 몇 분의 몇을 가져야 하는지 알아보기

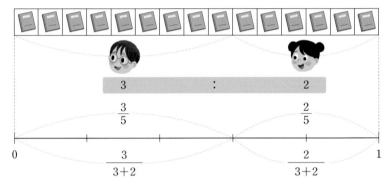

– 오빠가 가지는 공책은 15권 중 9권이므로 $\frac{9}{15}\left(=\frac{3}{5}\right)$입니다.

– 동생이 가지는 공책은 15권 중 6권이므로 $\frac{6}{15}\left(=\frac{2}{5}\right)$입니다.

– 수직선을 보면 오빠는 전체의 $\frac{3}{5}$을, 동생은 전체의 $\frac{2}{5}$를 가진다는 것을 알 수 있습니다.

– 비 3 : 2를 전항과 후항의 합을 분모로 하는 분수의 비로 나타내면

$\frac{3}{3+2} : \frac{2}{3+2}$입니다.

• 비례배분 문제는 다른 방법으로 풀 수도 있지만 비례배분 방법을 이용하면 더 간단하게 풀 수 있습니다.

• 공책 15권을 3 : 2로 나누는 방법을 식으로 나타내기

– 오빠: $15 \times \frac{3}{3+2} = 15 \times \frac{3}{5} = 9$(권)

– 동생: $15 \times \frac{2}{3+2} = 15 \times \frac{2}{5} = 6$(권)

전체를 주어진 비로 배분하는 것을 비례배분이라고 합니다.

1 연필 10자루를 시윤이와 정빈이에게 2 : 3으로 나누어 주려고 합니다. 가질 수 있는 연필의 수를 ○로 나타내고, □ 안에 알맞은 수를 써넣으세요.

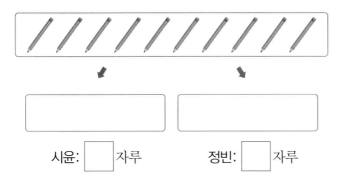

시윤: □ 자루   정빈: □ 자루

비례배분하여 문제를 해결할 수 있는지 묻는 문제예요.

■ 빈 곳에 2 : 3의 비에 맞게 ○를 그려 보아요.

2 빵 14개를 세진이와 기범이에게 4 : 3으로 나누어 주려고 합니다. □ 안에 알맞은 수를 써넣으세요.

세진: $14 \times \dfrac{4}{\square + \square} = 14 \times \dfrac{\square}{\square} = \square$ (개)

기범: $14 \times \dfrac{3}{\square + \square} = 14 \times \dfrac{\square}{\square} = \square$ (개)

■ ●를 ■ : ◆로 비례배분하면 ● × $\dfrac{■}{■ + ◆}$, ● × $\dfrac{◆}{■ + ◆}$예요.

3 혜인이와 동건이가 구슬 18개를 5 : 4로 나누어 가지려고 합니다. □ 안에 알맞은 수를 써넣으세요.

혜인: $18 \times \dfrac{5}{\square + \square} = 18 \times \dfrac{\square}{\square} = \square$ (개)

동건: $18 \times \dfrac{4}{\square + \square} = 18 \times \dfrac{\square}{\square} = \square$ (개)

■ 5 : 4로 비례배분하므로 전체를 5＋4＝9로 나누어요.

01 사탕 6개를 지율이와 지효에게 1 : 2로 나누어 주려고 합니다. 가질 수 있는 사탕의 수를 ○로 나타내고, □ 안에 알맞은 수를 써넣으세요.

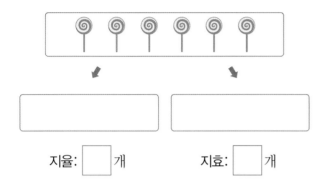

지율: □ 개   지효: □ 개

02 24를 5 : 3으로 나누려고 합니다. □ 안에 알맞은 수를 써넣으세요.

$$24 \times \dfrac{5}{\boxed{}+\boxed{}} = 24 \times \dfrac{\boxed{}}{\boxed{}} = \boxed{}$$

$$24 \times \dfrac{3}{\boxed{}+\boxed{}} = 24 \times \dfrac{\boxed{}}{\boxed{}} = \boxed{}$$

03 26 km 떨어진 A 마을과 B 마을 사이에 도서관이 있습니다. 두 마을 사이의 7 : 6이 되는 지점에 도서관이 있다고 할 때, 물음에 답하세요.

A 마을   도서관   B 마을

$\dfrac{7}{13}$ □

(1) □ 안에 알맞은 수를 써넣으세요.
(2) 도서관은 B 마을에서 몇 km 떨어져 있나요?
(   )

04
14000원을 소영이와 동생에게 4 : 3으로 나누어 주려고 합니다. 물음에 답하세요.

(1) 소영이와 동생이 가지는 금액은 전체의 몇 분의 몇이 되는지 식으로 나타낸 것입니다. □ 안에 알맞은 수를 써넣으세요.

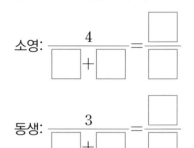

소영: $\dfrac{4}{\boxed{}+\boxed{}} = \dfrac{\boxed{}}{\boxed{}}$

동생: $\dfrac{3}{\boxed{}+\boxed{}} = \dfrac{\boxed{}}{\boxed{}}$

(2) 소영이와 동생이 가지는 금액을 각각 구해 보세요.

소영 (   )
동생 (   )

[05~06] ▨ 안의 수를 주어진 비로 비례배분해 보세요.

05 | 20 | 2 : 3 ➡ (,   )

06 | 96 | 7 : 5 ➡ (,   )

07 과자 68개를 선호와 수진이가 9 : 8로 나누어 가지려고 합니다. 선호와 수진이가 과자를 각각 몇 개씩 가지면 되는지 구해 보세요.

선호 (   )
수진 (   )

정답과 해설 28쪽

08 어느 날의 낮과 밤의 길이의 비가 5 : 7이라면 낮과 밤은 각각 몇 시간인지 구해 보세요.

낮 (   )

밤 (   )

⌐중요⌐

09 성호네 학교 6학년 전체 학생은 216명이고, 남학생 수와 여학생 수의 비는 5 : 4입니다. 6학년 남학생이 몇 명인지 알아보기 위한 성호의 풀이 과정에서 잘못 계산한 부분을 찾아 이유를 쓰고 바르게 계산해 보세요.

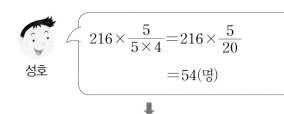

성호
$$216 \times \frac{5}{5 \times 4} = 216 \times \frac{5}{20}$$
$$= 54(명)$$

이유

⌐어려운 문제⌐

10 가로와 세로의 비는 9 : 5이고 둘레가 112 cm인 직사각형이 있습니다. 이 직사각형의 가로는 몇 cm인지 구해 보세요.

(   )

도움말 (직사각형의 둘레)=((가로)+(세로))×2입니다.

문제해결 접근하기

11 가로와 세로의 비가 3 : 2이고 둘레가 150 cm인 직사각형 모양의 태극기가 있습니다. 이 태극기의 가로와 세로는 각각 몇 cm인지 구해 보세요.

이해하기

구하려고 하는 것은 무엇인가요?

답 _____

계획 세우기

어떤 방법으로 문제를 해결하면 좋을까요?

답 _____

해결하기

(1) 태극기의 가로와 세로의 합은
$$150 \div 2 = \boxed{} \text{(cm)}입니다.$$

(2) 태극기의 가로는

$$\boxed{} \times \frac{\boxed{}}{5} = \boxed{} \text{(cm)이고,}$$

$$세로는 \boxed{} \times \frac{\boxed{}}{5} = \boxed{} \text{(cm)입니다.}$$

되돌아보기

가로와 세로의 비가 3 : 2이고 둘레가 320 cm인 직사각형 모양의 태극기가 있습니다. 이 태극기의 가로와 세로는 각각 몇 cm인지 구해 보세요.

답 _____

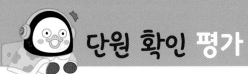
01 전항과 후항을 각각 써 보세요.

> 4 : 9

전항 (   )

후항 (   )

02 비의 성질을 이용하여 3 : 7과 비율이 같은 비를 2개 써 보세요.

(   ), (   )

┌중요┐

03 간단한 자연수의 비로 나타내어 보세요.

(1) 28 : 42 ➡ (   )

(2) 3.2 : $1\frac{1}{5}$ ➡ (   )

04 간단한 자연수의 비로 나타내었을 때 2 : 5가 되는 비를 모두 찾아 기호를 써 보세요.

> ㉠ 18 : 63 ㉡ 0.6 : 1.8
> ㉢ 14 : 35 ㉣ 2.6 : 6.5

(   )

05 간단한 자연수의 비로 나타내었을 때 같은 비를 찾아 이어 보세요.

8 : 12	$\frac{1}{5} : \frac{1}{3}$
15 : 25	1 : 1.5
16 : 28	36 : 63

⊏서술형⊐

06 밑변의 길이가 **6.3 cm**이고 높이가 **5.6 cm**인 평행사변형이 있습니다. 이 평행사변형의 밑변의 길이와 높이의 비를 간단한 자연수의 비로 나타내려고 합니다. 풀이 과정을 쓰고 답을 구해 보세요.

풀이

(1) 밑변의 길이와 높이의 비는 (   ) : 5.6 입니다.

(2) (   ) : 5.6의 전항과 후항에 10을 곱하면 (   ) : 56입니다. (   ) : 56의 전항과 후항을 7로 나누면 (   ) : (   )입니다.

답 _____

07 수민이네 학교 전체 학생 수는 **910명**이고 이 중 남학생은 **490명**입니다. 남학생 수와 여학생 수의 비를 간단한 자연수의 비로 나타내어 보세요.

(   )

08 찹쌀밥을 짓는 데 찹쌀 **1.8컵**, 팥 $\frac{2}{5}$ 컵을 넣었습니다. 찹쌀밥에 들어간 찹쌀의 양과 팥의 양의 비를 간단한 자연수의 비로 나타내어 보세요.

(   )

09 비율이 같은 두 비를 찾아 비례식을 세워 보세요.

$$6 : 7 \qquad 5 : 4 \qquad 21 : 27 \qquad 49 : 63$$

(   )

10 비례식을 찾아 기호를 써 보세요.

㉠ 5＋9＝8＋6   ㉡ 8 : 5＝10 : 16
㉢ 6 : 7＝18 : 28   ㉣ 1.2 : 9.6＝3 : 24

(   )

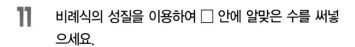

11 비례식의 성질을 이용하여 □ 안에 알맞은 수를 써넣으세요.

(1) $9 : 2 = 36 :$ ☐

(2) $\dfrac{3}{4} : 18 = \dfrac{2}{3} :$ ☐

⌜중요⌝

12 외항의 곱이 192인 어떤 비례식이 있습니다. 이 비례식의 한 내항이 24라면 다른 내항은 얼마인가요?

( )

13 다음에서 비율이 같은 두 비를 찾아 비례식을 세울 때 외항의 곱은 얼마인가요?

$\dfrac{1}{4} : 2$	$1.6 : 8$	$6 : 5$
	$25 : 30$	$1.5 : 1.8$

( )

⌜서술형⌝

14 미연이네 집에서는 유자와 설탕을 5 : 3의 비로 섞어 유자차를 만든다고 합니다. 유자차를 만들기 위해 유자를 **60 kg** 넣는다면 설탕은 몇 **kg**을 넣어야 하는지 풀이 과정을 쓰고 답을 구해 보세요.

풀이

(1) 넣어야 할 설탕의 양을 □ kg이라 하고 비례식을 세우면 5 : 3 = ( ) : □입니다.

(2) 외항의 곱과 내항의 곱은 같으므로
$5 \times$ ☐ $= 3 \times$ ( )에서
$5 \times$ ☐ $=$ ( ), ☐ $=$ ( )입니다.

(3) 설탕을 ( ) kg 넣어야 합니다.

답 _____

15 식빵 3개를 만드는 데 밀가루가 **1.4 kg** 필요하다고 합니다. 식빵 15개를 만드는 데 필요한 밀가루의 양은 몇 **kg**인가요?

( )

16 동표는 자전거를 타고 2시간에 6.2 km를 간다고 합니다. 같은 빠르기로 동표가 자전거를 타고 3시간 동안 갈 수 있는 거리는 몇 km인가요?

(   )

17 48을 7 : 5로 나누려고 합니다. □ 안에 알맞은 수를 써넣으세요.

$$48 \times \frac{7}{\boxed{} + \boxed{}} = \boxed{}$$

$$48 \times \frac{5}{\boxed{} + \boxed{}} = \boxed{}$$

⊏**어려운 문제**⊐

18 미경이는 9월 한 달 동안 줄넘기를 한 날을 달력에 표시했더니 줄넘기를 한 날과 줄넘기를 하지 않은 날수의 비가 6 : 4이었습니다. 미경이가 9월에 줄넘기를 한 날은 모두 며칠인가요?

(   )

19 보빈이는 35000원을 저금과 책을 사는 데 7 : 3으로 나누어 사용하려고 합니다. 저금과 책을 사는 데 사용한 돈은 각각 얼마인지 구해 보세요.

저금 (   )

책 (   )

⊏**어려운 문제**⊐

20 가게에 무와 배추가 560 kg 있습니다. 무와 배추가 5 : 3의 비로 있다면 무는 배추보다 몇 kg 더 많은지 구해 보세요.

(   )

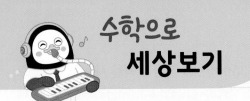

수학으로 세상보기

비의 성질과 비례식의 성질을 이용하여 미션을 수행해 봐요.

비와 비례식이 제시된 카드를 보고 비의 성질과 비례식의 성질을 이용하여 미션을 수행하는 놀이를 해 볼까요?

1 미션 카드에 제시된 비를 보고 비의 성질을 이용하여 주어진 비와 비율이 같은 비를 2가지 말하는 놀이를 해 보세요.

〈준비물〉 비가 적힌 미션 카드 16장   〈인원〉 2명

〈방법〉

① 가위바위보를 해서 순서를 정합니다.

② 이긴 사람부터 미션 카드 1장을 뽑습니다.

③ 뽑은 미션 카드에 적힌 비를 보고 비의 성질을 이용하여 주어진 비와 비율이 같은 비를 2가지 말합니다.

④ 비의 성질을 이용하여 주어진 비와 비율이 같은 비를 말하면 1가지당 1점씩 얻도록 합니다. (단, 비의 성질 2가지를 모두 사용하면 1점을 추가로 얻습니다.)

⑤ 놀이를 3회 실시하고 얻은 점수가 더 높은 친구가 이기는 것으로 합니다.

(예시)

〈미경〉

뽑은 카드에 적힌 비	8 : 6
뽑은 카드에 적힌 비와 비율이 같도록 말한 비	24 : 18 4 : 3
얻은 점수	3점

〈제민〉

뽑은 카드에 적힌 비	10 : 12
뽑은 카드에 적힌 비와 비율이 같도록 말한 비	20 : 24 30 : 36
얻은 점수	2점

※ 미경이와 제민이는 비의 성질을 이용하여 주어진 비와 비율이 같은 비를 2가지 모두 옳게 말해서 각각 2점씩 얻습니다. 미경이는 비의 성질 2가지를 모두 사용해서 추가로 1점을 더 얻습니다.

	1회		2회		3회	
	〈나〉	〈친구〉	〈나〉	〈친구〉	〈나〉	〈친구〉
뽑은 카드에 적힌 비						
뽑은 카드에 적힌 비와 비율이 같도록 말한 비						
얻은 점수						

미션 카드에 제시된 비례식을 보고 ☐ 안에 알맞은 수를 말하는 놀이를 해 보세요.

〈준비물〉 비례식이 쓰여 있는 미션 카드 16장   〈인원〉 2명

〈방법〉

① 가위바위보를 해서 순서를 정합니다.

② 이긴 사람부터 미션 카드 1장을 뽑습니다.

③ 뽑은 미션 카드에 적힌 비례식을 보고 ☐ 안에 알맞은 수를 말합니다.

④ 비례식의 성질과 비의 성질을 이용하여 ☐ 안에 알맞은 수를 말하면 1점을 얻습니다.

⑤ 놀이를 3회 실시하고 얻은 점수가 더 높은 친구가 이기는 것으로 합니다.

(예시)   〈미경〉   〈제민〉

뽑은 카드에 적힌 비례식	5 : 7 = 10 : ☐
☐ 안에 알맞은 수	14
얻은 점수	1점

뽑은 카드에 적힌 비례식	12 : 10 = ☐ : 5
☐ 안에 알맞은 수	6
얻은 점수	1점

※ 미경이와 제민이는 비례식의 성질과 비의 성질을 이용하여 ☐ 안에 알맞은 수를 말해서 각각 1점씩 얻습니다.

	1회		2회		3회	
	〈나〉	〈친구〉	〈나〉	〈친구〉	〈나〉	〈친구〉
뽑은 카드에 적힌 비례식						
☐ 안에 알맞은 수						
얻은 점수						

5 단원

원의 넓이

도원이네 가족은 자전거 박물관에 왔어요. 그곳에는 신기한 자전거도 많았고 다양한 크기의 자전거 바퀴도 볼 수 있었어요. 도원이의 키만큼 큰 바퀴도 있고 도원이의 손바닥만한 바퀴도 있네요.

이번 5단원에서는 원주율이 무엇인지 알고, 원주와 원의 넓이를 구하는 방법을 배울 거예요. 또 원으로 만든 여러 가지 도형의 넓이를 구해 볼 거예요.

단원 학습 목표

1. 원의 지름에 대한 원의 둘레의 비율이 원주율임을 이해할 수 있습니다.
2. 원주율을 이용하여 원주와 지름을 구할 수 있습니다.
3. 사각형과 모눈종이를 이용하여 원의 넓이를 어림할 수 있습니다.
4. 원이 넓이를 구하는 방법을 알고, 여러 가지 원의 넓이를 구할 수 있습니다.

단원 진도 체크

회차	구성		진도 체크
1차	개념 1 원주와 지름의 관계를 알아볼까요 개념 2 원주율을 알아볼까요	개념 확인 학습 + 문제 / 교과서 내용 학습	✓
2차	개념 3 원주와 지름을 구하는 방법을 알아볼까요	개념 확인 학습 + 문제 / 교과서 내용 학습	✓
3차	개념 4 원의 넓이를 어림해 볼까요 개념 5 원의 넓이를 구하는 방법을 알아볼까요	개념 확인 학습 + 문제 / 교과서 내용 학습	✓
4차	개념 6 원의 넓이를 활용해 볼까요	개념 확인 학습 + 문제 / 교과서 내용 학습	✓
5차	단원 확인 평가		✓
6차	수학으로 세상보기		✓

해당 부분을 공부한 후 ✓표를 하세요.

개념 1 **원주와 지름의 관계를 알아볼까요**

- 원의 지름이 길어지면 원의 둘레도 길어집니다.

▌원주 알아보기

- 원의 둘레를 원주라고 합니다.

▌원주와 지름의 관계

- 정육각형의 둘레와 원주 비교하기

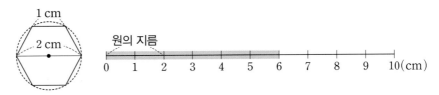

(정육각형의 둘레)<(원주), (정육각형의 둘레)=(원의 지름)×3

- 정사각형의 둘레와 원주 비교하기

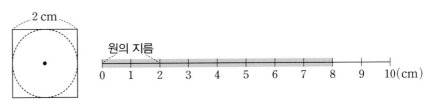

(원주)<(정사각형의 둘레), (정사각형의 둘레)=(원의 지름)×4

- 원주는 원의 지름의 3배보다 길고, 4배보다 짧습니다.

개념 2 **원주율을 알아볼까요**

- 원주율을 소수로 나타내면 3.1415926535…와 같이 끝없이 계속됩니다.
- 원주율을 3, 3.1, 3.14 등으로 어림하여 사용합니다.
- 원의 크기에 상관없이 원주율의 값은 일정합니다.

- (원주)÷(지름) 구하기

원주	지름	(원주)÷(지름)을 소수 첫째 자리까지 나타낸 값
12.5 cm	4 cm	3.1
18.8 cm	6 cm	3.1
25.1 cm	8 cm	3.1

- 원의 지름에 대한 원주의 비율을 원주율이라고 합니다.

(원주율)=(원주)÷(지름)

1 □ 안에 알맞은 말을 써넣으세요.

(1) 원의 둘레를 [   ](이)라고 합니다.

(2) 원의 지름에 대한 원주의 비율을 [   ](이)라고 합니다.

원주와 원주율을 이해하고 있는지 묻는 문제예요.

2 그림을 보고 □ 안에 알맞은 수를 써넣으세요.

원주는 원의 지름의 약 [   ]배입니다.

3 그림을 보고 □ 안에 알맞은 수를 써넣으세요.

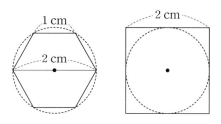

(1) 정육각형의 둘레는 [   ]cm이고, 원의 지름의 [   ]배입니다.

(2) 정사각형의 둘레는 [   ]cm이고, 원의 지름의 [   ]배입니다.

(3) 원주는 원의 지름의 [   ]배보다 길고, [   ]배보다 짧습니다.

■ 원주는 정육각형의 둘레보다 길고, 정사각형의 둘레보다 짧아요.

01 원주를 빨간색 선으로 알맞게 표시한 것에 ○표 하세요.

(   )   (   )   (   )

⌐중요⌐
02 다음 중 옳은 것을 모두 찾아 기호를 써 보세요.

> ㉠ 원의 둘레를 원주라고 합니다.
> ㉡ 원의 지름과 원주는 길이가 같습니다.
> ㉢ 원의 반지름이 길어지면 원주도 길어집니다.

(   )

03 보기 를 보고 □ 안에 알맞은 말을 써넣으세요.

보기
> 반지름   지름   원의 중심   원주

(원주율)=(☐)÷(☐)

04 원주율을 소수로 나타내면 다음과 같이 끝없이 계속됩니다. 원주율을 반올림하여 주어진 자리까지 나타내어 보세요.

> 3.1415926535897932⋯

일의 자리	소수 첫째 자리	소수 둘째 자리

[05~07] 그림을 보고 물음에 답해 보세요.

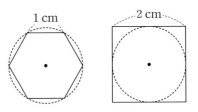

05 정육각형과 정사각형의 둘레를 원주와 각각 비교하여 ○ 안에 >, =, <를 써넣으세요.

(1) 정육각형의 둘레 ◯ 원주

(2) 정사각형의 둘레 ◯ 원주

06 정육각형의 둘레와 정사각형의 둘레를 각각 구해 보세요.

정육각형의 둘레 (   )
정사각형의 둘레 (   )

07 □ 안에 알맞은 수를 써넣으세요.

> 정육각형의 둘레는 원의 지름의 ☐ 배이고, 정사각형의 둘레는 원의 지름의 ☐ 배입니다.
> 따라서 원주는 원의 지름의 ☐ 배보다 길고, ☐ 배보다 짧습니다.

08 두 원의 원주와 지름을 보고 (원주)÷(지름)을 구하여 소수 첫째 자리까지 나타내어 보세요.

원주	지름	(원주)÷(지름)
12.56	4	
31.4	10	

⌐중요⌐

09 다음 중 옳은 것을 모두 찾아 기호를 써 보세요.

> ㉠ (원주율)＝(원주)÷(반지름)
> ㉡ 원주율을 소수로 나타내면 끝없이 계속됩니다.
> ㉢ 원의 크기가 달라져도 원주율은 달라지지 않습니다.

( )

⌐어려운 문제⌐

10 지름이 3 cm인 원의 둘레와 가장 비슷한 길이를 찾아 ○표 하세요.

3 cm	9 cm	15 cm
( )	( )	( )

도움말 원의 둘레는 원의 지름의 약 3배입니다.

 문제해결 접근하기

11 정육각형과 정사각형의 둘레를 이용하여 원주는 지름의 약 몇 배인지 구해 보세요.

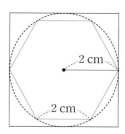

이해하기

구하려고 하는 것은 무엇인가요?

답 _____

계획 세우기

어떤 방법으로 문제를 해결하면 좋을까요?

답 _____

해결하기

(1) 원의 지름은 ☐ cm입니다.

(2) 정육각형의 둘레는 ☐ cm이고,

원의 지름의 ☐ 배입니다.

(3) 정사각형의 둘레는 ☐ cm이고,

원의 지름의 ☐ 배입니다.

(4) 원주는 원의 지름의 ☐ 배보다 길고, ☐ 배보다 짧습니다.

되돌아보기

정육각형과 정사각형의 둘레를 구하여 ☐ 안에 알맞은 수를 써넣으세요.

원주는 ☐ cm보다 길고, ☐ cm보다 짧습니다.

개념 확인 학습

개념 3 원주와 지름을 구하는 방법을 알아볼까요

• (원주율)=(원주)÷(지름)임을 이용하여 원주를 구할 수 있습니다.

지름을 알 때 원주 구하기

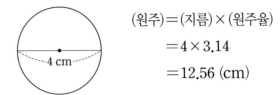

(원주율)=(원주)÷(지름)
➡ (원주)=(지름)×(원주율)
    =(반지름)×2×(원주율)

• 지름이 4 cm인 원의 원주 구하기 (원주율: 3.14)

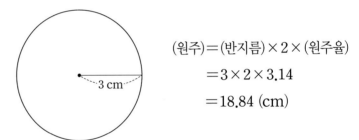

(원주)=(지름)×(원주율)
    =4×3.14
    =12.56 (cm)

• 반지름이 3 cm인 원의 원주 구하기 (원주율: 3.14)

(원주)=(반지름)×2×(원주율)
    =3×2×3.14
    =18.84 (cm)

• 원주율은 어림하여 3, 3.1, 3.14 등으로 사용합니다.

원주를 알 때 지름 구하기

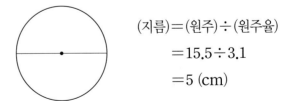

(원주율)=(원주)÷(지름)
➡ (지름)=(원주)÷(원주율)

• 원주가 15.5 cm인 원의 지름 구하기 (원주율: 3.1)

(지름)=(원주)÷(원주율)
    =15.5÷3.1
    =5 (cm)

• 원주가 6.2 cm인 원의 반지름 구하기 (원주율: 3.1)

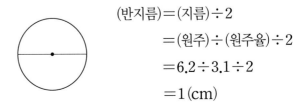

(반지름)=(지름)÷2
    =(원주)÷(원주율)÷2
    =6.2÷3.1÷2
    =1 (cm)

문제를 풀며 이해해요

정답과 해설 31쪽

1 보기 를 보고 ☐ 안에 알맞은 말을 써넣으세요.

> 보기
>
> | 반지름 | 지름 | 원주 | 원주율 |

(1) (원주) = (☐) × (원주율)

(2) (지름) = (원주) ÷ (☐)

원주와 지름을 구하는 방법을 아는지 묻는 문제예요.

2 원주를 구하려고 합니다. ☐ 안에 알맞은 수를 써넣으세요. (원주율: 3.1)

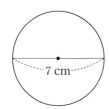
7 cm

(원주) = ☐ × ☐

= ☐ (cm)

■ 원주는 (지름) × (원주율)로 구할 수 있어요.

3 지름을 구하려고 합니다. ☐ 안에 알맞은 수를 써넣으세요. (원주율: 3)

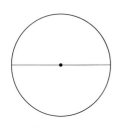
원주: 24 cm

(지름) = ☐ ÷ ☐

= ☐ (cm)

■ 지름은 (원주) ÷ (원주율)로 구할 수 있어요.

01 다음 중 지름을 구할 수 있는 방법으로 옳지 <u>않은</u> 것에 ×표 하세요.

(반지름)×2	(원주)÷(반지름)	(원주)÷(원주율)
( )	( )	( )

02 반지름을 알고 있는 자전거 바퀴의 원주를 구하려고 합니다. 구하는 방법을 써 보세요.

반지름

방법 _____

_____

[03~04] 원주를 구해 보세요. (원주율: 3.14)

03
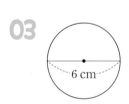
6 cm

( )

04
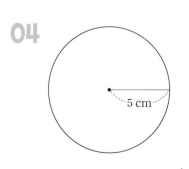
5 cm

( )

⌐중요⌐
05 지름은 몇 **cm**인지 구해 보세요. (원주율: 3.1)

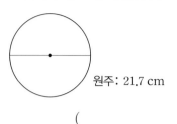
원주: 21.7 cm

( )

06 반지름은 몇 **m**인지 구해 보세요. (원주율: 3.1)

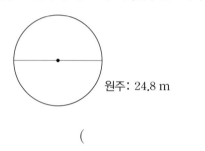
원주: 24.8 m

( )

07 크기가 큰 원부터 차례로 기호를 써 보세요.
(원주율: 3.1)

> ㉠ 원주가 34.1 cm인 원
> ㉡ 지름이 9 cm인 원
> ㉢ 반지름이 6 cm인 원

( )

정답과 해설 **32**쪽

08 두 원의 원주의 합은 몇 **cm**인가요? (원주율: **3.14**)

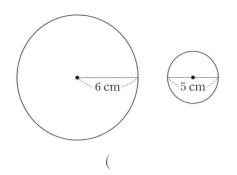

(   )

ᄃ중요ᄀ

09 원 모양 프라이팬 뚜껑의 둘레를 재었더니 **72 cm**였습니다. 프라이팬 뚜껑의 반지름은 몇 **cm**인가요?

(원주율 : **3**)

(   )

ᄃ어려운 문제ᄀ

10 바깥쪽 원의 지름이 **50 cm**인 외발자전거가 **5**바퀴 굴러간 거리는 몇 **cm**인지 구해 보세요. (원주율: **3.1**)

(   )

도움말 5바퀴 굴러간 거리는 바퀴 원주의 5배입니다.

🙂 **문제해결 접근하기**

11 세아와 연우는 종이띠로 각각 지름이 **5 cm**, **6 cm**인 원을 **1**개씩 만들려고 합니다. 필요한 종이띠의 길이는 모두 얼마인지 구해 보세요. (원주율: **3.14**)

(단, 종이띠를 겹치지 않게 붙여서 원을 만듭니다.)

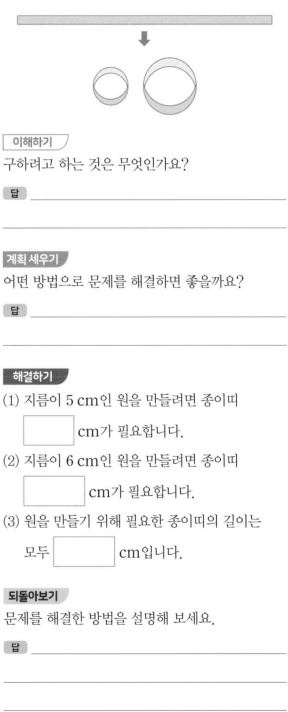

이해하기

구하려고 하는 것은 무엇인가요?

답 _____

_____

계획 세우기

어떤 방법으로 문제를 해결하면 좋을까요?

답 _____

_____

해결하기

(1) 지름이 **5 cm**인 원을 만들려면 종이띠

[   ] cm가 필요합니다.

(2) 지름이 **6 cm**인 원을 만들려면 종이띠

[   ] cm가 필요합니다.

(3) 원을 만들기 위해 필요한 종이띠의 길이는

모두 [   ] cm입니다.

되돌아보기

문제를 해결한 방법을 설명해 보세요.

답 _____

_____

_____

_____

개념 확인 학습

개념 **4** 원의 넓이를 어림해 볼까요

• 원의 넓이는 원 안에 있는 정사각형의 넓이보다 크고, 원 밖에 있는 정사각형의 넓이보다 작습니다.

정사각형으로 원의 넓이 어림하기

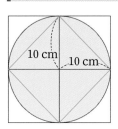

10 cm, 10 cm

• 원 안에 있는 정사각형의 넓이

$20 \times 20 \div 2 = 200 \, (\text{cm}^2)$

• 원 밖에 있는 정사각형의 넓이

$20 \times 20 = 400 \, (\text{cm}^2)$

$200 \, \text{cm}^2 <$ (반지름이 10 cm인 원의 넓이)

(반지름이 10 cm인 원의 넓이) $< 400 \, \text{cm}^2$

모눈종이로 원의 넓이 어림하기

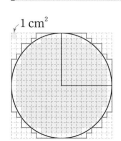

$1 \, \text{cm}^2$

• 노란색 모눈의 수는 276칸입니다.

• 빨간색 선 안쪽 모눈의 수는 344칸입니다.

$276 \, \text{cm}^2 <$ (반지름이 10 cm인 원의 넓이)

(반지름이 10 cm인 원의 넓이) $< 344 \, \text{cm}^2$

개념 **5** 원의 넓이를 구하는 방법을 알아볼까요

원의 넓이를 구하는 방법 알아보기

16등분   64등분

• 원을 한없이 잘라 이어 붙이면 점점 직사각형에 가까워집니다.

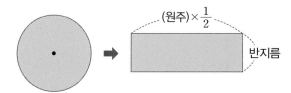

(원주)$\times \frac{1}{2}$

반지름

• (직사각형의 넓이)=(가로)×(세로)
• (원주)=(지름)×(원주율)

• (원의 넓이)= (원주) $\times \frac{1}{2} \times$ (반지름)

$=$ (원주율)×(지름)$\times \frac{1}{2} \times$ (반지름)

$=$ (원주율)×(반지름)×(반지름)

1 반지름이 **4 cm**인 원의 넓이를 어림하려고 합니다. ☐ 안에 알맞은 수를 써넣으세요.

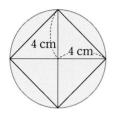 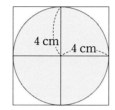

(1) (원 안에 있는 정사각형의 넓이)= ☐ × ☐ ÷ 2 = ☐ (cm²)

(2) (원 밖에 있는 정사각형의 넓이)= ☐ × ☐ = ☐ (cm²)

(3) 원의 넓이는 ☐ cm²보다 크고, ☐ cm²보다 작습니다.

원 안에 있는 정사각형과 원 밖에 있는 정사각형의 넓이를 이용하여 원의 넓이를 어림할 수 있는지 묻는 문제예요.

■ 원 안에 있는 정사각형의 넓이는 마름모의 넓이를 구하는 방법을 이용해서 구해요.

2 ☐ 안에 알맞은 말을 써넣으세요.

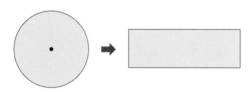

(1) 원을 한없이 잘라 이어 붙이면 점점 ☐ 에 가까워집니다.

(2) 직사각형의 가로는 (☐) × $\frac{1}{2}$과 같고, 세로는 원의 ☐ 와/과 같습니다.

(3) (원의 넓이)=(원주율)×(☐)×(☐)

원의 넓이를 구하는 방법을 아는지 묻는 문제예요.

[01~03] 반지름이 5 cm인 원의 넓이를 어림하려고 합니다. 물음에 답하세요.

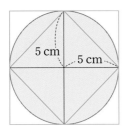

01 원 안에 있는 정사각형의 넓이는 몇 cm²인가요?

( )

02 원 밖에 있는 정사각형의 넓이는 몇 cm²인가요?

( )

ㄷ**중요**ㄱ
 □ 안에 알맞은 수를 써넣으세요.

원의 넓이는 □ cm²보다 크고,

□ cm²보다 작습니다.

04 정사각형을 이용하여 원의 넓이를 어림하려고 합니다. □ 안에 알맞은 수를 써넣으세요.

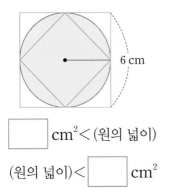

□ cm² < (원의 넓이)

(원의 넓이) < □ cm²

[05~06] 모눈종이를 이용하여 반지름이 4 cm인 원의 넓이를 어림하려고 합니다. 물음에 답하세요.

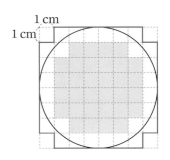

05 초록색 모눈과 빨간색 선 안쪽의 모눈은 각각 몇 칸인지 써 보세요.

초록색 모눈의 수 ( )

빨간색 선 안쪽의 모눈의 수 ( )

06 □ 안에 알맞은 수를 써넣으세요.

원의 넓이는 □ cm²보다 크고,

□ cm²보다 작습니다.

07 모눈의 수를 세어 지름이 12 cm인 원의 넓이를 어림하려고 합니다. □ 안에 알맞은 수를 써넣으세요.

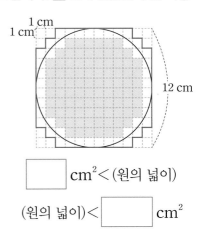

□ cm² < (원의 넓이)

(원의 넓이) < □ cm²

정답과 해설 32쪽

08 원의 넓이는 몇 cm^2인가요? (원주율 3.1)

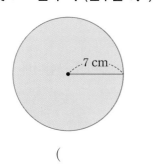

( )

중요

09 원 모양의 접시가 있습니다. 접시의 지름이 20 cm일 때 접시의 넓이는 몇 cm^2인가요? (원주율: 3.14)

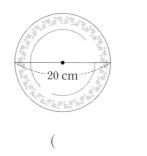

( )

어려운 문제

10 정육각형의 넓이를 이용하여 원의 넓이를 어림하려고 합니다. 삼각형 ㄱㅇㄷ의 넓이가 40 cm^2이고, 삼각형 ㄹㅇㅂ의 넓이가 30 cm^2일 때, □ 안에 알맞은 수를 써넣으세요.

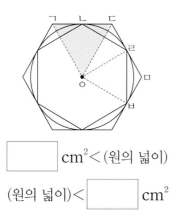

□ cm^2<(원의 넓이)

(원의 넓이)<□ cm^2

도움말 원의 넓이는 원 안에 있는 정육각형의 넓이보다는 크고 원 밖에 있는 정육각형의 넓이보다는 작습니다.

문제해결 접근하기

11 다음 직사각형 안에 그릴 수 있는 가장 큰 원의 넓이를 구해 보세요. (원주율 3.14)

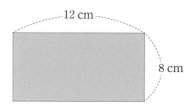

이해하기

구하려고 하는 것은 무엇인가요?

답 _____

_____

계획 세우기

어떤 방법으로 문제를 해결하면 좋을까요?

답 _____

_____

해결하기

(1) 직사각형 안에 그릴 수 있는 가장 큰 원의 지름은 □ cm입니다.

(2) 원의 넓이를 구하는 식을 쓰면 다음과 같습니다.

식 _____

(3) 원의 넓이는 □ cm^2입니다.

되돌아보기

다음 직사각형 안에 그릴 수 있는 가장 큰 원의 넓이를 구해 보세요. (원주율 3.14)

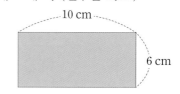

답 _____

_____

개념 확인 학습

개념 6 원의 넓이를 활용해 볼까요

• 원의 넓이는
(반지름)×(반지름)×(원주율)로
구합니다.

▌반지름과 원의 넓이 사이의 관계 알아보기

• 반지름이 각각 1 cm, 2 cm, 3 cm인 원의 넓이를 구합니다. (원주율: 3.1)

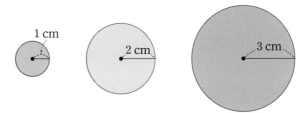

반지름(cm)	1	2	3
넓이(cm²)	3.1	12.4	27.9

• 반지름이 2배, 3배, …가 되면 원의 넓이는 4배, 9배, …가 됩니다.

▌원으로 이루어진 여러 가지 도형의 넓이 구하기 (원주율: 3.14)

• 원을 똑같이 나눈 부분의 넓이를 구합니다.

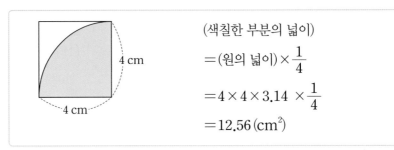

(색칠한 부분의 넓이)
$=$(원의 넓이)$\times\dfrac{1}{4}$
$=4\times4\times3.14\times\dfrac{1}{4}$
$=12.56\,(\text{cm}^2)$

• 전체에서 부분의 넓이를 빼서 구합니다.

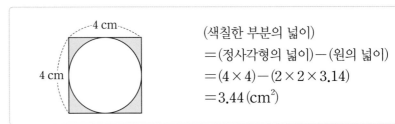

(색칠한 부분의 넓이)
$=$(정사각형의 넓이)$-$(원의 넓이)
$=(4\times4)-(2\times2\times3.14)$
$=3.44\,(\text{cm}^2)$

• (반원의 넓이)
$=$(원의 넓이)$\div2$

• 도형의 일부분을 옮겨 넓이를 구합니다.

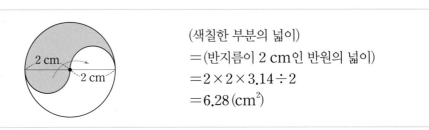

(색칠한 부분의 넓이)
$=$(반지름이 2 cm인 반원의 넓이)
$=2\times2\times3.14\div2$
$=6.28\,(\text{cm}^2)$

1 원 나의 넓이는 원 가의 넓이의 몇 배인지 구하려고 합니다. 물음에 답하세요.
(원주율: 3.1)

가 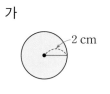   나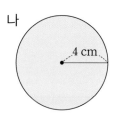

반지름이 2배가 될 때, 원의 넓이는 몇 배가 되는지 묻는 문제예요.

(1) 원 가와 원 나의 넓이를 구해 보세요.

가 (   ), 나 (   )

(2) 원 나의 넓이는 원 가의 넓이의 몇 배인가요?

(   )

2 색칠한 부분의 넓이를 구하려고 합니다. 물음에 답하세요. (원주율: 3)

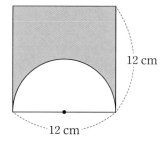

12 cm

12 cm

원으로 이루어진 도형의 넓이를 구할 수 있는지 묻는 문제예요.

■ 반원의 넓이는 (원의 넓이)÷2예요.

(1) 정사각형의 넓이는 몇 cm²인가요?

(   )

(2) 반원의 넓이는 몇 cm²인가요?

(   )

(3) 색칠한 부분의 넓이는 몇 cm²인가요?

(   )

[01~03] 반지름과 원의 넓이 사이의 관계를 알아보려고 합니다. 물음에 답하세요.

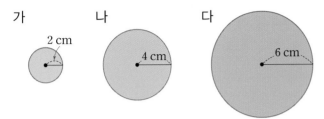

가
2 cm

나
4 cm

다
6 cm

01 원 가, 나, 다의 넓이는 각각 몇 cm²인지 구해 보세요. (원주율: 3)

가 (   )

나 (   )

다 (   )

02 □ 안에 알맞은 수를 써넣으세요.

원 나의 반지름은 원 가의 반지름의 □ 배이고, 원 다의 반지름은 원 가의 반지름의 □ 배입니다.

03 □ 안에 알맞은 수를 써넣으세요.

원의 반지름이 2배, 3배가 되면 원의 넓이는 □ 배, □ 배가 됩니다.

┌중요┐
04 원 나의 반지름이 원 가의 반지름의 2배입니다. 원 가의 넓이가 24 cm²일 때, 원 나의 넓이는 몇 cm²인가요? (원주율 :3)

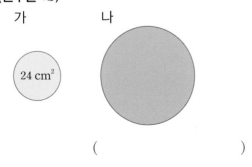

가

나

24 cm²

(   )

05 색칠한 부분의 넓이는 몇 cm²인가요?

(원주율: 3.14)

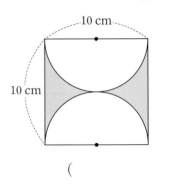

10 cm

10 cm

(   )

[06~07] 반원 모양의 꽃밭이 있습니다. 물음에 답하세요.

(원주율: 3.1)

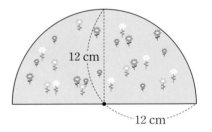

12 cm

12 cm

06 꽃밭의 둘레는 몇 cm인가요?

(   )

07 꽃밭의 넓이는 몇 cm²인가요?

(   )

문제해결 접근하기

08 색칠한 부분의 넓이는 몇 cm^2인가요? (원주율: 3.1)

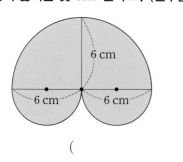

(   )

09 다음과 같은 모양의 운동장의 넓이는 몇 m^2인가요?
(원주율: 3)

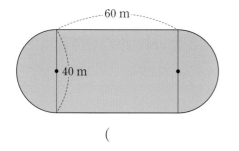

(   )

⌐어려운 문제⌐
10 다음과 같은 과녁을 만들었습니다. 각 색깔이 차지하는 부분의 넓이는 몇 cm^2인가요? (원주율: 3.1)

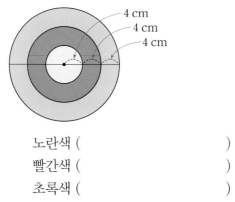

노란색 (   )

빨간색 (   )

초록색 (   )

도움말 초록색 부분의 넓이는 가장 큰 원의 넓이에서 두 번째로 큰 원의 넓이를 뺀 것입니다.

11 부채 2개를 만들었습니다. 어느 부채의 넓이가 몇 cm^2 더 넓은지 구해 보세요. (원주율 : 3.1)
(단, 막대의 넓이는 제외합니다.)

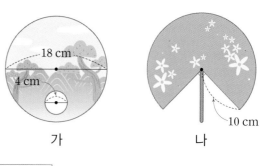

가   나

이해하기
구하려고 하는 것은 무엇인가요?

답 _____

_____

계획 세우기
어떤 방법으로 문제를 해결하면 좋을까요?

답 _____

_____

해결하기
(1) 부채 가의 넓이는 [   ] cm^2입니다.

(2) 부채 나의 넓이는 [   ] cm^2입니다.

(3) 부채 [   ]의 넓이가 [   ] cm^2만큼
더 넓습니다.

되돌아보기
다음 부채에서 색칠한 부분의 넓이는 몇 cm^2인지 구해 보세요. (원주율: 3.1)

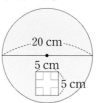

답 _____

5. 원의 넓이

01 원주를 빨간색으로 표시해 보세요.

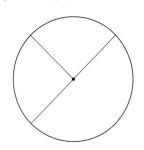

04 다음 설명 중 옳은 것을 모두 찾아 기호를 써 보세요.

> ㉠ 원주는 원의 둘레입니다.
> ㉡ 원주는 원의 반지름의 약 3배입니다.
> ㉢ 원의 지름이 클수록 원주율도 커집니다.
> ㉣ 원의 지름에 대한 원주의 비율은 변하지 않습니다.

( )

02 크기가 다른 두 원의 (원주)÷(지름)을 비교하여 ○ 안에 >, =, <를 알맞게 써넣으세요.

> 지름: 12 cm
> 원주: 37.2 cm

○

> 반지름: 7 cm
> 원주: 43.4 cm

ㄷ중요ㄱ
05 원주는 몇 cm인가요? (원주율: 3.14)

(1)
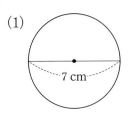
7 cm

( )

(2)

5 cm

( )

03 지름이 3 cm인 원의 원주에 가장 가까운 길이에 ○ 표 하세요.

3 cm

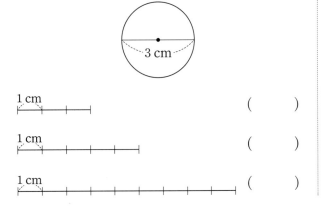

1 cm ( )

1 cm ( )

1 cm ( )

[06~07] 반지름이 8 cm인 원의 넓이를 어림하려고 합니다. 물음에 답하세요.

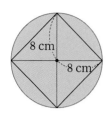 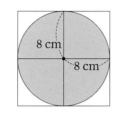

06 ○ 안에 >, =, <를 알맞게 써넣으세요.

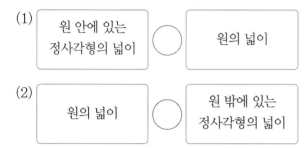

(1) 원 안에 있는 정사각형의 넓이 ○ 원의 넓이

(2) 원의 넓이 ○ 원 밖에 있는 정사각형의 넓이

07 □ 안에 알맞은 수를 써넣으세요.

□ cm² < (원의 넓이)

(원의 넓이) < □ cm²

08 반지름이 6 cm인 원을 한없이 잘라 이어 붙여서 직사각형을 만들었습니다. □ 안에 알맞은 수를 써넣으세요. (원주율: 3.1)

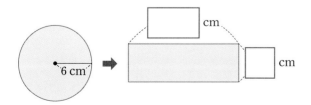

ᄃ중요ᄀ
09 원의 넓이는 몇 cm²인가요? (원주율: 3.1)

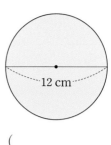

( )

10 원 모양의 프라이팬이 있습니다. 프라이팬의 둘레가 72 cm일 때, 프라이팬의 반지름은 몇 cm인가요?
(원주율: 3)

( )

11 두 원의 둘레의 차는 몇 m인가요? (원주율: 3.1)

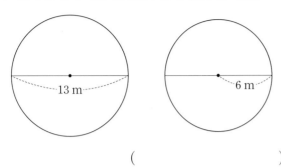

( )

12 그림과 같은 직사각형 모양의 종이 안에 그릴 수 있는 가장 큰 원의 넓이는 몇 cm²인가요? (원주율: 3.1)

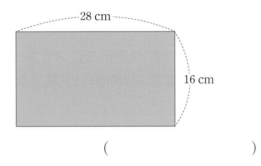

( )

13 지름이 12 m인 원 모양의 연못 둘레에 50 cm 간격으로 꽃을 심으려고 합니다. 모두 몇 송이의 꽃을 심을 수 있는지 구해 보세요. (원주율: 3)

(단, 꽃의 두께는 생각하지 않습니다.)

( )

14 색칠한 부분의 넓이는 몇 cm²인가요? (원주율: 3)

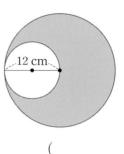

( )

┌서술형┐

15 다음 중 넓이가 가장 큰 원과 가장 작은 원은 각각 무엇인지 풀이 과정을 쓰고 답을 구해 보세요.

(원주율: 3.14)

> ㉠ 반지름이 6 cm인 원
> ㉡ 지름이 10 cm인 원
> ㉢ 넓이가 151.9 cm²인 원

(1) 반지름이 6 cm인 원의 넓이를 구하는 식은 다음과 같습니다.

식 _____

(2) 지름이 10 cm인 원의 넓이를 구하는 식은 다음과 같습니다.

식 _____

(3) 따라서 넓이가 가장 큰 원은 ( )이고, 가장 작은 원은 ( )입니다.

답 _____ ,

16 컴퍼스를 민재는 8 cm만큼 벌려 원을 그리고, 수아는 7 cm만큼 벌려 원을 그렸습니다. 누구의 원이 몇 cm²만큼 더 넓은지 구해 보세요. (원주율: 3.14)

(   ), (   )

ㄷ서술형ㄱ

17 넓이가 251.1 cm²인 원의 둘레는 몇 cm인지 풀이 과정을 쓰고 답을 구해 보세요. (원주율: 3.1)

넓이: 251.1 cm²

(1) 반지름을 ☐ cm로 하여 원의 넓이를 구하는 식은 다음과 같습니다.

[식] _____

(2) 원의 반지름은 (   )cm입니다.

(3) 원주는 (   )×2×3.1=(   )(cm)입니다.

[답] _____

ㄷ어려운 문제ㄱ

18 색칠한 부분의 넓이는 몇 cm²인가요? (원주율: 3)

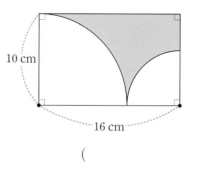

10 cm

16 cm

(   )

19 반지름이 20 cm인 원 모양 바퀴자를 몇 바퀴 굴렸더니 거리가 6.2 m였습니다. 바퀴자를 몇 바퀴 굴렸는지 구해 보세요.

(원주율: 3.1)

(   )

ㄷ어려운 문제ㄱ

20 밧줄로 한 변의 길이가 6 m인 정사각형 모양을 만들었습니다. 이 밧줄을 남김없이 사용하여 다시 매듭 없이 원 모양을 만든다면 원의 지름은 몇 m가 되는지 구해 보세요. (원주율: 3) (단, 밧줄의 두께는 생각하지 않습니다.)

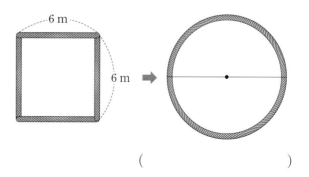

6 m

6 m

(   )

1 L의 페인트로 색칠할 수 있는 부분의 넓이는 약 12 m² 라고 합니다. 아래의 벽화를 색칠하는 데 필요한 각 색깔별 페인트 양을 구해 보세요. (원주율: 3)

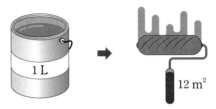

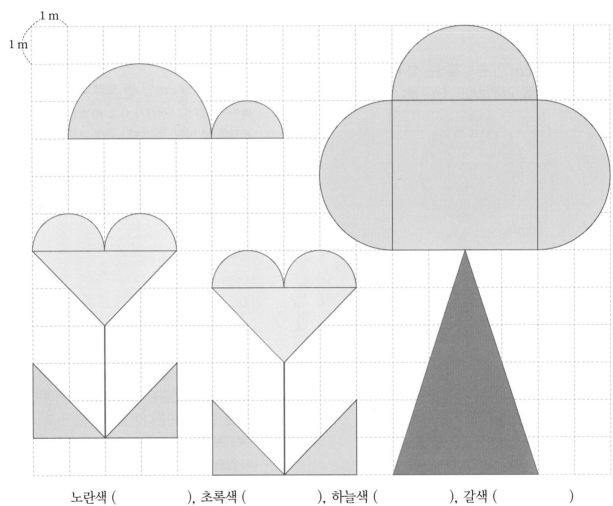

노란색 (　　　　　), 초록색 (　　　　　), 하늘색 (　　　　　), 갈색 (　　　　　)

자와 컴퍼스로 나만의 벽화를 그려 보세요. 벽화를 색칠하는 데 필요한 페인트 양을 구해 보세요. (원주율: 3)

〈필요한 페인트 양〉

6단원

원기둥, 원뿔, 구

서희네 가족은 크리스마스 장식품을 사기 위해 쇼핑몰에 갔어요. 여러 가지 양초는 기둥 모양이었고, 귀여운 루돌프 모자는 뿔 모양이었어요. 크리스마스트리를 예쁘게 꾸밀 수 있는 공 모양의 장식품도 보이네요.

이번 6단원에서는 원기둥과 원뿔, 구에 대해 배워 볼 거예요.

단원 학습 목표

1. 원기둥을 이해하고 원기둥의 구성 요소와 성질을 설명할 수 있습니다.
2. 원기둥의 전개도를 이해하고 그릴 수 있습니다.
3. 원뿔을 이해하고 원뿔의 구성 요소와 성질을 설명할 수 있습니다.
4. 구를 이해하고 구의 구성 요소와 성질을 설명할 수 있습니다.

단원 진도 체크

회차	구성		진도 체크
1차	**개념 1** 원기둥을 알아볼까요 **개념 2** 원기둥의 전개도를 알아볼까요	개념 확인 학습 + 문제 / 교과서 내용 학습	✓
2차	**개념 3** 원뿔을 알아볼까요 **개념 4** 구를 알아볼까요	개념 확인 학습 + 문제 / 교과서 내용 학습	✓
3차	단원 확인 평가		✓
4차	수학으로 세상보기		✓

해당 부분을 공부한 후 ✓표를 하세요.

개념 확인 학습

개념
확인 학습

개념 1 원기둥을 알아볼까요

• 원기둥 만들기

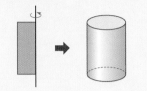

직사각형을 한 변을 기준으로 돌리면 원기둥이 됩니다.

원기둥 알아보기

, 등과 같은 입체도형을 원기둥이라고 합니다.

원기둥의 구성 요소 알아보기

• 원기둥에서 서로 평행하고 합동인 두 면을 밑면이라 하고, 두 밑면과 만나는 굽은 면을 옆면이라고 하며 두 밑면 사이의 거리를 높이라고 합니다.

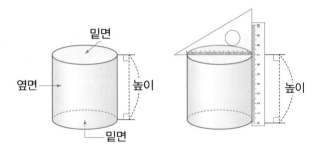

개념 2 원기둥의 전개도를 알아볼까요

• 원기둥의 전개도가 아닌 예

➡ 밑면이 같은 쪽에 있습니다.

➡ 옆면이 직사각형이 아닙니다.

➡ 두 밑면이 합동이 아닙니다.

원기둥의 전개도 알아보기

• 원기둥을 잘라서 평면 위에 펼쳐 놓은 그림을 원기둥의 전개도라고 합니다.

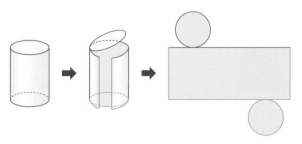

• 원기둥의 전개도에서 밑면은 원 모양이고, 옆면은 직사각형 모양입니다.
• 옆면의 가로는 밑면의 둘레와 같고, 옆면의 세로는 원기둥의 높이와 같습니다.

1 다음 중 원기둥을 찾아 ○표 하세요.

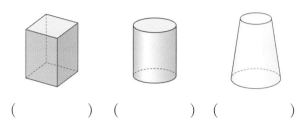

(   ) (   ) (   )

여러 가지 입체도형 중 원기둥을 찾는 문제예요.

2 □ 안에 알맞은 말을 보기 에서 골라 써넣으세요.

보기

| 높이 | 밑면 | 옆면 |

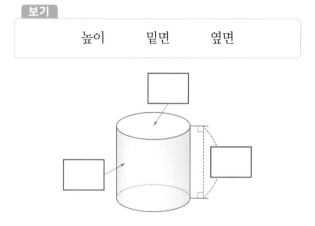

3 원기둥의 전개도를 보고 물음에 답하세요.

원기둥의 전개도의 특징을 알고 있는지 묻는 문제예요.

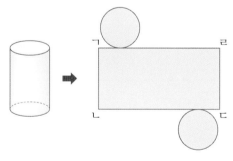

(1) 전개도에서 밑면과 옆면은 각각 어떤 모양인가요?
밑면 (   ), 옆면 (   )

■ 전개도를 접었을 때의 모양을 생각해 보아요.

(2) 선분 ㄱㄹ의 길이는 밑면의 무엇과 같은가요?
(   )

(3) 선분 ㄱㄴ의 길이는 원기둥의 무엇과 같은가요?
(   )

01 원기둥을 모두 찾아 기호를 써 보세요.

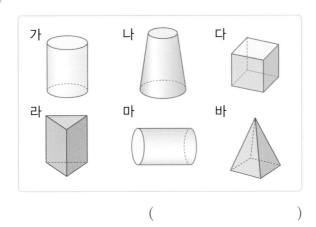

( )

02 원기둥에서 밑면을 모두 찾아 색칠해 보세요.

03 원기둥에 대한 설명으로 옳은 것을 찾아 기호를 써 보세요.

> ㉠ 꼭짓점이 있습니다
> ㉡ 밑면이 1개입니다.
> ㉢ 옆면은 옆을 둘러싼 굽은 면입니다.

( )

04 원기둥의 높이는 몇 cm인가요?

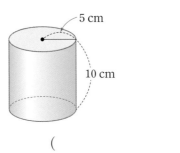

( )

[05~07] 직사각형 모양의 종이를 한 변을 기준으로 돌려 입체도형을 만들려고 합니다. 물음에 답하세요.

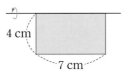

05 만든 입체도형은 무엇인지 써 보세요.

( )

06 ⌐중요⌐
만든 입체도형의 밑면의 지름은 몇 cm인가요?

( )

07 만든 입체도형의 높이는 몇 cm인가요?

( )

08 원기둥의 전개도를 모두 찾아 ○표 하세요.

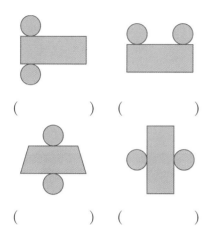

(   )   (   )

(   )   (   )

⌐중요⌐
09 원기둥과 원기둥의 전개도입니다. ☐ 안에 알맞은 수를 써넣으세요. (원주율: 3)

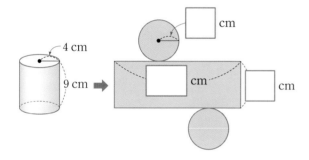

⌐어려운 문제⌐
10 원기둥을 관찰하여 나눈 대화를 보고 밑면의 지름과 높이는 각각 몇 cm인지 구해 보세요.

> 성이: 위에서 본 모양은 반지름이 4 cm인 원이야.
> 서율: 앞에서 본 모양은 가로가 세로의 2배인 직직사각형이야.

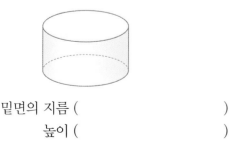

밑면의 지름 (   )

높이 (   )

도움말 앞에서 본 모양인 직사각형의 가로는 위에서 본 모양의 지름과 같습니다.

문제해결 접근하기

11 다음은 원기둥의 전개도입니다. 밑면의 반지름은 몇 cm인지 구해 보세요. (원주율: 3.1)

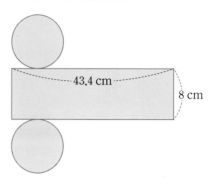

이해하기
구하려고 하는 것은 무엇인가요?

답 _____

_____

계획 세우기
어떤 방법으로 문제를 해결하면 좋을까요?

답 _____

_____

해결하기
(1) 원기둥의 전개도에서 옆면의 가로는 밑면의 ☐ 와/과 같습니다.

(2) 밑면의 지름은 ☐ ÷3.1= ☐ (cm)

이고, 반지름은 ☐ cm입니다.

되돌아보기
원기둥의 전개도입니다. ☐ 안에 알맞은 수를 써넣으세요. (원주율: 3.1)

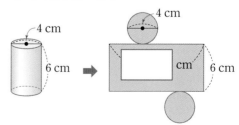

개념 **확인 학습**

개념 3 원뿔을 알아볼까요

• 원뿔 만들기

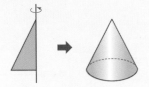

직각삼각형을 직각을 낀 한 변을 기준으로 돌리면 원뿔이 됩니다.

원뿔 알아보기

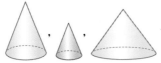 등과 같은 입체도형을 원뿔이라고 합니다.

원뿔의 구성 요소 알아보기

• 원뿔에서 평평한 면을 밑면, 옆으로 둘러싼 굽은 면을 옆면이라고 합니다.
• 원뿔에서 뾰족한 부분의 점을 원뿔의 꼭짓점이라고 합니다.
• 원뿔에서 원뿔의 꼭짓점과 밑면인 원의 둘레의 한 점을 이은 선분을 모선이라고 합니다.
• 원뿔의 꼭짓점에서 밑면에 수직인 선분의 길이를 높이라고 합니다.

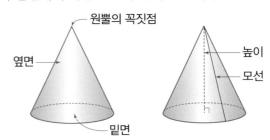

개념 4 구를 알아볼까요

• 구 만들기

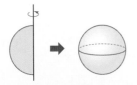

반원을 지름을 기준으로 돌리면 구가 됩니다.

구 알아보기

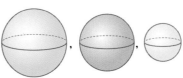 등과 같은 입체도형을 구라고 합니다.

구의 구성 요소 알아보기

• 구에서 가장 안쪽에 있는 점을 구의 중심이라 하고, 구의 중심에서 구의 겉면의 한 점을 이은 선분을 구의 반지름이라고 합니다.

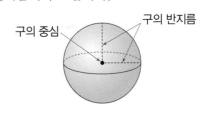

1 다음 중 원뿔을 찾아 ○표 하세요.

(   )   (   )   (   )

여러 가지 입체도형 중 원뿔을 찾는 문제예요.

■ 원뿔은 밑면이 원이고 1개이며 옆면은 굽은 면으로 되어 있어요.

2 □ 안에 알맞은 말을 보기 에서 골라 써넣으세요.

보기

| 원뿔의 꼭짓점 | 모선 | 높이 |

3 반원을 지름을 기준으로 돌렸습니다. 물음에 답하세요.

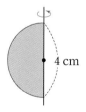

4 cm

구를 알고 있는지 묻는 문제예요.

■ 반원을 지름을 기준으로 돌리면 공 모양이 만들어져요.

(1) 반원을 지름을 기준으로 돌려 만든 입체도형은 무엇인가요?

(   )

(2) 만든 입체도형의 반지름은 몇 cm인가요?

(   )

01 원뿔은 어느 것인가요? (　　　　)

① 　② 　③

④ ⑤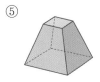

02 원뿔에서 밑면을 찾아 색칠해 보세요.

03 원뿔에 대한 설명으로 옳지 <u>않은</u> 것을 찾아 기호를 써 보세요.

> ㉠ 원뿔은 뾰족한 부분이 있습니다.
> ㉡ 밑면이 2개입니다.
> ㉢ 모선의 길이는 모두 같습니다.

(　　　　)

04 원뿔의 모선은 몇 cm인가요?

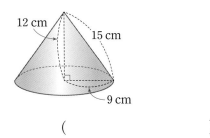
12 cm
15 cm
9 cm

(　　　　)

[05~07] 직각삼각형 모양의 종이를 한 변을 기준으로 돌렸습니다. 물음에 답하세요.

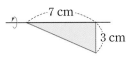
7 cm
3 cm

05 만든 입체도형은 무엇인지 써 보세요.

(　　　　)

⌐중요⌐
06 만든 입체도형의 밑면의 지름은 몇 cm인가요?

(　　　　)

07 만든 입체도형의 높이는 몇 cm인가요?

(　　　　)

08 구에서 각 부분의 이름을 써넣으세요.

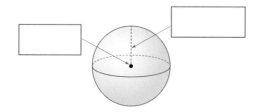

⊏**중요**⊐
09 반원 모양의 종이를 지름을 기준으로 돌렸습니다. 구의 반지름은 몇 cm인가요?

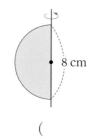

8 cm

(   )

⊏**어려운 문제**⊐
10 원뿔을 관찰하여 나눈 대화를 보고 앞에서 본 모양의 넓이는 몇 cm²인지 구해 보세요.

이현: 위에서 본 모양은 반지름이 4 cm인 원이야.
서율: 앞에서 본 모양은 높이가 6 cm인 이등변삼각형이야.

(   )

도움말 앞에서 본 이등변삼각형의 밑변은 위에서 본 모양의 지름과 같습니다.

문제해결 접근하기

11 주희와 태수는 직각삼각형을 돌려 원뿔을 만들었습니다. 두 사람이 만든 원뿔의 밑면의 넓이의 차를 구해 보세요. (원주율: 3.1)

주희	태수
5 cm / 8 cm	5 cm / 8 cm

이해하기
구하려고 하는 것은 무엇인가요?

답 _____

_____

계획 세우기
어떤 방법으로 문제를 해결하면 좋을까요?

답 _____

_____

해결하기
(1) 주희가 만든 원뿔의 밑면의 반지름은
◻ cm이고, 넓이는 ◻ cm²입니다.

(2) 태수가 만든 원뿔의 밑면의 반지름은
◻ cm이고, 넓이는 ◻ cm²입니다.

(3) 두 사람이 만든 원뿔의 밑면의 넓이의 차는
◻ cm²입니다.

되돌아보기
두 사람이 만든 원뿔의 높이는 몇 cm인지 각각 구해 보세요.

답 _____

_____

[01~03] 그림을 보고 물음에 답하세요.

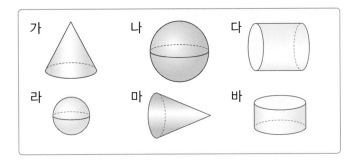

가
나
다
라
마
바

01 원기둥을 모두 찾아 기호를 써 보세요.

( )

02 원뿔을 모두 찾아 기호를 써 보세요.

( )

03 구를 모두 찾아 기호를 써 보세요.

( )

6. 원기둥, 원뿔, 구

ᄃ중요ᄀ

04 직각삼각형 모양의 종이를 다음과 같이 한 변을 기준으로 돌려 입체도형을 만들었습니다. 만든 입체도형의 밑면의 지름과 높이는 각각 몇 cm인가요?

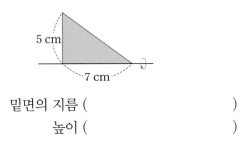

5 cm
7 cm

밑면의 지름 ( )
높이 ( )

05 원뿔의 모선을 재는 것을 찾아 ○표 하세요.

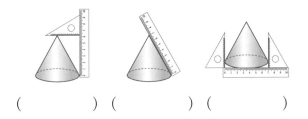

( ) ( ) ( )

06 원기둥의 전개도가 될 수 있는 것을 모두 골라 기호를 써 보세요.

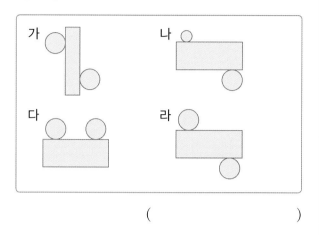

( )

[09~10] 구를 보고 물음에 답하세요.

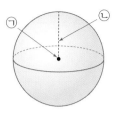

09 ㉠과 같이 구에서 가장 안쪽에 있는 점을 무엇이라고 하나요?

( )

07 □ 안에 알맞은 수를 써넣으세요.

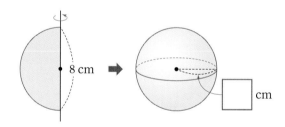

cm

10 ㉡과 같이 구의 중심에서 구의 겉면의 한 점을 이은 선분을 무엇이라고 하나요?

( )

⌐**중요**⌐
08 원기둥과 원기둥의 전개도를 보고 □ 안에 알맞은 수를 써넣으세요. (원주율: 3.1)

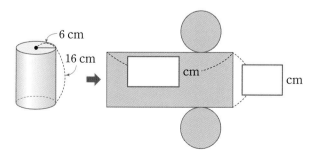

cm

cm

11 원기둥과 원뿔에 대한 설명으로 옳지 <u>않은</u> 것을 찾아 기호를 써 보세요.

㉠ 원뿔에는 꼭짓점이 있지만 원기둥에는 꼭짓점이 없습니다.
㉡ 원기둥과 원뿔의 밑면은 각각 2개입니다.
㉢ 원기둥과 원뿔의 밑면은 모두 원입니다.

( )

12 □ 안에 알맞은 말을 써넣으세요.

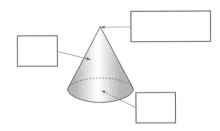

13 다음 원기둥의 전개도에서 밑면의 둘레와 길이가 같은 선분을 모두 찾아 써 보세요.

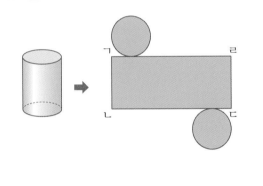

( )

14 원기둥의 전개도를 그려 보세요. (원주율: 3)

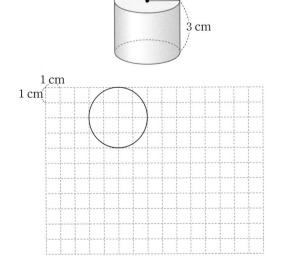

[서술형]

15 직각삼각형 모양의 종이를 돌려 원뿔을 만들었습니다. 원뿔을 앞에서 본 모양의 넓이는 몇 cm^2인지 풀이 과정을 쓰고 답을 구해 보세요.

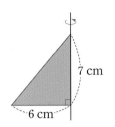

(1) 원뿔을 앞에서 본 모양은
( )입니다.

(2) 앞에서 본 모양의 밑변은
( )cm이고, 높이는 ( )cm입니다.

(3) 앞에서 본 모양의 넓이는

$12 \times \boxed{} \div 2 = \boxed{}$ (cm^2)입니다.

답 _____

16 다음 그림이 원기둥의 전개도가 아닌 이유를 써 보세요.

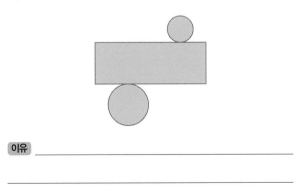

이유 _____

_____

ㄷ서술형ㄱ

17 원기둥 모양의 통에 빈틈없이 겹치지 않게 포장지를 붙이려고 합니다. 밑면에는 빨간색, 옆면에는 노란색 포장지를 붙일 때 어떤 색 포장지가 몇 cm^2 더 많이 필요한지 풀이 과정을 쓰고 답을 구해 보세요.

(원주율: 3)

(1) 두 밑면에 붙이는 빨간색 포장지의 넓이는

(   ) × (   ) × 3 × 2

= (   )(cm^2)입니다.

(2) 옆면에 붙이는 노란색 포장지의 넓이는

14 × 3 × (   ) = (   )(cm^2)입니다.

(3) 따라서 (   )색 포장지가 (   )cm^2 만큼 더 많이 필요합니다.

답 _____.

18 다음 중 어느 방향에서 보아도 모양이 같은 입체도형을 찾아 기호를 써 보세요.

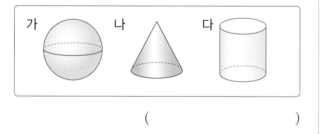

(   )

ㄷ어려운 문제ㄱ

19 원기둥 모형을 관찰하며 나눈 대화를 보고 밑면의 지름과 높이는 각각 몇 cm인지 구해 보세요.

상아: 위에서 본 모양은 반지름이 5 cm인 원 이야.

지은: 앞에서 본 모양은 정사각형이야.

밑면의 지름 (   )

높이 (   )

ㄷ어려운 문제ㄱ

20 원기둥의 전개도에서 옆면의 가로가 43.4 cm, 세로가 8 cm일 때 원기둥의 밑면의 반지름은 몇 cm인지 구해 보세요. (원주율: 3.1)

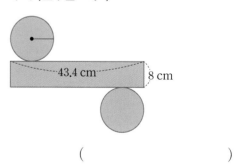

(   )

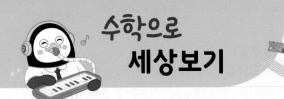

서희는 친구에게 선물을 주기 위해 원기둥 모양의 선물 상자를 만들려고 해요. 수학 시간에 배운 원기둥의 전개도를 두꺼운 도화지에 그려서 선물 상자를 만들 거예요. 두꺼운 도화지는 한 변의 길이가 18 cm인 정사각형 모양이에요. 서희는 다음과 같이 원기둥의 전개도를 그렸습니다. 서희는 원기둥 모양의 선물 상자를 만들 수 있을까요?

(원주율: 3)

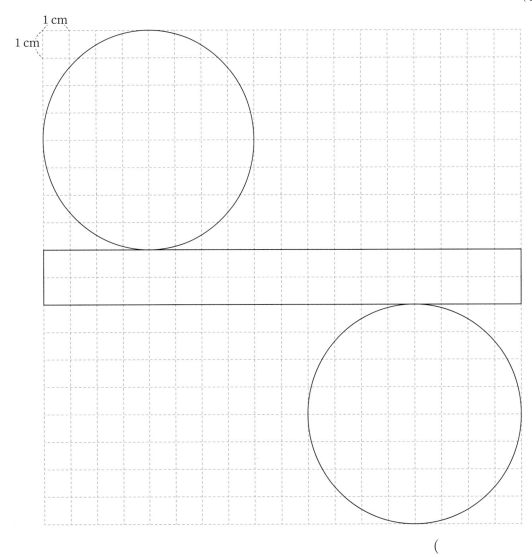

(   )

서희가 원기둥 모양의 선물 상자를 만들 수 없다면 그 이유는 무엇이라고 생각하는지 써 보세요.

MEMO

BOOK 1

개념책

BOOK 1 개념책으로
학습 개념을
확실하게 공부했나요?

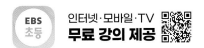

예습·복습·숙제까지 해결되는 교과서 완전 학습서

초 | 등 | 부 | 터 **EBS**

BOOK 2 실전책

만점왕

PENGSOO

수학 6-2

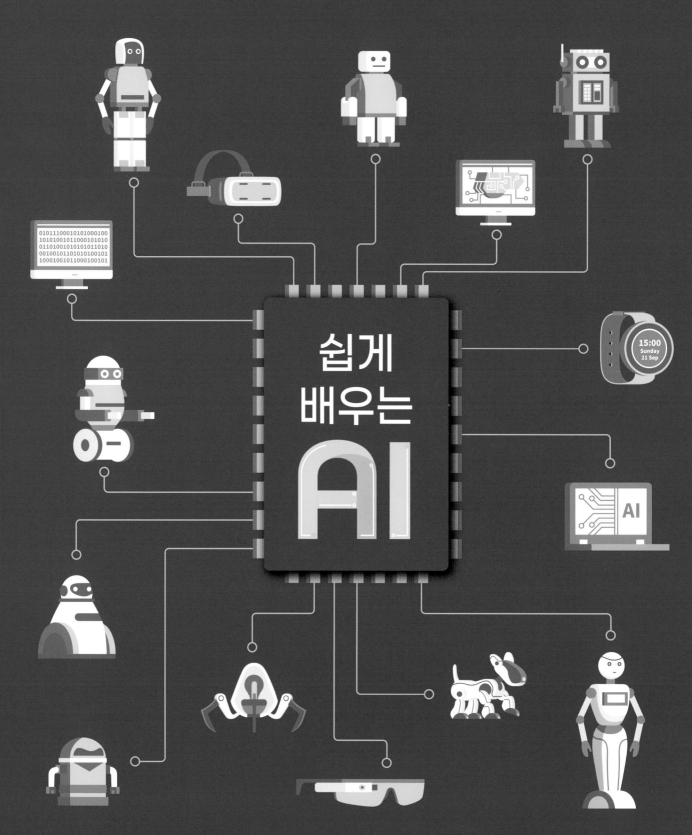

쉽게
배우는
AI

**교육과정과 융합한
쉽게 배우는
인공지능(AI) 입문서**

초등

중학

고교

BOOK 2
실전책

만점왕 수학
6-2

BOOK 2 실전책

시험 2주 전 공부

핵심을 복습하기

시험이 2주 남았네요. 이럴 땐 먼저 핵심을 복습해 보면 좋아요.

만점왕 북2 실전책을 펴 보면

각 단원별로 핵심 정리와 쪽지 시험이 있습니다.

정리된 핵심을 읽고 확인 문제를 풀어 보세요.

확인 문제가 어렵게 느껴지거나 자신 없는 부분이 있다면

북1 개념책을 찾아서 다시 읽어 보는 것도 도움이 돼요.

시험 1주 전 공부

시간을 정해 두고 연습하기

앗, 이제 시험이 일주일 밖에 남지 않았네요.

시험 직전에는 실제 시험처럼 시간을 정해 두고 문제를 푸는 연습을 하는 게 좋아요.

그러면 시험을 볼 때에 떨리는 마음이 줄어드니까요.

이때에는 **만점왕 북2의 학교 시험 만점왕, 서술형·논술형 평가**를

풀어 보면 돼요.

시험 시간에 맞게 풀어 본 후 맞힌 개수를 세어 보면

자신의 실력을 알아볼 수 있답니다.

이 책의 차례

BOOK
2
실전책

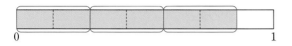
01 그림을 보고 □ 안에 알맞은 수를 써넣으세요.

- $\dfrac{6}{7}$에서 $\dfrac{2}{7}$를 □번 덜어낼 수 있습니다.

- $\dfrac{6}{7} \div \dfrac{2}{7} = \boxed{} \div 2 = \boxed{}$

02 □ 안에 알맞은 수를 써넣으세요.

$$\dfrac{8}{11} \div \dfrac{4}{11} = \boxed{} \div \boxed{} = \boxed{}$$

03 보기 와 같이 계산해 보세요.

보기

$$\dfrac{8}{11} \div \dfrac{3}{11} = 8 \div 3 = \dfrac{8}{3} = 2\dfrac{2}{3}$$

(1) $\dfrac{11}{12} \div \dfrac{5}{12} = \boxed{} \div \boxed{}$

$$= \dfrac{\boxed{}}{\boxed{}} = \boxed{}$$

(2) $\dfrac{7}{13} \div \dfrac{4}{13} = \boxed{} \div \boxed{} = \dfrac{\boxed{}}{\boxed{}} = \boxed{}$

04 □ 안에 알맞은 수를 써넣으세요.

$$\dfrac{1}{2} \div \dfrac{3}{10} = \dfrac{\boxed{}}{10} \div \dfrac{3}{10} = \boxed{} \div 3$$

$$= \dfrac{\boxed{}}{\boxed{}} = \boxed{}$$

05 보기 와 같이 계산해 보세요.

보기

$$9 \div \dfrac{3}{5} = (9 \div 3) \times 5 = 15$$

$8 \div \dfrac{4}{7}$

06 계산해 보세요.

(1) $4 \div \dfrac{2}{5}$

(2) $28 \div \dfrac{7}{9}$

07 □ 안에 알맞은 수를 써넣으세요.

$$\dfrac{5}{7} \div \dfrac{4}{9} = \dfrac{5}{7} \times \dfrac{\boxed{}}{\boxed{}} = \dfrac{\boxed{}}{\boxed{}} = \boxed{}$$

08 계산해 보세요.

(1) $\dfrac{7}{5} \div \dfrac{4}{9}$

(2) $2\dfrac{3}{5} \div \dfrac{8}{9}$

09 계산 결과를 비교하여 ○ 안에 >, =, <를 알맞게 써넣으세요.

$$6 \div \dfrac{6}{7} \bigcirc \dfrac{7}{2} \div \dfrac{3}{4}$$

10 빈칸에 알맞은 수를 써넣으세요.

$\dfrac{5}{6}$	$\dfrac{9}{10}$	

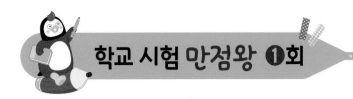

01 □ 안에 알맞은 수를 써넣으세요.

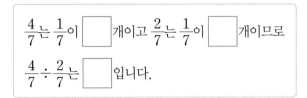

$\dfrac{4}{7}$는 $\dfrac{1}{7}$이 □ 개이고 $\dfrac{2}{7}$는 $\dfrac{1}{7}$이 □ 개이므로

$\dfrac{4}{7} \div \dfrac{2}{7}$는 □ 입니다.

02 계산해 보세요.

(1) $\dfrac{3}{5} \div \dfrac{1}{5}$

(2) $\dfrac{8}{13} \div \dfrac{2}{13}$

03 주헌이는 $\dfrac{10}{11}$ m인 리본을 $\dfrac{2}{11}$ m씩 잘랐습니다. 자른 리본은 모두 몇 도막인가요?

( )

04 계산 결과가 같은 것끼리 이어 보세요.

$\dfrac{5}{14} \div \dfrac{3}{14}$ ·

$\dfrac{6}{7} \div \dfrac{5}{7}$ ·

· $\dfrac{3}{5}$

· $1\dfrac{2}{3}$

· $1\dfrac{1}{5}$

05 계산 결과를 비교하여 ○ 안에 ＞, ＝, ＜를 알맞게 써넣으세요.

$\dfrac{9}{14} \div \dfrac{5}{14}$ ◯ $\dfrac{13}{17} \div \dfrac{6}{17}$

06 선영이는 빨간색 점토를 $\dfrac{17}{27}$ kg, 파란색 점토를 $\dfrac{10}{27}$ kg 갖고 있습니다. 빨간색 점토의 무게는 파란색 점토 무게의 몇 배인가요?

( )

07 □ 안에 들어갈 수 있는 자연수는 모두 몇 개인가요?

$\dfrac{9}{10} \div \dfrac{4}{15} > □$

( )

08 다음 중 계산 결과가 1보다 작은 것을 모두 찾아 기호를 써 보세요.

㉠ $\dfrac{4}{7} \div \dfrac{3}{5}$ ㉡ $\dfrac{3}{8} \div \dfrac{1}{4}$

㉢ $\dfrac{5}{9} \div \dfrac{3}{4}$ ㉣ $\dfrac{7}{10} \div \dfrac{5}{12}$

( )

09 넓이가 $\dfrac{27}{40}$ m²인 직사각형 모양의 화단이 있습니다. 가로가 $\dfrac{3}{8}$ m일 때, 세로는 몇 m인지 기약분수로 구해 보세요.

(   )

10 계산 결과가 큰 것부터 순서대로 기호를 써 보세요.

$\bigcirc\ 4 \div \dfrac{2}{5}$ $\bigcirc\ 5 \div \dfrac{5}{8}$

$\bigcirc\ 8 \div \dfrac{4}{9}$ $\bigcirc\ 9 \div \dfrac{3}{7}$

(   )

11 □ 안에 들어갈 수 있는 자연수 중 가장 작은 수를 구해 보세요.

$$9 \div \dfrac{3}{7} < \square$$

(   )

12 다음 두 도형 중 밑변의 길이가 더 긴 삼각형의 기호를 써 보세요.

> ㉠ 한 변의 길이가 3 m인 정삼각형
> ㉡ 넓이가 2 m²이고, 높이가 $\dfrac{4}{5}$ m인 삼각형

(   )

13 빈칸에 알맞은 수를 써넣으세요.

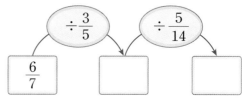

14 다음 분수의 나눗셈에서 ㉠+㉡의 값을 구해 보세요.

$$\dfrac{2}{5} \div \dfrac{4}{9} = \dfrac{2}{5} \times \dfrac{9}{㉠} = \dfrac{9}{㉡}$$

(   )

15 서준이는 갖고 있던 철사 4 m 중 $1\dfrac{1}{3}$ m로는 원을 만들고, 남은 철사를 모두 사용하여 한 변의 길이가 $\dfrac{4}{9}$ m인 정다각형을 한 개 만들었습니다. 서준이가 만든 정다각형이 무엇인지 풀이 과정을 쓰고 답을 구해 보세요. (단, 겹치는 부분이 없게 도형을 만들었습니다.)

풀이

_____

_____

_____

답 _____

16 잘못된 곳을 찾아 바르게 계산해 보세요.

$$1\frac{3}{8} \div \frac{3}{7} = 1\frac{\overset{1}{\cancel{3}}}{8} \times \frac{7}{\underset{1}{\cancel{3}}} = 1\frac{7}{8}$$

$$1\frac{3}{8} \div \frac{3}{7}$$

17 □ 안에 알맞은 수를 써넣으세요.

$$2\frac{4}{7} \times \boxed{} = 5\frac{2}{5}$$

18 물통에 $2\frac{4}{7}$ L의 물을 받는 데 $\frac{2}{5}$시간이 걸렸습니다. 같은 빠르기로 물을 받는다면 1시간에 몇 L의 물을 받을 수 있을까요?

(   )

19 다음은 두 과일 가게의 딸기 가격표입니다. 두 가게 중 딸기 값이 더 싼 곳은 어느 가게인가요?

가 가게: 1 kg에 8000원입니다.

나 가게: $2\frac{2}{3}$ kg에 20000원입니다.

(   )

20 다음 마름모와 직사각형의 넓이는 같습니다. 직사각형의 둘레는 몇 m인지 풀이 과정을 쓰고 답을 구해 보세요.

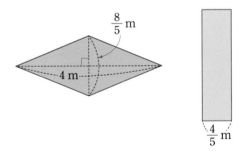

풀이

_____

_____

_____

답 _____

학교 시험 만점왕 ②회

01 ㉠＋㉡의 값을 구해 보세요.

$$\frac{6}{7} \div \frac{㉠}{7} = 2 \qquad \frac{㉡}{11} \div \frac{3}{11} = 3$$

(   )

02 계산 결과를 비교하여 ○ 안에 ＞, ＝, ＜를 알맞게 써넣으세요.

$$\frac{9}{13} \div \frac{3}{13} \quad\bigcirc\quad \frac{10}{17} \div \frac{2}{17}$$

03 은서는 점토 $\frac{12}{13}$ kg을 한 봉지에 $\frac{4}{13}$ kg씩 담으려고 합니다. 모두 몇 봉지에 담을 수 있나요?

(   )

04 계산 결과가 가장 큰 식을 가진 사람은 누구인가요?

> 슬기: $\frac{7}{11} \div \frac{4}{11}$
>
> 가은: $\frac{11}{13} \div \frac{5}{13}$
>
> 연서: $\frac{13}{17} \div \frac{3}{17}$

(   )

05 □ 안에 알맞은 자연수는 몇 개인가요? (   )

$$\square < \frac{19}{25} \div \frac{6}{25}$$

① 1개   ② 2개   ③ 3개

④ 4개   ⑤ 5개

06 서준이는 주스를 $\frac{11}{15}$ L, 현준이는 주스를 $\frac{8}{15}$ L 마셨습니다. 서준이가 마신 주스의 양은 현준이가 마신 주스의 양의 몇 배인가요?

(   )

07 계산해 보세요.

(1) $\frac{3}{4} \div \frac{5}{12}$

(2) $\frac{5}{8} \div \frac{2}{3}$

08 관계있는 것끼리 이어 보세요.

$\frac{2}{7} \div \frac{3}{8}$ •	• $\frac{7}{10}$
$\frac{8}{9} \div \frac{3}{5}$ •	• $\frac{16}{21}$
$\frac{7}{12} \div \frac{5}{6}$ •	• $1\frac{13}{27}$

09 다음 나눗셈식에서 일부분이 지워졌습니다. 지워진 부분의 분수를 구해 보세요.

$$\frac{5}{6} \div \boxed{} = \frac{7}{8}$$

(   )

10 다음 중 계산 결과가 자연수인 것의 기호를 모두 써 보세요.

㉠ $\dfrac{1}{4} \div \dfrac{4}{15}$ ㉡ $\dfrac{3}{5} \div \dfrac{3}{10}$

㉢ $\dfrac{3}{7} \div \dfrac{8}{13}$ ㉣ $\dfrac{4}{7} \div \dfrac{2}{21}$

(   )

⑪ 현주는 걸어서 $\dfrac{9}{10}$ km를 가는 데 $\dfrac{2}{3}$시간이 걸리고, 준서는 걸어서 $\dfrac{3}{4}$ km를 가는 데 $\dfrac{4}{5}$시간이 걸린다고 합니다. 현주와 준서 중 한 시간에 더 많은 거리를 걸을 수 있는 친구는 누구인지 풀이 과정을 쓰고 답을 구해 보세요. (단, 현주와 준서는 각각 일정한 빠르기로 걷습니다.)

풀이

_____

_____

_____

답 _____

12 □ 안에 들어갈 수 있는 나눗셈식을 골라 기호를 써 보세요.

$$20 < \boxed{} < 30$$

㉠ $3 \div \dfrac{3}{14}$ ㉡ $10 \div \dfrac{5}{17}$ ㉢ $14 \div \dfrac{7}{12}$

(   )

13 선물 상자 하나를 포장하는 데 $\dfrac{2}{3}$ m의 끈이 필요합니다. 4 m의 끈으로는 선물 상자를 최대 몇 상자까지 포장할 수 있나요?

(   )

14 넓이가 6 m²인 평행사변형의 밑변의 길이가 $\dfrac{6}{7}$ m입니다. 이 평행사변형의 높이는 몇 m인가요?

(   )

15 □ 안에 알맞은 수를 써넣으세요.

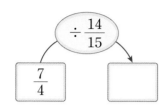

16 다음 분수 중 가분수를 진분수로 나눈 몫을 구해 보세요.

$$\frac{3}{4} \qquad 1\frac{3}{5} \qquad \frac{9}{8} \qquad 3\frac{4}{7}$$

( )

17 ㉠은 ㉡의 몇 배인가요?

㉠ $8\frac{1}{10} \div 1\frac{4}{5}$ ㉡ $3\frac{1}{2} \div 1\frac{2}{5}$

( )

18 어떤 수도꼭지에서 $2\frac{3}{4}$ L의 물을 받는 데 22분이 걸립니다. 이 수도꼭지를 2시간 동안 틀어 놓는다면 몇 L의 물을 받을 수 있는지 풀이 과정을 쓰고 답을 구해 보세요.

풀이

_____

_____

_____

답 _____

19 다음에 제시된 수 카드 중 3장을 뽑아 한 번씩만 이용하여 □ 안에 써넣어 계산 결과가 가장 작은 나눗셈을 만들려고 합니다. 이때 몫은 얼마인지 구해 보세요.

$$\boxed{2} \qquad \boxed{4} \qquad \boxed{5} \qquad \boxed{7}$$

$$\boxed{}\frac{\boxed{}}{\boxed{}} \div \frac{15}{28}$$

( )

20 쌀 25 kg 중 $15\frac{2}{5}$ kg으로 백설기를 만들고, 남은 쌀을 모두 사용하여 가래떡을 만들려고 합니다. 가래떡 하나를 만드는 데 쌀 $\frac{2}{5}$ kg이 필요하다면 가래떡 몇 개를 만들 수 있는지 구해 보세요.

( )

01 길이가 $\frac{4}{5}$ m인 빨간색 철사를 $\frac{2}{15}$ m씩 잘라서 리본을 만들고, 길이가 $\frac{5}{9}$ m인 파란색 철사를 $\frac{5}{27}$ m씩 잘라서 별을 만들려고 합니다. 리본과 별 중 어느 것을 몇 개 더 많이 만들 수 있는지 풀이 과정을 쓰고 답을 구해 보세요.

풀이

답 _____ , _____

02 선영이는 빨간색 점토를 $\frac{17}{27}$ kg 가지고 있고, 파란색 점토를 빨간색 점토보다 $\frac{1}{3}$ kg 더 적게 가지고 있습니다. 빨간색 점토의 무게는 파란색 점토 무게의 몇 배인지 풀이 과정을 쓰고 답을 구해 보세요.

풀이

답 _____

03 사탕 15 kg을 한 봉지에 $\frac{5}{7}$ kg씩 똑같이 나누어 담고, 초콜릿 6 kg을 한 봉지에 $\frac{3}{8}$ kg씩 똑같이 나누어 담으려고 합니다. 나누어 담은 사탕 봉지는 초콜릿 봉지보다 몇 봉지 더 많은지 풀이 과정을 쓰고 답을 구해 보세요.

풀이

답 _____

04 어떤 수와 $\frac{5}{7}$의 곱이 $\frac{9}{14}$입니다. 어떤 수를 $\frac{6}{7}$으로 나눈 몫은 얼마인지 풀이 과정을 쓰고 답을 구해 보세요.

풀이

답 _____

05 다음 삼각형과 직사각형의 넓이가 같을 때, 직사각형의 세로는 몇 m인지 풀이 과정을 쓰고 답을 구해 보세요.

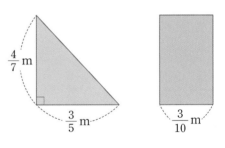

풀이

답 _____

06 설탕 $1\frac{3}{10}$ kg의 가격은 10400원이고, 소금 $\frac{7}{8}$ kg의 가격은 21000원입니다. 설탕 1 kg과 소금 1 kg을 구매할 때의 금액은 모두 얼마인지 풀이 과정을 쓰고 답을 구해 보세요.

풀이

답

07 혜정이는 자전거로 1분 동안 $\frac{9}{16}$ km를 달립니다. 같은 빠르기로 달린다면 집에서 $3\frac{1}{3}$ km 떨어진 공원을 지나서 공원에서 $1\frac{1}{6}$ km 거리에 위치한 도서관까지 가는 데 몇 분이 걸리는지 풀이 과정을 쓰고 답을 구해 보세요.

풀이

답

08 다음은 가와 나 두 가게의 초코 우유 가격입니다. 두 가게 중 초코 우유 가격이 더 싼 곳은 어느 가게인지 풀이 과정을 쓰고 답을 구해 보세요.

> 가 가게: $\frac{3}{5}$ L에 6000원입니다.
>
> 나 가게: $1\frac{1}{3}$ L에 13000원입니다.

풀이

답

09 다음 나눗셈의 결과가 자연수일 때, □ 안에 들어갈 수 있는 수를 모두 구하려고 합니다. 풀이 과정을 쓰고 답을 구해 보세요. (단, $\frac{\square}{24}$는 기약분수입니다.)

$$\frac{5}{6} \div \frac{\square}{24}$$

풀이

답

10 자동차가 달린 거리를 사용한 연료의 양으로 나누어 계산한 것을 연비라고 합니다. 다음 표를 보고 연비가 가장 좋은 자동차는 어느 것인지 풀이 과정을 쓰고 답을 구해 보세요. (단, 연비를 나타내는 수가 클수록 연비가 좋은 것입니다.)

자동차	달린 거리	사용한 연료의 양
가	$6\frac{3}{7}$ km	$\frac{5}{7}$ L
나	$8\frac{3}{4}$ km	$\frac{15}{16}$ L
다	$12\frac{2}{9}$ km	$1\frac{2}{9}$ L

풀이

답

● (소수)÷(소수) 알아보기(1)

•10.4÷0.8 계산하기

$$10.4 \div 0.8$$

10배　　　　　　　10배

$$104 \div 8 = 13$$

➡ 10.4÷0.8=13

● (소수)÷(소수) 알아보기(2)

•1.68÷0.24의 계산

방법 1 분수의 나눗셈으로 바꾸어 계산하기

$$1.68 \div 0.24 = \frac{168}{100} \div \frac{24}{100}$$
$$= 168 \div 24 = 7$$

방법 2 세로로 계산하기

$$0.24 \overline{)1.68} \Rightarrow 24 \overline{)\begin{matrix}7\\1\,6\,8\\1\,6\,8\\\hline 0\end{matrix}}$$

● (소수)÷(소수) 알아보기(3)

•4.25÷2.5 계산하기

방법 1 나누는 수가 자연수가 되도록 나누는 수와 나누어지는 수를 똑같이 10배 하여 계산하기

10배

$$4.25 \div 2.5 = 1.7 \qquad 42.5 \div 25 = 1.7$$

10배

방법 2 세로로 계산하기

$$2.5 \overline{)4.25} \Rightarrow 25 \overline{)\begin{matrix}1.7\\4\,2.5\\2\,5\\\hline 1\,7\,5\\1\,7\,5\\\hline 0\end{matrix}}$$

몫을 쓸 때 옮긴 소수점의 위치에 맞춰 소수점을 찍어 주어야 합니다.

● (자연수)÷(소수) 알아보기

방법 1 분수의 나눗셈으로 바꾸어 계산하기

$$21 \div 1.4 = \frac{210}{10} \div \frac{14}{10} = 210 \div 14 = 15$$

방법 2 세로로 계산하기

$$1.4 \overline{)21.0} \Rightarrow 14 \overline{)\begin{matrix}1\,5\\2\,1\,0\\1\,4\\\hline 7\,0\\7\,0\\\hline 0\end{matrix}}$$

● 몫을 반올림하여 나타내기

$$2.45 \div 0.3 = 8.1666\cdots$$

•몫을 반올림하여 일의 자리까지 나타내기
– 소수 첫째 자리 숫자가 1이므로 버림하여 나타냅니다.　8.1⌣…➡8

•몫을 반올림하여 소수 첫째 자리까지 나타내기
– 소수 둘째 자리 숫자가 6이므로 올림하여 나타냅니다.　8.16⌣…➡8.2

● 나누어 주고 남는 양 알아보기

리본 24.3 m를 한 사람에게 5 m씩 나누어 줄 때 나누어 줄 수 있는 사람 수와 남는 리본의 길이 구하기

방법 1 덜어 내어 계산하기

$$24.3 - 5 - 5 - 5 - 5 = 4.3$$

24.3에서 5를 4번 빼면 4.3이 남으므로 4명에게 나누어 줄 수 있고, 4.3 m가 남습니다.

방법 2 나눗셈의 몫을 자연수까지 계산하기

$$5 \overline{)\begin{matrix}4 \leftarrow \text{사람 수}\\2\,4.3\\2\,0\\\hline 4.3 \leftarrow \text{남는 양}\end{matrix}}$$

➡ 사람 수: 4명, 남는 리본의 길이: 4.3 m

정답과 해설 45쪽

01 □ 안에 알맞은 수를 써넣으세요.

$2.4 \div 0.6$에서 2.4는 0.1이 ☐ 개이고,

0.6는 0.1이 ☐ 개입니다.

➡ $2.4 \div 0.6 = 24 \div$ ☐ $=$ ☐

02 $154 \div 11 = 14$를 이용하여 □ 안에 알맞은 수를 써넣으세요.

$1.54 \div 0.11 =$ ☐

03 관계있는 것끼리 이어 보세요.

$2.7 \div 0.3$ •   •   14

$3.08 \div 0.22$ •   •   9

04 □ 안에 알맞은 수를 써넣으세요.

$70.4 \div 2.2 =$ ☐

05 계산해 보세요.

$1.2 \overline{3)7.3\,8}$

06 계산 결과를 비교하여 ○ 안에 >, =, <를 알맞게 써넣으세요.

$5.78 \div 1.7 \bigcirc 6.82 \div 2.2$

07 □ 안에 알맞은 수를 써넣으세요.

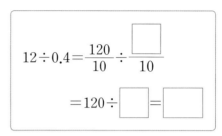

$12 \div 0.4 = \dfrac{120}{10} \div \dfrac{\boxed{}}{10}$

$= 120 \div \boxed{} = \boxed{}$

08 계산 결과를 비교하여 ○ 안에 >, =, <를 알맞게 써넣으세요.

$6 \div 1.5 \bigcirc 7 \div 1.75$

09 $13.1 \div 7$의 몫을 반올림하여 주어진 자리까지 나타내세요.

소수 첫째 자리 (   )

소수 둘째 자리 (   )

10 음료수 14.5 L를 한 사람에게 3 L씩 나누어 주려고 합니다. □ 안에 알맞은 수를 써넣으세요.

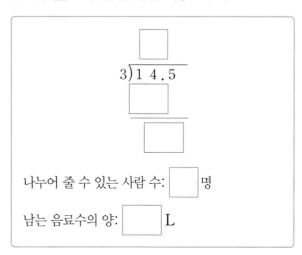

나누어 줄 수 있는 사람 수: ☐ 명

남는 음료수의 양: ☐ L

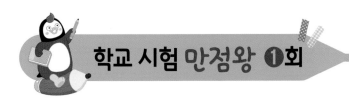

01 □ 안에 알맞은 수를 써넣으세요.

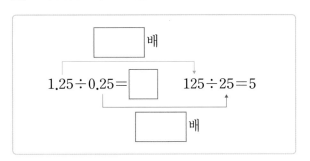

```
           [  ] 배
        ┌─────────┐
1.25÷0.25=[  ]    125÷25=5
        └─────────┘
           [  ] 배
```

02 □ 안에 알맞은 수를 써넣으세요.

(1) $4.8÷0.6=48÷$ ☐ $=$ ☐

(2) $6.72÷0.42=672÷$ ☐ $=$ ☐

03 □ 안에 알맞은 수를 써넣으세요.

$768÷32=$ ☐

$76.8÷3.2=$ ☐

$7.68÷0.32=$ ☐

04 계산 결과를 찾아 이어 보세요.

$1.32÷1.1$	·	·	23
$4.2÷0.7$	·	·	1.2
$5.06÷0.22$	·	·	6

05 계산 결과를 비교하여 ○ 안에 ＞, ＝, ＜를 알맞게 써넣으세요.

$39.6÷2.2$ ◯ $44.2÷2.6$

06 쌀 **31.2 kg**을 한 통에 **5.2 kg**씩 담으려고 합니다. 쌀을 모두 담으려면 통은 몇 개 필요한가요?

( )

07 계산해 보세요.

(1)

$$1.23\overline{)4.92}$$

(2)

$$0.22\overline{)3.08}$$

08 우유 **4 L**를 친구들에게 **0.47 L**씩 나누어 주었더니 **0.24 L**가 남았습니다. 몇 명의 친구들에게 나누어 준 것인지 풀이 과정을 쓰고 답을 구해 보세요.

풀이

_____

_____

_____

답 _____

09 □ 안에 알맞은 수를 써넣으세요.

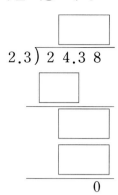

10 ㉠÷㉡의 값을 구해 보세요.

㉠ 7.68÷3.2   ㉡ 1.84÷2.3

(   )

11 넓이가 25.83 m²인 직사각형 모양의 화단이 있습니다. 가로가 4.1 m일 때, 세로는 몇 m인가요?

(   )

12 □ 안에 들어갈 수 있는 자연수 중 가장 큰 수를 구해 보세요.

□< 46.56÷9.7

(   )

13 빈칸에 알맞은 수를 써넣으세요.

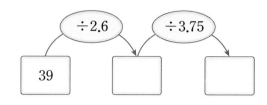

14 다음 두 떡집 중 필요한 상자 수가 더 많은 떡집은 어느 곳인지 풀이 과정을 쓰고 답을 구해 보세요.

가 떡집: 꿀떡 18 kg을 한 상자에 1.2 kg씩 포장합니다.
나 떡집: 무지개떡 24 kg을 한 상자에 1.5 kg씩 포장합니다.

풀이

_____

_____

_____

답 _____

15 **72÷8=9**를 이용하여 □ 안에 알맞은 수를 써넣으세요.

$72÷0.8=$ □

$72÷0.08=$ □

16 몫을 반올림하여 소수 첫째 자리까지 나타내어 보세요.

$$23.2 \div 7$$

(   )

17 고구마 8.72 kg을 6명이 똑같이 나누어 가지려고 합니다. 한 사람이 가지는 고구마는 몇 kg인지 반올림하여 소수 둘째 자리까지 나타내어 보세요.

(   )

18 계산 결과를 비교하여 ○ 안에 >, =, <를 알맞게 써넣으세요.

| 8.8÷7의 몫을 반올림하여 일의 자리까지 나타낸 수 | ○ | 8.8÷7 |

19 감자 20.7 kg을 한 사람에게 3 kg씩 나누어 주려고 합니다. 나누어 줄 수 있는 사람 수와 남는 감자의 무게를 각각 구해 보세요.

나누어 줄 수 있는 사람 수 (   )
남는 감자의 무게 (   )

20 서현이는 2시간 45분 동안 3 km를 걸었습니다. 서현이가 일정한 빠르기로 걸었다면 한 시간에 몇 km를 걸었는지 반올림하여 소수 첫째 자리까지 구해 보세요.

(   )

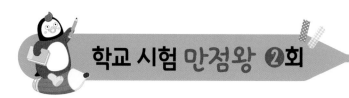
01 □ 안에 알맞은 수를 써넣으세요.

1.68÷0.24에서

1.68은 0.01이 ☐ 개이고,

0.24는 0.01이 ☐ 개입니다.

➡ 1.68÷0.24=168÷☐ =☐

02 관계있는 것끼리 이어 보세요.

8.1÷0.9 ·   · 9

8.32÷0.26 ·   · 32

03 288÷16=18을 이용하여 □ 안에 알맞은 수를 구해 보세요.

☐÷0.16=18

(   )

04 □ 안에 알맞은 수를 써넣으세요.

30.6÷1.8=☐

05 몫이 더 작은 것의 기호를 써 보세요.

㉠ 75.6÷6.3   ㉡ 83.6÷7.6

(   )

06 1부터 9까지의 자연수 중에서 □ 안에 들어갈 수 있는 수를 모두 써 보세요.

6.9÷2.3<☐<16.2÷2.7

(   )

07 규리는 물을 4.34 L, 하은이는 물을 1.24 L 가지고 있습니다. 규리가 가지고 있는 물의 양은 하은이가 가지고 있는 물의 양의 몇 배인가요?

(   )

08 두 나눗셈의 몫의 차를 구해 보세요.

㉠ 4.48÷0.32   ㉡ 7.44÷0.62

(   )

09 □ 안에 알맞은 수를 써넣으세요.

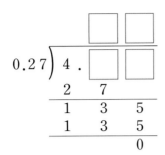

10 큰 수를 작은 수로 나눈 몫을 구해 보세요.

1.6	2.88

( )

11 □ 안에 알맞은 수를 써넣으세요.

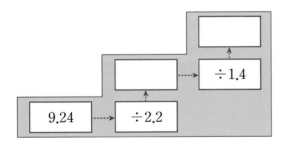

12 집에서 학교까지의 거리는 **1.68 km**이고, 집에서 도서관까지의 거리는 **1.2 km**입니다. 집에서 학교까지의 거리는 집에서 도서관까지의 거리의 몇 배인가요?

( )

13 다음 나눗셈식의 일부분이 지워졌습니다. 지워진 부분에 알맞은 수를 구해 보세요.

( )

14 인형 한 개를 포장하는 데 끈 **0.75 m**가 필요합니다. 끈 **24 m**로 인형 몇 개를 포장할 수 있는지 구해 보세요.

( )

15 넓이가 **7 m²**인 삼각형의 밑변의 길이는 **1.75 m**입니다. 이 삼각형의 높이는 몇 **m**인지 풀이 과정을 쓰고 답을 구해 보세요.

풀이

_____

_____

_____

답 _____

16 어떤 수를 4로 나누었더니 몫이 8이고 나머지가 1.7이었습니다. 어떤 수를 9로 나눈 몫을 반올림하여 소수 둘째 자리까지 나타내려고 합니다. 풀이 과정을 쓰고 답을 구해 보세요.

풀이

_____

_____

_____

답 _____

17 다음 중 소수 첫째 자리까지 구한 몫과 반올림하여 소수 첫째 자리까지 구한 몫이 같은 것은 모두 몇 개인지 구해 보세요.

㉠ 4.62÷1.9	㉡ 5.48÷2.3
㉢ 6.64÷3	㉣ 9.22÷6

( )

18 양파 33.5 kg을 한 봉지에 8 kg씩 나누어 담으려고 합니다. 나누어 담을 수 있는 양파의 봉지 수와 봉지에 나누어 담고 남는 양파는 몇 kg인지 구해 보세요.

담을 수 있는 봉지 수 ( )

남는 양파의 무게 ( )

19 수 카드 3 , 5 , 7 중 두 장을 한 번씩만 이용하여 □ 안에 써넣어 계산 결과가 가장 큰 나눗셈을 만들려고 합니다. 몫은 얼마인지 구해 보세요.

$$105÷\square.\square$$

( )

20 어떤 수를 4.2로 나누어야 할 것을 잘못하여 어떤 수에 4.2를 곱했더니 109.2가 되었습니다. 바르게 계산하였을 때의 몫을 반올림하여 소수 첫째 자리까지 나타내어 보세요.

( )

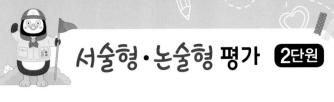
01 연서는 한 시간에 **1.57 km**를 걸을 수 있습니다. 같은 빠르기로 집에서 **4.71 km** 떨어진 할아버지 댁까지 걸어가려고 할 때 걸리는 시간은 몇 시간인지 풀이 과정을 쓰고 답을 구해 보세요.

풀이

_____

_____

_____

답 _____

02 지민이네 집에 있는 강아지는 **7.2 kg**이고, 고양이는 강아지보다 **2.4 kg** 더 가볍습니다. 강아지의 무게는 고양이의 무게의 몇 배인지 풀이 과정을 쓰고 답을 구해 보세요.

풀이

_____

_____

_____

답 _____

03 점토 **3.55 kg**을 한 봉지에 **0.46 kg**씩 나누어 담았더니 **0.33 kg**이 남았습니다. 점토를 몇 봉지에 담았는지 풀이 과정을 쓰고 답을 구해 보세요.

풀이

_____

_____

_____

답 _____

04 다음 사다리꼴의 넓이가 **30.24 m²**일 때, 사다리꼴의 아랫변의 길이는 몇 **m**인지 풀이 과정을 쓰고 답을 구해 보세요.

2 m

10.08 m

풀이

_____

_____

_____

_____

답 _____

05 2.6에 어떤 수를 곱하였더니 **12.48**이 되었습니다. 어떤 수를 **0.6**으로 나눈 몫을 구하려고 합니다. 풀이 과정을 쓰고 답을 구해 보세요.

풀이

_____

_____

_____

_____

답 _____

06 감자 18 kg을 한 상자에 2.25 kg씩 똑같이 나누어 담고, 고구마 21 kg을 한 상자에 5.25 kg씩 똑같이 나누어 담으려고 합니다. 감자와 고구마를 모두 담으면 몇 상자가 되는지 풀이 과정을 쓰고 답을 구해 보세요.

풀이

답

07 몫의 소수점 아래 10번째 자리의 숫자를 구하려고 합니다. 풀이 과정을 쓰고 답을 구해 보세요.

$$12.7 \div 3.3$$

풀이

답

08 $28.3 \div 4.2$의 몫을 반올림하여 일의 자리까지 나타낸 수와 몫을 반올림하여 소수 첫째 자리까지 나타낸 수의 합을 구하는 풀이 과정을 쓰고 답을 구해 보세요.

풀이

답

09 포도 11.7 kg을 한 상자에 2 kg씩 담아 팔려고 합니다. 이 포도를 남김없이 모두 담으려면 포도는 적어도 몇 kg이 더 필요한지 풀이 과정을 쓰고 답을 구해 보세요.

풀이

답

10 설탕을 한 봉지에 1.5 kg씩 담으면 8봉지에 담고 0.3 kg이 남습니다. 이 설탕과 무게가 같은 소금을 한 봉지에 5 kg씩 담으려고 합니다. 소금을 몇 봉지에 나누어 담을 수 있고, 남는 소금의 양은 몇 kg인지 풀이 과정을 쓰고 답을 구해 보세요.

풀이

답   ,

● 보이지 않는 쌓기나무가 없는 경우 쌓기나무의 개수 알아보기

 ➡ 5개

위에서 본 모양

● 보이지 않는 쌓기나무가 있는 경우 쌓기나무의 개수 알아보기

 ➡ 8개

위에서 본 모양

● 쌓기나무로 쌓은 모양을 위, 앞, 옆에서 본 모양 그리기

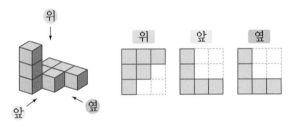

● 쌓기나무로 쌓은 모양을 위에서 본 모양에 수를 쓰는 방법으로 나타내기

쌓은 모양	위에서 본 모양에 수를 써서 나타내기	사용한 쌓기나무의 개수
	위 2 3 2 1 ↑ 앞	2+3+2+1 =8(개)

• 위에서 본 모양에 수를 써서 나타내면 쌓기나무로 쌓은 모양을 정확히 알 수 있습니다.

● 쌓기나무로 쌓은 모양을 층별로 나타내기

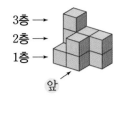

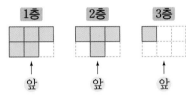

• 층별로 나타내면 쌓기나무로 쌓은 모양을 정확히 알 수 있습니다.
• 위에서 본 모양에서 같은 위치에 있는 층은 같은 위치에 그려야 합니다.

● 쌓기나무 4개를 붙여서 만들 수 있는 서로 다른 모양 찾아보기

• 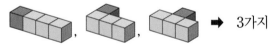 모양에 쌓기나무 1개를 더 붙여서 만들 수 있는 모양

➡ 3가지

• 모양에 쌓기나무 1개를 더 붙여서 만들 수 있는 모양

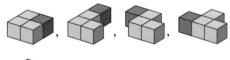

 ➡ 7가지

➡ 겹치는 모양(,) 2가지를 빼면

모두 8가지입니다.

[01~02] 주어진 모양과 똑같이 쌓는 데 필요한 쌓기나무는 적어도 몇 개인지 구해 보세요.

01

(   )

02

(   )

[03~04] 주어진 모양과 똑같이 쌓는 데 필요한 쌓기나무의 개수를 구해 보세요.

03

위에서 본 모양

(   )

04

위에서 본 모양

(   )

05 쌓기나무 9개로 쌓은 모양을 보고 위, 앞, 옆에서 본 모양을 각각 그려 보세요.

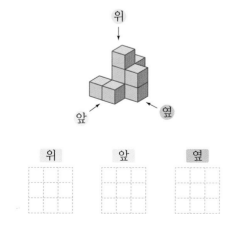

위   앞   옆

06 쌓기나무로 쌓은 모양을 보고 위에서 본 모양에 수를 썼습니다. 옆에서 본 모양을 그려 보세요.

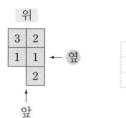

07 쌓기나무로 쌓은 모양을 위, 앞, 옆에서 본 모양입니다. 똑같은 모양으로 쌓는 데 필요한 쌓기나무는 몇 개인가요?

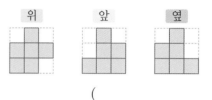

(   )

[08~09] 쌓기나무로 쌓은 모양과 1층 모양을 보고 물음에 답하세요.

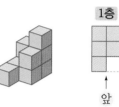

08 □ 안에 알맞은 수를 써넣으세요.

1층에 ☐ 개, 2층에 ☐ 개, 3층에 ☐ 개가 쌓여 있으므로 모두 ☐ 개의 쌓기나무를 사용하였습니다.

09 2층과 3층 모양을 그려 보세요.

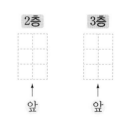

2층   3층

10 알맞은 모양에 ○표 하세요.

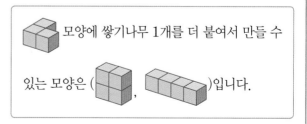

모양에 쌓기나무 1개를 더 붙여서 만들 수 있는 모양은 (,   )입니다.

01 주어진 모양과 똑같이 쌓는 데 필요한 쌓기나무의 개수를 구해 보세요.

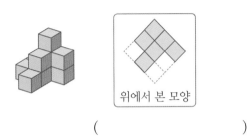

위에서 본 모양

( )

02 쌓기나무로 쌓은 모양을 보고 앞에서 본 모양에 ○표 하세요.

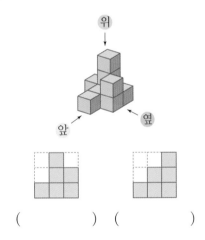

( ) ( )

03 쌓기나무 11개로 쌓은 모양을 보고 위에서 본 모양을 그려 보세요.

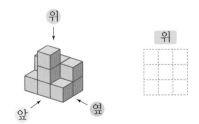

[04~05] 쌓기나무 11개로 쌓은 모양을 보고 물음에 답하세요.

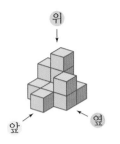

04 쌓은 모양을 앞에서 보았을 때 보이는 면은 모두 몇 개인가요?

( )

05 쌓은 모양을 옆에서 보았을 때 보이는 면은 모두 몇 개인가요?

( )

[06~07] 쌓기나무로 쌓은 모양과 위에서 본 모양입니다. 똑같은 모양으로 쌓는 데 필요한 쌓기나무의 개수를 구해 보세요.

06

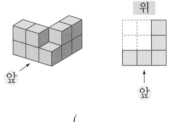

( )

07

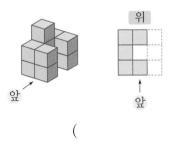

( )

08 현주가 쌓은 모양을 찾아 기호를 써 보세요.

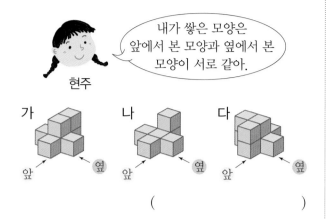

내가 쌓은 모양은 앞에서 본 모양과 옆에서 본 모양이 서로 같아.

현주

가　　　나　　　다

앞　옆　　앞　옆　　앞　옆

(　　　　　　　　　　　)

09 쌓기나무로 쌓은 모양을 보고 위에서 본 모양에 수를 썼습니다. 앞과 옆에서 본 모양을 각각 그려 보세요.

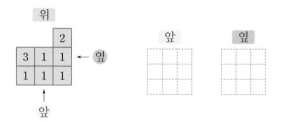

[10~11] 쌓기나무로 쌓은 모양을 보고 위에서 본 모양에 수를 썼습니다. 물음에 답하세요.

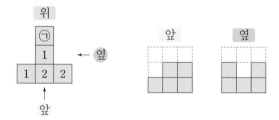

10 ㉠ 자리에 쌓은 쌓기나무는 몇 개인가요?

(　　　　　　　　　　　)

11 2층에 쌓은 쌓기나무는 몇 개인가요?

(　　　　　　　　　　　)

 12 쌓기나무로 쌓은 모양을 보고 위에서 본 모양에 수를 쓴 것입니다. 옆에서 본 모양이 오른쪽과 같은 것을 찾으려고 합니다. 풀이 과정을 쓰고 답을 구해 보세요.

옆

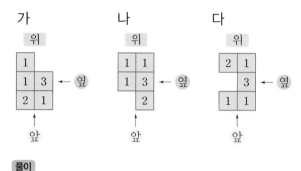

풀이

_____

_____

답 _____

[13~14] 쌓기나무로 쌓은 모양과 위에서 본 모양을 보고 물음에 답하세요.

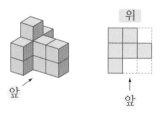

13 위에서 본 모양에 수를 써 보세요.

14 주어진 모양과 똑같이 쌓는 데 필요한 쌓기나무는 몇 개인가요?

(　　　　　　　　　　　)

15 가와 나는 각 층에 쌓은 쌓기나무의 개수가 서로 같습니다. 가를 위에서 본 모양이 다음과 같을 때 나를 위에서 본 모양을 그려 보세요.

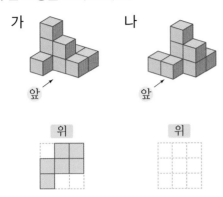

16 쌓기나무로 쌓은 모양을 층별로 나타낸 모양입니다. 위에서 본 모양에 수를 쓰는 방법으로 나타낼 때 ㉠, ㉡에 들어갈 수의 합은 얼마인지 풀이 과정을 쓰고 답을 구해 보세요.

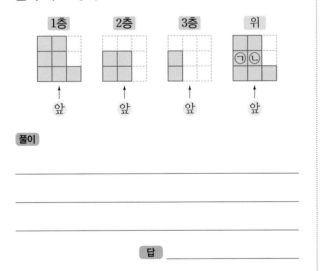

풀이

_____

_____

_____

답 _____

17 쌓기나무 5개로 만든 모양입니다. 뒤집거나 돌렸을 때 같은 모양인 것끼리 이어 보세요.

18 주어진 모양에 쌓기나무 1개를 더 붙여서 만들 수 있는 모양을 모두 찾아 기호를 써 보세요.

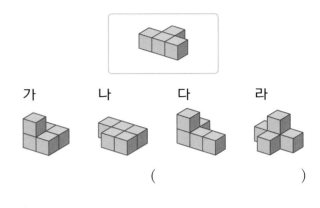

가   나   다   라

(   )

19 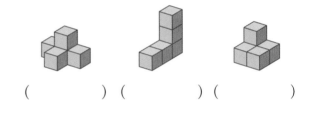 모양에 쌓기나무 1개를 더 붙여서 만들 수 있는 모양을 찾아 ○표 하세요.

(   ) (   ) (   )

20 쌓기나무를 4개씩 붙여서 만든 두 가지 모양을 사용하여 만들 수 있는 모양을 모두 찾아 기호를 써 보세요.

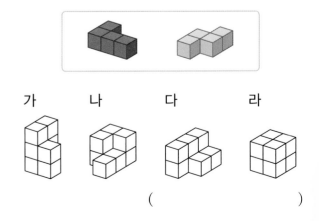

가   나   다   라

(   )

学校 시험 만점왕 ❷회

정답과 해설 51쪽

3. 공간과 입체

01 보이지 않는 쌓기나무가 있을 수 있는 것의 기호를 써 보세요.

가 나 다 라

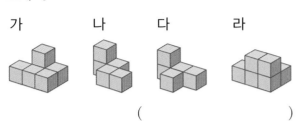

( )

02 쌓기나무로 쌓은 모양을 보고 □ 안에 알맞은 수를 써 넣으세요.

주어진 모양과 똑같이 쌓는 데 필요한 쌓기나무는

적어도 ☐ 개입니다.

03 쌓기나무 10개로 쌓은 모양입니다. 위에서 본 모양을 그려 보세요.

위에서 본 모양

[04~05] 쌓기나무 10개로 쌓은 모양을 보고 물음에 답하세요.

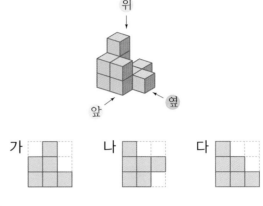

가 나 다

04 앞에서 본 모양을 찾아 기호를 써 보세요.

( )

05 옆에서 본 모양을 찾아 기호를 써 보세요.

( )

06 쌓기나무 9개로 쌓은 모양을 보고 위, 앞, 옆에서 본 모양을 각각 그려 보세요.

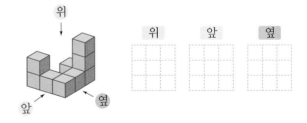

위   앞   옆

07 쌓기나무 7개로 쌓은 모양을 위와 앞에서 본 모양입니다. 옆에서 본 모양을 그려 보세요.

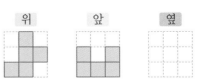

위   앞   옆

08 위, 앞, 옆에서 본 모양을 보고 똑같은 모양으로 쌓는 데 필요한 쌓기나무의 개수를 구해 보세요.

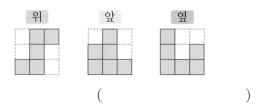

(   )

09 쌓기나무로 쌓은 모양을 보고 위에서 본 모양에 수를 썼습니다. 옆에서 본 모양을 그려 보세요.

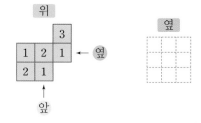

10 쌓기나무로 쌓은 모양과 위에서 본 모양입니다. 앞, 옆에서 본 모양을 각각 그려 보세요.

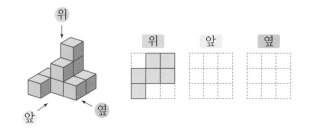

11 쌓기나무로 쌓은 모양을 위, 앞, 옆에서 본 모양입니다. 빈칸에 알맞은 수를 써넣으세요.

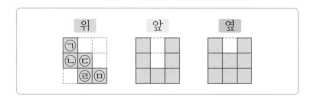

자리	㉠	㉡	㉢	㉣	㉤
쌓기나무의 개수(개)					

12 쌓기나무로 쌓은 모양을 위, 앞, 옆에서 본 모양입니다. 어떤 모양을 본 것인지 기호를 써 보세요.

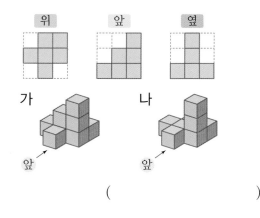

(   )

13 쌓기나무로 쌓은 모양을 보고 위에서 본 모양에 알맞게 수를 쓴 것을 찾아 ○표 하세요.

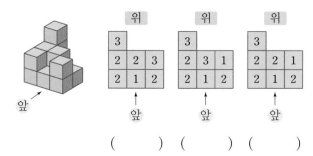

(   ) (   ) (   )

14 쌓기나무로 쌓은 모양을 보고 위에서 본 모양에 수를 썼습니다. 옆에서 본 모양이 다음과 같을 때 ♥ 자리에 알맞은 수는 얼마인지 풀이 과정을 쓰고 답을 구해 보세요.

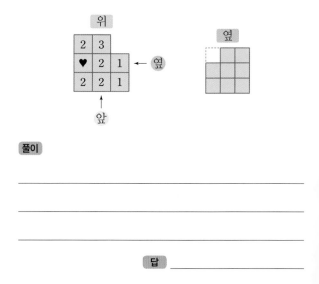

풀이

답

[15~16] 쌓기나무로 쌓은 모양과 1층 모양을 보고 물음에 답하세요.

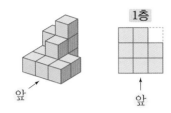

15 2층과 3층 모양을 각각 그려 보세요.

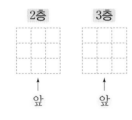

16 주어진 모양과 똑같이 쌓는 데 필요한 쌓기나무의 개수를 구해 보세요.

( )

17 왼쪽 정육면체 모양에서 쌓기나무 몇 개를 빼내었더니 오른쪽과 같은 모양이 되었습니다. 빼낸 쌓기나무는 몇 개인지 풀이 과정을 쓰고 답을 구해 보세요.

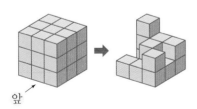

풀이

_____

_____

_____

답 _____

18 뒤집거나 돌렸을 때 같은 모양이 되는 것을 찾아 기호를 써 보세요.

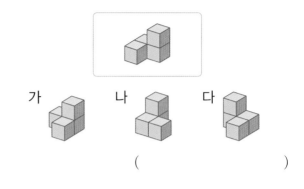

가   나   다

( )

19 모양에 쌓기나무 1개를 더 붙여서 만들 수 있는 모양을 찾아 ○표 하세요.

( )   ( )   ( )

20 쌓기나무를 4개씩 붙여 만든 두 가지 모양을 사용하여 아래의 모양을 만들었습니다. 2가지 색으로 구분하여 색칠해 보세요.

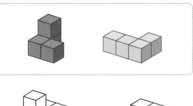

서술형·논술형 평가 3단원

01 오른쪽과 같이 쌓기나무로 쌓은 모양을 보고 잘못 말한 사람의 이름을 쓰고 잘못 말한 이유를 써 보세요.

> 민호: 똑같은 모양으로 쌓는 데 필요한 쌓기나무는 적어도 9개야.
> 영미: 옆에서 본 모양을 알면 사용한 쌓기나무의 개수를 정확히 알 수 있어.

이름 _____

이유

_____

_____

[02~03] 주어진 모양과 똑같이 쌓는 데 필요한 쌓기나무의 개수를 구하려고 합니다. 풀이 과정을 쓰고 답을 구해 보세요.

02

위에서 본 모양

풀이

_____

_____

답 _____

03

위에서 본 모양

풀이

_____

_____

답 _____

04 쌓기나무로 쌓은 모양을 위에서 본 모양에 수를 쓴 것입니다. 가와 나 모양과 똑같이 쌓는 데 필요한 쌓기나무는 모두 몇 개인지 풀이 과정을 쓰고 답을 구해 보세요.

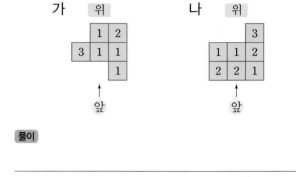

풀이

_____

_____

_____

답 _____

05 쌓기나무로 쌓은 모양을 보고 위에서 본 모양에 수를 쓴 것입니다. 2층에 쌓은 쌓기나무의 개수가 더 많은 것의 기호를 쓰려고 합니다. 풀이 과정을 쓰고 답을 구해 보세요.

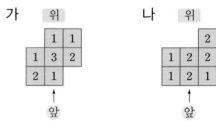

풀이

_____

_____

_____

답 _____

06 쌓기나무로 쌓은 모양을 위, 앞, 옆에서 본 모양입니다. 쌓기나무가 **6개** 있다면 주어진 모양과 똑같은 모양으로 쌓기 위해 더 필요한 쌓기나무는 몇 개인지 풀이 과정을 쓰고 답을 구해 보세요.

위   앞   옆

풀이

_____

_____

_____

답 _____

07 쌓기나무로 쌓은 모양과 위에서 본 모양이 다음과 같을 때 쌓기나무를 더 쌓아서 가장 작은 정육면체 모양을 만들려고 합니다. 더 필요한 쌓기나무는 몇 개인지 풀이 과정을 쓰고 답을 구해 보세요.

위에서 본 모양

풀이

_____

_____

_____

답 _____

[08~09] 각각 쌓기나무 **11개**를 사용하여 쌓은 모양입니다. 물음에 답하세요.

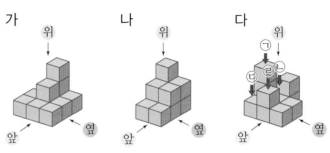

가   나   다

08 옆에서 본 모양이 다른 하나를 찾아 기호를 쓰려고 합니다. 풀이 과정을 쓰고 답을 구해 보세요.

풀이

_____

_____

답 _____

09 다에서 앞에서 본 모양과 옆에서 본 모양이 지금과 달라지지 않도록 쌓기나무를 빼내려고 합니다. ㉠~㉣ 중 빼낼 수 있는 쌓기나무를 모두 찾아 기호를 쓰려고 합니다. 풀이 과정을 쓰고 답을 구해 보세요.

풀이

_____

_____

답 _____

10 쌓기나무로 쌓은 모양을 위, 앞, 옆에서 본 모양입니다. 쌓기나무가 가장 많은 경우와 가장 적은 경우의 차는 몇 개인지 풀이 과정을 쓰고 답을 구해 보세요.

위   앞   옆

풀이

_____

_____

답 _____

● **비의 성질**

• 전항과 후항

비 2 : 5에서 기호 ' : ' 앞에 있는 2를 전항, 뒤에 있는 5를 후항이라고 합니다.

[비의 성질 1] 비의 전항과 후항에 0이 아닌 같은 수를 곱하여도 비율은 같습니다.

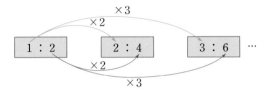

➡ 1 : 2, 2 : 4, 3 : 6, …은 비율이 $\frac{1}{2}$로 같습니다.

[비의 성질 2] 비의 전항과 후항을 0이 아닌 같은 수로 나누어도 비율은 같습니다.

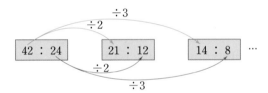

➡ 42 : 24, 21 : 12, 14 : 8, …은 비율이 $\frac{7}{4}$로 같습니다.

● **간단한 자연수의 비로 나타내기**

• $\frac{1}{3} : \frac{1}{4}$을 간단한 자연수의 비로 나타내기

$\frac{1}{3} : \frac{1}{4}$의 전항과 후항에 전항과 후항의 분모의 최소공배수인 12를 곱하면 4 : 3입니다.

• 1.4 : 0.9를 간단한 자연수의 비로 나타내기

1.4 : 0.9의 전항과 후항에 10을 곱하면 14 : 9입니다.

• 42 : 36을 간단한 자연수의 비로 나타내기

42 : 36의 전항과 후항을 전항과 후항의 최대공약수인 6으로 나누면 7 : 6입니다.

● **비례식**

• 비율이 같은 두 비를 기호 '＝'를 사용하여 4 : 9＝16 : 36과 같이 나타낼 수 있습니다. 이와 같은 식을 비례식이라고 합니다.

• 비례식 4 : 9＝16 : 36에서 바깥쪽에 있는 4와 36을 외항, 안쪽에 있는 9와 16을 내항이라고 합니다.

• 비례식을 이용하여 비의 성질 나타내기

$3 : 8 = 6 : 16$ (×2)

➡ 3 : 8은 전항과 후항에 2를 곱한 6 : 16과 그 비율이 같습니다.

$18 : 15 = 6 : 5$ (÷3)

➡ 18 : 15는 전항과 후항을 3으로 나눈 6 : 5와 그 비율이 같습니다.

● **비례식의 성질**

• 비례식 5 : 3＝15 : 9에서 외항의 곱은 5×9＝45이고, 내항의 곱은 3×15＝45입니다.

$5 : 3 = 15 : 9$

• 비례식에서 외항의 곱과 내항의 곱은 같습니다.

● **비례배분**

• 전체를 주어진 비로 배분하는 것을 비례배분이라고 합니다.

• 초콜릿 26개를 미경이와 제민이에게 7 : 6으로 나누어 주기

미경: $26 \times \frac{7}{7+6} = 26 \times \frac{7}{13} = 14$(개)

제민: $26 \times \frac{6}{7+6} = 26 \times \frac{6}{13} = 12$(개)

정답과 해설 54쪽

01 비에서 전항과 후항을 찾아 써 보세요.

$$7 : 3$$

전항 (   )
후항 (   )

02 비의 성질을 이용하여 $3 : 5$와 비율이 같은 비를 2개 써 보세요.

(,   )

03 $2.3 : 1.2$를 간단한 자연수의 비로 나타내는 과정입니다. □ 안에 알맞은 수를 써넣으세요.

$$2.3 : 1.2 \Rightarrow (2.3 \times 10) : (1.2 \times \boxed{})$$

$$\Rightarrow \boxed{} : \boxed{}$$

[04~05] 간단한 자연수의 비로 나타내어 보세요.

04

$$0.5 : 1.1 \Rightarrow (\qquad\qquad)$$

05

$$16 : 14 \Rightarrow (\qquad\qquad)$$

06 비례식에서 외항과 내항을 찾아 각각 써 보세요.

$$4 : 7 = 20 : 35$$

외항 (   )
내항 (   )

07 비례식에서 외항의 곱과 내항의 곱은 각각 얼마인지 구해 보세요.

$$5 : 8 = 10 : 16$$

외항의 곱 (   )
내항의 곱 (   )

08 비례식의 성질을 이용하여 □ 안에 알맞은 수를 써넣으세요.

$$5 : 7 = \boxed{} : 21$$

09 사과 6개를 한 상자에 넣어 포장하고 있습니다. 사과 30개를 모두 포장하면 몇 상자가 될까요?

(   )

10 45를 $5 : 4$로 비례배분하려고 합니다. □ 안에 알맞은 수를 써넣으세요.

$$45 \times \frac{5}{\boxed{} + \boxed{}} = \boxed{}$$

$$45 \times \frac{4}{\boxed{} + \boxed{}} = \boxed{}$$

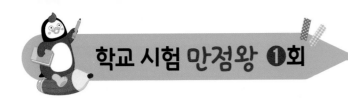
01 전항과 후항을 찾아 써 보세요.

$$1.2 : \frac{8}{11}$$

전항 (   )

후항 (   )

02 비율이 같은 두 비를 찾아 ○표 하세요.

$$7:6 \qquad 5:3 \qquad 28:24 \qquad 15:25$$

03 $\frac{1}{7} : 0.9$를 간단한 자연수의 비로 나타내는 과정입니다. □ 안에 알맞은 수를 써넣으세요.

$$\frac{1}{7} : 0.9 \;\Rightarrow\; \left(\frac{1}{7} \times 70\right) : \left(0.9 \times \boxed{}\right)$$

$$\Rightarrow\; \boxed{} : \boxed{}$$

04 간단한 자연수의 비로 나타내어 보세요.

(1) $2\frac{2}{3} : \frac{5}{6} \;\Rightarrow\;$ (   )

(2) $63 : 72 \;\Rightarrow\;$ (

05 비율이 같은 비를 찾아 이어 보세요.

| 36 : 28 | • | | • | 12 : 30 |

| 14 : 10 | • | | • | 27 : 21 |

| 8 : 20 | • | | • | 21 : 15 |

06 비례식을 찾아 ○표 하세요.

$$9 : 13 = \frac{9}{13} \qquad\qquad 5 : 6 = 30 : 36$$

(   )   (   )

07 비례식의 성질을 이용하여 □ 안에 알맞은 수를 써넣으세요.

(1) $5 : 9 = \boxed{} : 36$

(2) $\frac{5}{7} : 5 = \boxed{} : 21$

08 1.6 : 4를 간단한 자연수의 비로 나타낸 후 두 비로 비례식을 세워 보세요.

( )

09 비율이 $\frac{9}{11}$인 두 비로 비례식을 세워 보세요.

( )

10 비율이 같은 두 비를 찾아 비례식을 세워 보세요.

| 8 : 18 | 12 : 14 | 15 : 27 | 36 : 42 |

( )

11 비례식에서 외항의 곱이 96일 때 ★─■의 값을 구해 보세요.

16 : 12＝★ : ■

( )

[12~13] 옥수수 호떡 5장을 만드는 데 옥수수 호떡 믹스 300 g이 필요합니다. 옥수수 호떡 12장을 만드는 데 필요한 옥수수 호떡 믹스의 양을 구하려고 합니다. 필요한 옥수수 호떡 믹스의 양을 □ g이라고 할 때 물음에 답하세요.

12 □를 사용하여 비례식을 세워 보세요.

식 _____

13 12에서 세운 비례식을 이용하여 옥수수 호떡 12장을 만드는 데 필요한 옥수수 호떡 믹스의 양은 몇 g인지 구해 보세요.

( )

14 라면을 5개씩 포장해서 3200원에 팔고 있습니다. 라면 4개의 가격은 얼마인지 풀이 과정을 쓰고 답을 구해 보세요.

풀이 _____

_____

_____

답 _____

15 바닷물 5 L를 증발시키면 175 g의 소금을 얻을 수 있습니다. 바닷물 12 L를 증발시키면 몇 g의 소금을 얻을 수 있나요?

(   )

16 민진이는 용돈을 2주 동안 49000원을 받습니다. 민진이가 10일 동안 받는 용돈은 얼마인가요?

(   )

17 주어진 수를 3 : 5로 비례배분해 보세요.

(1) 40 ➡ (,   )

(2) 96 ➡ (,   )

18 딱지 55장을 형과 동생이 6 : 5로 나누어 가진다면 형은 딱지를 몇 장 가지게 되나요?

(   )

19 길이가 6.3 m인 빨간색 테이프를 민준이와 가은이가 4 : 5로 나누어 가진다면 민준이와 가은이가 가지는 빨간색 테이프는 각각 몇 cm인지 풀이 과정을 쓰고 답을 구해 보세요.

풀이

_____

_____

_____

답 _____ , _____

20 우유 500 mL를 큰 컵과 작은 컵에 6 : 4로 나누어 담으려고 합니다. 큰 컵에 담을 우유는 몇 mL인가요?

(   )

01 비의 성질을 이용하여 비율이 같은 비를 구하려고 합니다. □ 안에 알맞은 수를 써넣으세요.

$$21 : 35 \Rightarrow (21 \div 7) : (35 \div \boxed{})$$

$$\Rightarrow \boxed{} : \boxed{}$$

02 □ 안에 알맞은 수를 써넣어 간단한 자연수의 비로 나타내어 보세요.

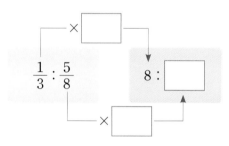

03 비의 성질을 이용하여 간단한 자연수의 비로 나타내어 보세요.

$$\frac{1}{4} : 1.5$$

(   )

04 간단한 자연수의 비로 나타내었을 때 5 : 4가 되는 비를 모두 찾아 써 보세요.

$$\frac{1}{4} : \frac{1}{5} \qquad 54 : 72 \qquad \frac{1}{5} : \frac{1}{4} \qquad 4.5 : 3.6$$

(   )

05 직사각형 모양의 텃밭의 둘레가 84 m입니다. 이 텃밭의 세로가 18 m일 때 가로와 세로의 비를 간단한 자연수의 비로 나타내어 보세요.

풀이

_____

_____

_____

답 _____

06 외항과 내항을 각각 모두 찾아 써 보세요.

$$\frac{9}{14} : 5.4 = 10 : 84$$

외항 (   )

내항 (   )

07 비례식을 모두 찾아 기호를 써 보세요.

㉠ 2 : 7 = 35 : 10
㉡ 9 : 4 = 54 : 24
㉢ 40 : 48 = 5 : 6

(   )

08 $\dfrac{7}{8} : \dfrac{11}{12}$을 간단한 자연수의 비로 나타내어 비례식을 세워 보세요.

(   )

09 비례식에서 □ 안에 들어갈 수가 가장 큰 것을 찾아 기호를 써 보세요.

> ㉠ $5 : 2 = \square : 6$ ㉡ $3.6 : 6 = \square : 20$
>
> ㉢ $\dfrac{5}{6} : 1 = \square : 24$ ㉣ $30 : 36 = 5 : \square$

(   )

10 외항의 곱이 32인 비례식이 되도록 □ 안에 알맞은 수를 써넣으세요.

$$2 : \boxed{} = 8 : \boxed{}$$

11 내항이 4, 24이고 외항이 6, 16인 비례식을 2개 만들어 보세요.

_____

_____

12 수 카드 중에서 4장을 골라 비례식을 2개 세워 보세요.

| 3 | 5 | 6 | 12 | 20 |

_____

_____

[13~14] 맞물려 돌아가는 두 톱니바퀴 ㉮와 ㉯가 있습니다. 톱니바퀴 ㉮가 5바퀴 도는 동안 톱니바퀴 ㉯는 8바퀴 돕니다. 톱니바퀴 ㉮가 30바퀴 도는 동안 톱니바퀴 ㉯는 몇 바퀴 도는지 구하려고 합니다. 톱니바퀴 ㉯의 회전수를 □바퀴라 할 때 물음에 답하세요.

13 □를 사용하여 비례식을 세워 보세요.

  식 _____

14 13에서 세운 비례식을 이용하여 톱니바퀴 ㉯는 몇 바퀴 도는지 구해 보세요.

(   )

15 봉지 과자 4개를 3980원에 팔고 있습니다. 봉지 과자 3개는 얼마인지 풀이 과정을 쓰고 답을 구해 보세요. (단, 봉지 과자의 가격은 모두 같습니다.)

풀이

_____

_____

_____

답 _____

16 직사각형의 가로와 세로의 비가 7 : 5입니다. 이 직사각형의 가로가 21 cm일 때 넓이는 몇 cm^2인가요?

( )

17 주어진 수를 9 : 4로 비례배분해 보세요.

(1) 65 ➡ (,)

(2) 104 ➡ (,)

18 카드 72장을 도윤이와 가온이가 4 : 5로 나누어 가지려고 합니다. 도윤이와 가온이가 가지는 카드는 각각 몇 장인가요?

도윤 ( )

가온 ( )

19 미희네 집에서는 밥을 할 때 쌀과 잡곡을 4 : 3의 비로 섞는다고 합니다. 쌀과 잡곡을 섞은 전체 양이 945 g이면 잡곡은 몇 g 넣은 것인가요?

( )

20 지혜와 민우는 넓이가 102 m^2인 벽에 페인트를 칠하려고 합니다. 지혜와 민우가 벽의 넓이를 9 : 8로 나누어서 페인트를 칠할 때 민우가 칠할 벽의 넓이는 몇 m^2인가요?

( )

01 2시간 동안 15개의 제품을 생산하는 기계에서 6시간 동안 생산할 수 있는 제품은 몇 개인지 비의 성질을 이용하여 구하려고 합니다. 풀이 과정을 쓰고 답을 구해 보세요.

풀이

_____

_____

_____

답 _____

02 소금 70 kg을 얻으려면 바닷물 2000 L가 필요합니다. 소금 14 kg을 얻으려면 바닷물 몇 L가 필요한지 비의 성질을 이용하여 구하려고 합니다. 풀이 과정을 쓰고 답을 구해 보세요.

풀이

_____

_____

_____

답 _____

03 어느 과일 주스 가게에서는 딸기 바나나 주스를 만들 때 딸기와 바나나를 2 : 1로 섞어서 사용합니다. 딸기가 250 g 들어간다면 바나나는 몇 g이 들어가야 하는지 비의 성질을 이용하여 구하려고 합니다. 풀이 과정을 쓰고 답을 구해 보세요.

풀이

_____

_____

_____

답 _____

04 휘발유 3 L로 49.5 km를 가는 자동차가 있습니다. 이 자동차로 198 km를 가려면 휘발유는 몇 L 필요한지 풀이 과정을 쓰고 답을 구해 보세요.

풀이

_____

_____

답 _____

05 지현이가 2시간 중 공부한 시간과 운동한 시간의 비가 5 : 7이라면 운동한 시간은 몇 분인지 풀이 과정을 쓰고 답을 구해 보세요.

풀이

_____

_____

답 _____

06 미경이가 30일 중에서 독서를 한 날수와 독서를 하지 않은 날수의 비가 3 : 2라면 독서를 한 날은 며칠인지 풀이 과정을 쓰고 답을 구해 보세요.

풀이

_____

_____

답 _____

정답과 해설 58쪽

07 그림으로 나타낸 직사각형 모양 화단의 가로는 **7 cm**, 세로는 **9 cm**입니다. 이 화단의 실제 세로가 **6.3 m** 라면 세로는 가로보다 몇 **m** 더 긴지 풀이 과정을 쓰고 답을 구해 보세요.

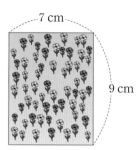

7 cm
9 cm

풀이

답 _____

08 삼각형의 밑변의 길이와 높이의 비가 **7 : 4**입니다. 이 삼각형의 높이가 **16 cm**일 때 넓이는 몇 **cm²**인 지 풀이 과정을 쓰고 답을 구해 보세요.

풀이

답 _____

09 가로와 세로의 비가 **4 : 3**이고 가로와 세로의 합이 **91 cm**인 직사각형이 있습니다. 이 직사각형의 넓이 는 몇 **cm²**인지 풀이 과정을 쓰고 답을 구해 보세요.

풀이

답 _____

10 제민이네 가족과 민정이네 가족이 밤 따기 체험을 하러 갔습니다. 두 가족이 딴 밤은 모두 **300개**였는데 그중 **48개**는 먹고 나머지는 가족 수의 비로 나누어 가지기로 했습니다. 제민이네 가족이 **5명**, 민정이네 가족이 **4명**일 때 민정이네 가족이 가지는 밤은 몇 개 인지 풀이 과정을 쓰고 답을 구해 보세요.

풀이

답 _____

● 원주와 원주율 알아보기

• 원주와 지름의 관계 알아보기

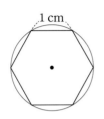
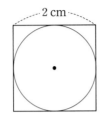

원의 둘레를 원주라고 합니다. 원주는 지름의 3배 보다 길고, 4배보다 짧습니다.

• 원주율 알아보기

$$(원주율) = (원주) \div (지름)$$

지름에 대한 원주의 비율을 원주율이라고 합니다. 원주율을 소수로 나타내면 3.1415926535… 와 같이 끝없이 계속됩니다. 원주율을 3, 3.1, 3.14 등으로 어림하여 사용합니다.

● 원주와 지름 구하기

• 지름을 알 때 원주 구하기 (원주율: 3.14)

$$(원주) = (지름) \times (원주율)$$

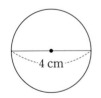

$$\begin{aligned}(원주) &= (지름) \times (원주율) \\ &= 4 \times 3.14 \\ &= 12.56\,(cm)\end{aligned}$$

• 원주를 알 때 지름 구하기 (원주율: 3.1)

$$(지름) = (원주) \div (원주율)$$

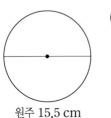

$$\begin{aligned}(지름) &= (원주) \div (원주율) \\ &= 15.5 \div 3.1 \\ &= 5\,(cm)\end{aligned}$$

원주 15.5 cm

● 원이 넓이 어림하기

• 정사각형으로 원의 넓이 어림하기

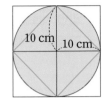

원 안에 있는 정사각형의 넓이:

$$20 \times 20 \div 2 = 200\,(cm^2)$$

원 밖에 있는 정사각형의 넓이:

$$20 \times 20 = 400\,(cm^2)$$

$$200\,cm^2 < (원의 넓이)$$

$$(원의 넓이) < 400\,cm^2$$

• 모눈종이로 원의 넓이 어림하기

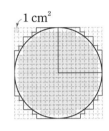

노란색 모눈의 수: 276칸

빨간색 선 안쪽 모눈의 수: 344칸

$$276\,cm^2 < (원의 넓이)$$

$$(원의 넓이) < 344\,cm^2$$

● 원의 넓이 구하기

• 원을 한없이 잘라 이어 붙여 직사각형 만들기

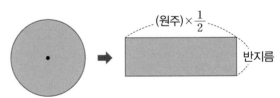

$$\begin{aligned}(원의 넓이) &= (원주) \times \frac{1}{2} \times (반지름) \\ &= (원주율) \times (지름) \times \frac{1}{2} \times (반지름) \\ &= (원주율) \times (반지름) \times (반지름)\end{aligned}$$

● 원의 넓이 활용하기

• 반지름과 원의 넓이 사이의 관계

반지름이 2배, 3배, …가 되면 원의 넓이는 4배, 9배, …가 됩니다.

• 원으로 이루어진 여러 가지 도형의 넓이

전체에서 부분을 빼서 구하거나 도형의 일부분을 옮겨서 구할 수 있습니다.

정답과 해설 59쪽

01 원주를 빨간색 선으로 표시한 것에 ○표 하세요.

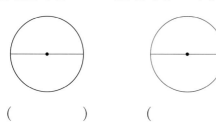

(   )   (   )

02 정육각형과 정사각형의 둘레를 구하여 □ 안에 알맞은 수를 써넣으세요.

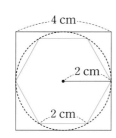

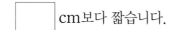

원주는 ☐ cm보다 길고,

☐ cm보다 짧습니다.

03 원의 지름에 대한 원주의 비율은 무엇이라고 하는지 써 보세요.

(   )

04 지름이 4 cm인 원의 둘레는 몇 cm인지 구해 보세요. (원주율: 3.1)

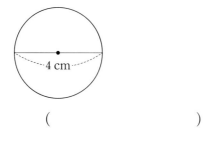

(   )

05 원주가 18 cm인 원의 지름은 몇 cm인지 구해 보세요. (원주율: 3)

(   )

06 원 안과 밖에 있는 정사각형의 넓이를 구하여 □ 안에 알맞은 수를 써넣으세요.

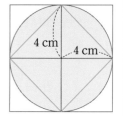

☐ cm² < (원의 넓이)

(원의 넓이) < ☐ cm²

07 원을 한없이 잘라 이어 붙여서 직사각형을 만들었습니다. □ 안에 알맞은 말을 써넣으세요.

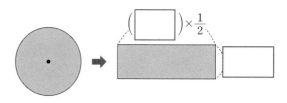

$\left(\boxed{} \right) \times \dfrac{1}{2}$

08 원의 넓이는 몇 cm²인지 구해 보세요. (원주율: 3.1)

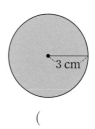

3 cm

(   )

09 □ 안에 알맞은 수를 써넣으세요.

원의 반지름이 2배, 3배가 되면 원의 넓이는 ☐ 배, ☐ 배가 됩니다.

10 색칠한 부분의 넓이는 몇 cm²인지 구해 보세요.

(원주율: 3)

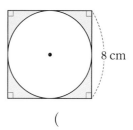

8 cm

(   )

01 원주에 대한 설명으로 옳은 것을 찾아 기호를 써 보세요.

> ㉠ 원주는 원 위의 두 점을 이은 선분입니다.
> ㉡ 원의 지름이 길수록 원주도 길어집니다.
> ㉢ 원주는 원의 반지름의 약 3배입니다.

( )

02 원 안에 있는 정육각형의 둘레와 원의 둘레를 비교하여 □ 안에 알맞은 수를 써넣으세요.

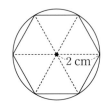

(1) 정육각형의 둘레는 [ ] cm입니다.

(2) 정육각형의 둘레는 원의 지름의 [ ] 배입니다.

(3) 원주는 원의 지름의 [ ] 배보다 깁니다.

03 (원주)÷(지름)을 반올림하여 소수 첫째 자리까지 나타내어 보세요.

지름	원주
13 cm	40 cm

( )

04 원주율에 대해 바르게 말한 사람의 이름을 써 보세요.

> 도희: 원주율은 원의 크기에 따라 달라져.
> 연우: 원주율은 원의 지름에 대한 원주의 비율이야.

( )

05 원의 지름은 몇 **cm**인가요? (원주율: 3.1)

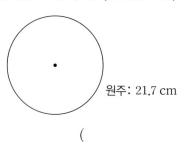

원주: 21.7 cm

( )

06 밧줄 **4 m**를 이용하여 운동장에 원을 그렸습니다. 그린 원의 둘레는 몇 **m**인가요? (원주율: 3.14)

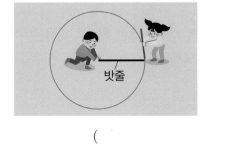

밧줄

( )

07 원주가 **37.2 cm**인 원을 그리려고 합니다. 컴퍼스를 몇 **cm**만큼 벌려야 하나요? (원주율: 3.1)

( )

[08~09] 정사각형을 이용하여 지름이 **14 cm**인 원의 넓이를 어림하려고 합니다. 물음에 답하세요.

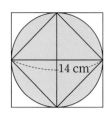

08 원 안에 있는 정사각형과 원 밖에 있는 정사각형의 넓이는 각각 몇 cm^2인지 구해 보세요.

원 안에 있는 정사각형 (   )

원 밖에 있는 정사각형 (   )

09 □ 안에 알맞은 수를 써넣으세요.

$$\boxed{} \text{cm}^2 < (원의 \ 넓이)$$

$$(원의 \ 넓이) < \boxed{} \text{cm}^2$$

10 원을 한없이 잘라 이어 붙여서 직사각형으로 바꾸었습니다. ㉠과 ㉡에 들어갈 것으로 알맞게 짝지은 것을 고르세요. (   )

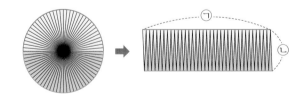

	㉠	㉡
①	원주	지름
②	원주	반지름
③	(원주)×$\frac{1}{2}$	지름
④	(원주)×$\frac{1}{2}$	반지름
⑤	(원주)×2	반지름

11 원의 넓이는 몇 cm^2인가요? (원주율: 3.1)

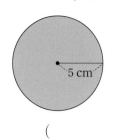

(   )

12 원 모양의 표지판이 있습니다. 지름이 **80 cm**일 때, 표지판의 넓이는 몇 cm^2인가요? (원주율: 3.14)

(   )

13 원주가 큰 순서대로 기호를 써 보세요. (원주율: 3.1)

> ㉠ 반지름이 6 cm인 원
> ㉡ 지름이 11 cm인 원
> ㉢ 원주가 40.3 cm인 원

(   )

14 지름이 32 cm인 피자를 4명이 똑같이 나누어 먹었습니다. 한 사람이 먹은 피자 조각의 넓이는 몇 cm^2인지 풀이 과정을 쓰고 답을 구해 보세요. (원주율: 3)

풀이

_____

_____

_____

답 _____

15 색칠한 부분의 넓이는 몇 cm²인가요? (원주율: 3)

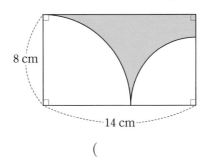

8 cm

14 cm

(   )

[16~17] 공원을 나타낸 그림을 보고 물음에 답하세요.
(원주율: 3.1)

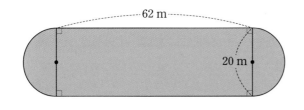

62 m

20 m

16 공원의 넓이는 몇 m²인가요?

(   )

17 공원의 둘레를 따라 반지름이 50 cm인 굴렁쇠를 굴리려고 합니다. 공원을 한 바퀴 모두 돌리려면 굴렁쇠를 몇 바퀴 굴려야 하나요?

(   )

18 수민이는 반지름이 45 m인 원 모양 운동장을 4바퀴 뛰었습니다. 수민이가 뛴 거리는 모두 몇 m인가요?

(원주율: 3.14)

(   )

19 정사각형 모양 와플과 원 모양 와플이 있습니다. 두 와플의 가격이 같다면 어느 와플을 사는 것이 이익인지 기호를 써 보세요. (원주율: 3.1)

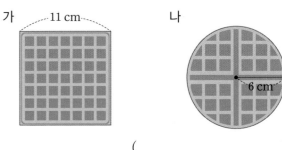

가   11 cm   나

6 cm

(   )

서술형
20 지름이 40 m인 원 모양 잔디밭 둘레에 40 cm 간격으로 막대를 세우려고 합니다. 막대는 모두 몇 개 필요한지 풀이 과정을 쓰고 답을 구해 보세요.

(원주율: 3.1)

풀이

_____

_____

_____

답 _____

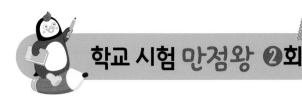
01 □ 안에 알맞은 말을 써넣으세요.

원의 둘레를 [ ] (이)라고 합니다.

02 지름이 2 cm인 원의 원주와 가장 비슷한 길이를 찾아 ○표 하세요.

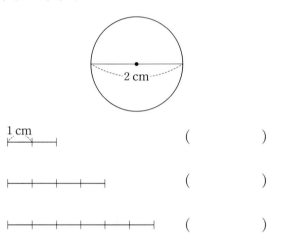

1 cm |———| ( )

|—————| ( )

|———————| ( )

03 원주율에 대한 설명으로 옳지 <u>않은</u> 것을 찾아 기호를 써 보세요.

> ㉠ 소수로 나타내면 끝없이 계속됩니다.
> ㉡ 원주율은 원의 반지름에 대한 원주의 비율입니다.
> ㉢ 원의 크기에 상관없이 일정합니다.

( )

04 빈칸에 알맞은 수를 써넣으세요.

원주(cm)	24.8	34.1
지름(cm)	8	11
(원주)÷(지름)		

05 원주는 몇 cm인가요? (원주율 3.14)

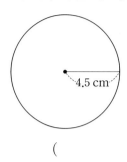

4.5 cm

( )

06 원 모양의 팽이의 원주가 21.7 cm입니다. 팽이의 지름은 몇 cm인가요? (원주율 3.1)

( )

07 다음과 같은 원 모양의 꽃밭이 있습니다. 꽃밭의 바깥쪽 원주는 몇 m인가요? (원주율 3.14)

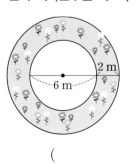

2 m
6 m

( )

08 잘못 말한 사람의 이름을 쓰고 바르게 고쳐 보세요.

이름 _____

바르게 고치기 _____

_____

[09~10] 모눈종이를 이용하여 지름이 8 cm인 원의 넓이를 어림하려고 합니다. 물음에 답하세요.

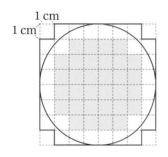

09 노란색 모눈의 수와 빨간 선 안쪽의 모눈의 수를 구해 보세요.

노란색 모눈 (   )

빨간색 선 안쪽 모눈 (   )

10 □ 안에 알맞은 수를 써넣으세요.

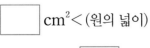

□ cm² < (원의 넓이)

(원의 넓이) < □ cm²

11 원을 한없이 잘라 이어 붙여 직사각형을 만들었습니다. □ 안에 알맞은 수를 써넣으세요. (원주율: 3)

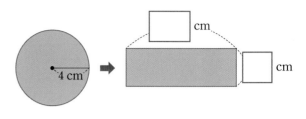

12 원의 넓이는 몇 cm²인가요? (원주율: 3.14)

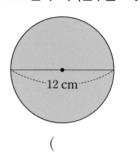

(   )

13 지은이는 컴퍼스를 5 cm만큼 벌려 원을 그렸습니다. 지은이가 그린 원의 넓이는 몇 cm²인가요?

(원주율: 3.14)

(   )

14 원주가 37.2 cm인 원 모양 접시의 넓이는 몇 cm²인지 구하려고 합니다. 풀이 과정을 쓰고 답을 구하세요. (원주율: 3.1)

풀이

_____

_____

_____

답 _____

15 색칠한 부분의 넓이는 몇 cm²인가요? (원주율: 3)

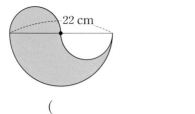

22 cm

(   )

[16~17] 반지름이 20 cm인 피자의 $\frac{1}{4}$을 먹고 남은 부분입니다. 물음에 답하세요. (원주율: 3.1)

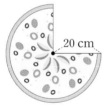

20 cm

16 남은 피자의 둘레는 몇 cm인가요?

(   )

17 남은 피자를 두 사람이 똑같이 나누어 먹었습니다. 한 사람이 먹은 피자의 넓이는 몇 cm²인가요?

(   )

18 다음 직사각형 모양의 잔디밭에 가장 큰 원 모양으로 분수를 만들 예정입니다. 분수를 만든 후 남은 잔디밭의 넓이는 몇 m²인가요? (원주율: 3.1)

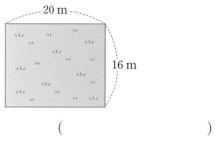

20 m

16 m

(   )

19 원의 크기가 큰 순서대로 기호를 써 보세요.

(원주율: 3.1)

> ㉠ 반지름이 6 cm인 원
> ㉡ 원의 넓이가 151.9 cm²인 원
> ㉢ 원주가 40.3 cm인 원

(   )

20 지름이 24 cm인 원 모양의 해물파전을 6조각으로 나누었습니다. 해물파전 한 조각의 둘레는 몇 cm인지 풀이 과정을 쓰고 답을 구하세요. (원주율: 3.1)

풀이

_____

_____

_____

답 _____

01 진우는 다음과 같이 원 2개를 그렸습니다. 두 원의 원주의 차는 몇 cm인지 풀이 과정을 쓰고 답을 구해 보세요. (원주율: 3.1)

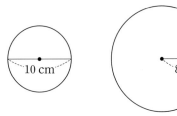

10 cm   8 cm

풀이

_____

_____

답 _____

02 반지름이 40 cm인 원 모양의 바퀴자를 사용하여 복도의 길이를 재었습니다. 바퀴자가 30바퀴 돌았다면 복도의 길이는 몇 m인지 풀이 과정을 쓰고 답을 구해 보세요. (원주율: 3.1)

풀이

_____

_____

_____

답 _____

03 그림과 같은 종이띠를 이어서 만들 수 있는 가장 큰 원의 반지름은 몇 cm인지 풀이 과정을 쓰고 답을 구해 보세요. (원주율: 3.14)

37.68 cm

풀이

_____

_____

_____

답 _____

04 지름이 8 cm인 원 모양 젤리통 3개에 테이프를 겹치지 않게 둘렀습니다. 사용한 테이프는 몇 cm인지 풀이 과정을 쓰고 답을 구해 보세요. (원주율: 3.1)

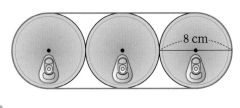

8 cm

풀이

_____

_____

_____

답 _____

05 정육각형을 이용하여 원의 넓이를 어림하려고 합니다. 삼각형 ㅇㅁㄷ의 넓이가 40 cm², 삼각형 ㄱㅇㄴ의 넓이가 30 cm²라면 원의 넓이는 약 몇 cm²로 어림할 수 있는지 풀이 과정을 쓰고 답을 구해 보세요.

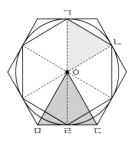

풀이

_____

_____

_____

답 _____

06 다음 직사각형 모양의 종이에 그릴 수 있는 가장 큰 원의 넓이는 몇 cm²인지 풀이 과정을 쓰고 답을 구해 보세요. (원주율: 3.14)

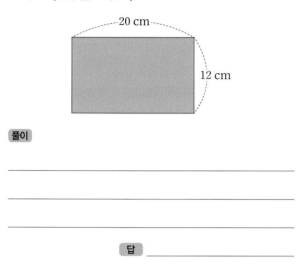

풀이

답

07 원주가 54 m인 원 모양의 꽃밭이 있습니다. 이 꽃밭의 넓이는 몇 m²인지 풀이 과정을 쓰고 답을 구해 보세요. (원주율: 3)

풀이

답

08 넓이가 151.9 cm²인 원이 있습니다. 이 원의 둘레는 몇 cm인지 풀이 과정을 쓰고 구해 보세요.

(원주율: 3.1)

풀이

답

09 색칠한 부분의 넓이는 몇 cm²인지 풀이 과정을 쓰고 답을 구해 보세요. (원주율: 3.1)

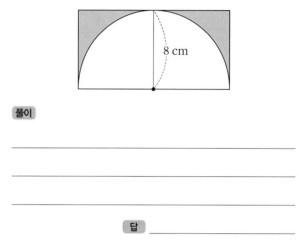

풀이

답

10 그림과 같은 과녁이 있습니다. 가장 작은 원의 지름은 10 cm이고, 각 원은 반지름이 4 cm씩 커집니다. 빨간색 부분의 넓이는 몇 cm²인지 풀이 과정을 쓰고 답을 구해 보세요. (원주율: 3.1)

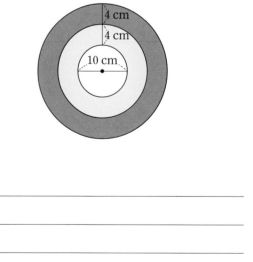

풀이

답

● **원기둥 알아보기**

• 원기둥 알아보기

원기둥:  등과 같은 입체도형

• 원기둥의 구성 요소

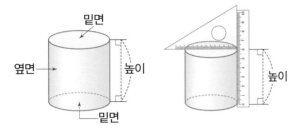

– 밑면: 서로 평행하고 합동인 두 면
– 옆면: 밑면과 만나는 굽은 면
– 높이: 두 밑면 사이의 거리

● **원기둥의 전개도 알아보기**

• 원기둥의 전개도: 원기둥을 잘라서 평면 위에 펼쳐 놓은 그림

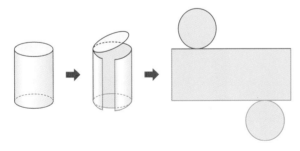

• 원기둥의 전개도에서 밑면은 원 모양이고, 옆면은 직사각형 모양입니다.
• 옆면의 가로는 밑면의 둘레와 같고, 옆면의 세로는 원기둥의 높이와 같습니다.

● **원뿔 알아보기**

• 원뿔 알아보기

원뿔: 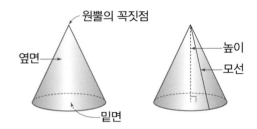 등과 같은 입체도형

• 원뿔의 구성 요소

– 밑면: 평평한 면
– 옆면: 옆을 둘러싼 굽은 면
– 원뿔의 꼭짓점: 뾰족한 부분의 점
– 모선: 원뿔의 꼭짓점과 밑면인 원의 둘레의 한 점을 이은 선분
– 높이: 원뿔의 꼭짓점에서 밑면에 수직인 선분의 길이

● **구 알아보기**

• 구 알아보기

구: 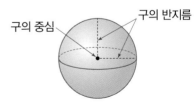 등과 같은 입체도형

• 구의 구성 요소

– 구의 중심: 구에서 가장 안쪽에 있는 점
– 구의 반지름: 구의 중심에서 구의 겉면의 한 점을 이은 선분

01 다음 도형의 이름을 써 보세요.

(　　　　　　)

02 □ 안에 알맞은 말을 써넣으세요.

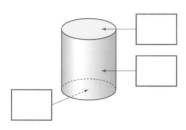

03 원기둥의 밑면의 지름과 높이는 각각 몇 **cm**인가요?

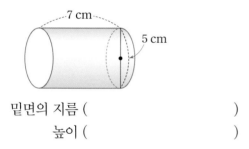

밑면의 지름 (　　　　　　)

높이 (　　　　　　)

04 다음 중 원기둥의 전개도인 것에 ○표 하세요.

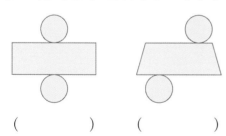

(　　　　)　(　　　　)

05 다음 도형의 이름을 써 보세요.

(　　　　　　)

[06~07] 원기둥의 전개도를 보고 물음에 답하세요.

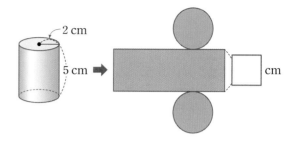

06 □ 안에 알맞은 말을 써넣으세요.

> 원기둥의 전개도에서 옆면의 가로의 길이는
>
> 밑면의 □ 와 같습니다.

07 위의 원기둥의 전개도에서 □ 안에 알맞은 수를 써넣으세요.

08 원뿔의 모선의 길이와 높이는 각각 몇 **cm**인가요?

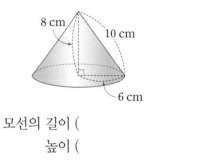

모선의 길이 (　　　　　　)

높이 (　　　　　　)

09 구 모양의 물건을 모두 찾아 ○표 하세요.

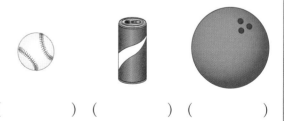

(　　　) (　　　) (　　　)

10 구의 각 부분의 이름을 □ 안에 알맞게 써넣으세요.

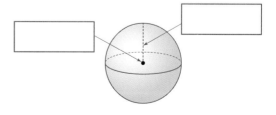

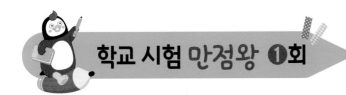

01 원기둥을 찾아 보세요. (　　　)

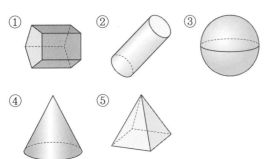

02 보기 에서 알맞은 말을 찾아 □ 안에 써넣으세요.

보기

밑면　　옆면　　높이

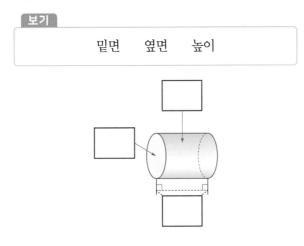

03 직각삼각형 모양의 종이를 돌려서 입체도형을 만들었습니다. □ 안에 알맞은 수를 써넣으세요.

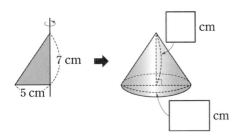

04 어느 방향에서 보아도 모양이 같은 입체도형을 찾아 기호를 써 보세요.

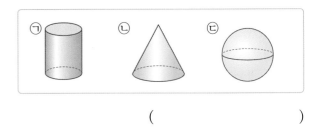

(　　　　　　)

05 원뿔에서 모선의 길이와 높이의 차는 몇 **cm**인가요?

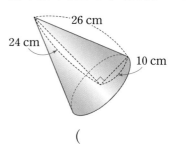

(　　　　　　)

[06~07] 원기둥의 전개도를 보고 물음에 답하세요.

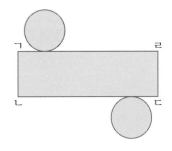

06 선분 ㄱㄹ의 길이는 원기둥의 무엇과 같은지 써 보세요.

(　　　　　　)

07 원기둥의 높이와 길이가 같은 선분을 모두 찾아 써 보세요.

(　　　　　　)

08 구의 반지름은 몇 **cm**인가요?

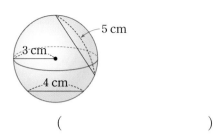

(   )

09 다음과 같은 모양의 종이를 주어진 선을 기준으로 돌렸을 때 만들어지는 입체도형을 찾아 이어 보세요.

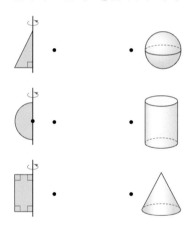

10 다음과 같은 모양을 만드는 데 사용된 입체도형의 이름을 모두 써 보세요.

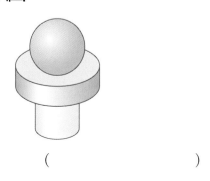

(   )

11 원기둥과 원기둥의 전개도를 보고 □ 안에 알맞은 수를 써넣으세요.

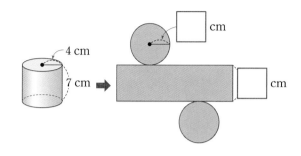

12 원뿔의 무엇을 재는 그림인지 써 보세요.

(   )

13 보기 에서 알맞은 말을 찾아 □ 안에 써넣으세요.

> 보기
>
> 구의 중심   구의 반지름

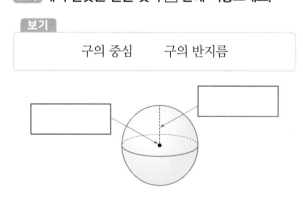

14 오른쪽 모양의 종이를 돌려 원뿔을 만들었습니다. 앞에서 본 모양이 정삼각형일 때, 원뿔의 모선의 길이는 몇 **cm**인지 풀이 과정을 쓰고 답을 구해 보세요.

풀이

_____

_____

_____

답 _____

15 반원 모양의 종이를 지름을 기준으로 한 바퀴 돌려 만든 입체도형의 반지름은 몇 cm인가요?

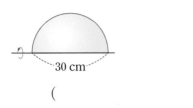

30 cm

(   )

16 원기둥과 원뿔의 같은 점을 알아보려고 합니다. ☐ 안에 알맞은 말을 써넣으세요.

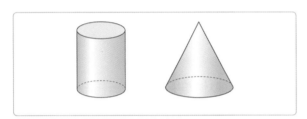

원기둥과 원뿔 모두 밑면의 모양이 ☐ 입니다.

17 높이가 50 cm인 원기둥 모양의 롤러에 잉크를 묻혀 아래와 같이 한 바퀴 굴렸을 때 잉크가 묻은 부분의 넓이는 몇 cm²인지 구해 보세요. (원주율: 3.1)

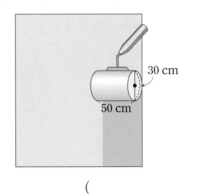

30 cm

50 cm

(   )

18 두 입체도형의 같은 점과 다른 점을 한 가지씩 써 보세요.

같은 점

_____

_____

다른 점

_____

_____

19 두 입체도형의 높이의 차는 몇 cm인지 구해 보세요.

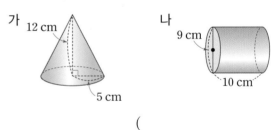

가 12 cm

5 cm

나 9 cm

10 cm

(   )

20 원기둥의 전개도를 완성해 보세요. (원주율: 3)

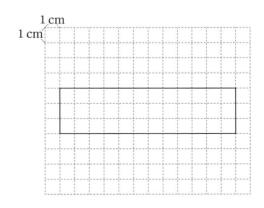

1 cm

1 cm

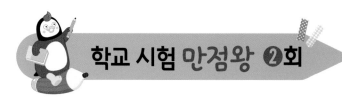
01 직사각형 모양을 그림과 같이 돌렸을 때 생기는 입체도형의 이름을 써 보세요.

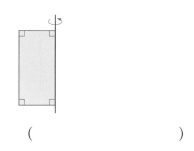

( )

02 원뿔에서 각 부분의 이름으로 옳지 <u>않은</u> 것을 찾아 기호를 써 보세요.

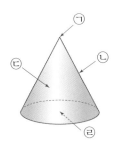

| ㉠ 원뿔의 꼭짓점 | ㉡ 높이 |
| ㉢ 옆면 | ㉣ 밑면 |

( )

03 원기둥을 만들 수 <u>없는</u> 전개도를 찾아 기호를 쓰고, 그 이유를 써 보세요.

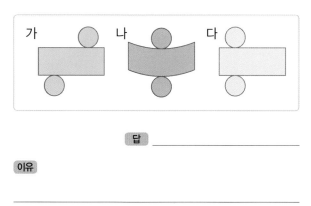

답 _____

이유

_____

_____

04 원기둥과 원뿔에 대한 설명입니다. 옳지 <u>않은</u> 것은 어느 것인가요? ( )

① 원뿔은 꼭짓점이 있고 원기둥은 꼭짓점이 없습니다.

② 원뿔의 밑면은 1개입니다.

③ 원기둥의 두 밑면은 서로 합동입니다.

④ 원기둥의 옆면은 평평한 면이고, 원뿔의 옆면은 굽은 면입니다.

⑤ 원기둥의 밑면은 2개입니다.

[05~06] 반원 모양의 종이를 지름을 기준으로 한 바퀴 돌렸습니다. 물음에 답하세요.

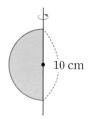

10 cm

05 반원 모양의 종이를 지름을 기준으로 한 바퀴 돌려 만들 수 있는 입체도형은 무엇인지 써 보세요.

( )

06 만들어진 입체도형의 반지름은 몇 **cm**인가요?

( )

07 원뿔을 찾아 기호를 써 보세요.

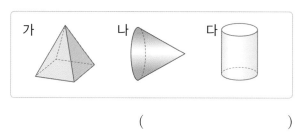

( )

[08~10] 원기둥을 보고 물음에 답하세요. (원주율: 3.1)

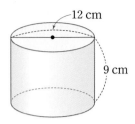

12 cm
9 cm

08 원기둥의 높이는 몇 cm인가요?

(   )

09 밑면의 둘레는 몇 cm인가요?

(   )

10 한 밑면의 넓이는 몇 cm²인가요?

(   )

11 다음 원기둥의 전개도에서 원기둥의 밑면의 둘레와 길이가 같은 선분을 모두 찾아 써 보세요.

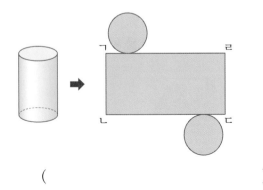

(   )

12 어떤 평면도형을 한 바퀴 돌려 다음과 같은 원뿔을 만들었습니다. 어떤 평면도형을 돌렸는지 그려 보세요.

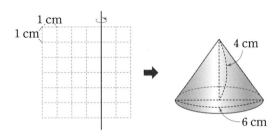

1 cm
1 cm
4 cm
6 cm

13 원기둥과 각기둥의 같은 점과 다른 점을 잘못 이야기한 사람의 이름을 써 보세요.

정은: 둘 다 밑면이 2개야.
소희: 밑면의 모양과 크기가 각각 같아.
희철: 둘 다 꼭짓점이 있어.

(   )

14 원뿔을 앞에서 본 모양의 넓이는 몇 cm²인지 풀이 과정을 쓰고 답을 구해 보세요.

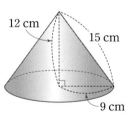

12 cm
15 cm
9 cm

풀이

_____

_____

_____

답 _____

15 다음 입체도형이 원기둥이 아닌 이유를 써 보세요.

이유

_____

_____

16 구의 반지름은 몇 cm인가요?

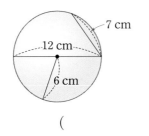

( )

17 구에 대한 설명으로 옳지 <u>않은</u> 것을 찾아 기호를 써 보세요.

> ㉠ 여러 방향에서 본 모양이 모두 같습니다.
> ㉡ 구의 중심은 여러 개입니다.
> ㉢ 구의 반지름은 무수히 많습니다.

( )

18 어떤 입체도형을 위, 앞, 옆에서 본 모양을 그렸습니다. 어떤 입체도형인지 써 보세요.

위에서 본 모양	앞에서 본 모양	옆에서 본 모양
◯	□	□

( )

19 직각삼각형을 변 ㄱㄴ을 기준으로 한 바퀴 돌려 원뿔을 만들고, 변 ㄴㄷ을 기준으로 한 바퀴 돌려 원뿔을 만들었습니다. 두 원뿔의 밑면의 넓이의 차는 몇 cm^2인가요? (원주율: 3.1)

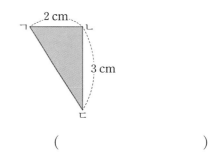

( )

20 원기둥의 전개도에서 옆면의 넓이가 90 cm^2일 때 밑면의 반지름은 몇 cm인가요? (원주율: 3)

( )

01 원기둥과 원뿔의 같은 점과 다른 점을 한 가지씩 써보세요.

같은 점

_____

_____

다른 점

_____

_____

02 다음 입체도형이 원뿔이 아닌 이유를 2가지 써 보세요.

이유

_____

_____

_____

03 원기둥을 만들 수 없는 전개도를 찾아 기호를 쓰고, 그 이유를 써 보세요.

가	나	다

답 _____

이유

_____

_____

04 다음 입체도형이 원기둥이 아닌 이유를 써 보세요.

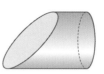

이유

_____

_____

05 원기둥의 전개도에서 옆면의 가로와 세로는 각각 몇 cm인지 풀이 과정을 쓰고 답을 구해 보세요.

(원주율: 3.1)

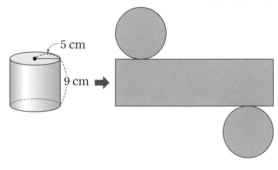

풀이

_____

_____

답 _____ , _____

06 원기둥의 전개도를 보고 원기둥의 한 밑면의 반지름은 몇 cm인지 풀이 과정을 쓰고 답을 구해 보세요.

(원주율: 3.1)

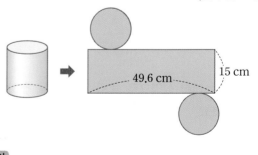

풀이

_____

_____

답 _____

정답과 해설 66쪽

07 원기둥의 전개도를 그리고 밑면의 반지름, 옆면의 가로와 세로의 길이를 나타내어 보세요. (원주율: 3)

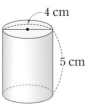

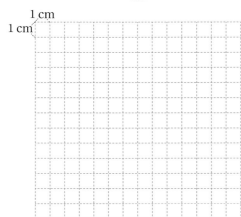

08 직각삼각형 모양의 종이를 그림과 같이 돌려서 원뿔을 만들었습니다. 만든 원뿔을 앞에서 본 모양의 둘레는 몇 cm인지 풀이 과정을 쓰고 답을 구해 보세요.

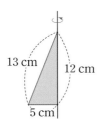

풀이

_____

_____

_____

답 _____

09 반원 모양의 종이를 한 바퀴 돌려 다음과 같은 구를 만들었습니다. 돌리기 전의 반원 모양의 종이의 넓이는 몇 cm²인지 풀이 과정을 쓰고 답을 구해 보세요.

(원주율: 3.1)

풀이

_____

_____

_____

답 _____

10 직사각형을 한 번은 가로를 기준으로 한 바퀴 돌려 원기둥을 만들고, 다른 한 번은 세로를 기준으로 한 바퀴 돌려 원기둥을 만들었습니다. 두 원기둥의 한 밑면의 넓이의 차는 몇 cm²인지 풀이 과정을 쓰고 답을 구해 보세요. (원주율: 3)

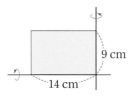

풀이

_____

_____

_____

답 _____

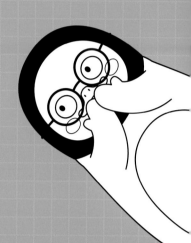

EBS와 **교보문고**가 함께하는 듄듄한 스터디메이트!

듄듄한 할인 혜택을 담은 **학습용품**과 **참고서**를 한 번에!

기프트/도서/음반 추가 할인 쿠폰팩

COUPON PACK

+QR코드를 스캔하시면 듄듄문고 쿠폰팩을 다운받을 수 있는 이벤트 페이지로 연결됩니다+

초등 영어 듣기 실전 대비서

영어듣기평가 완벽대비

새 교육과정 반영

중학 내신 영어듣기,
초등부터
미리 대비하자!

전국 시·도교육청 영어듣기능력평가 시행 방송사 EBS가 만든
초등 영어듣기평가 완벽대비

'**듣기 - 받아쓰기 - 문장 완성**'을 통한 반복 듣기 ➡ 듣기 집중력 향상 + 영어 어순 습득

다양한 유형의 **실전 모의고사 10회** 수록 ➡ 각종 영어 듣기 시험 대비 가능

딕토글로스* 활동 등 **수행평가 대비 워크시트** 제공 ➡ 중학 수업 미리 적응

* Dictogloss, 듣고 문장으로 재구성하기

https://on.ebs.co.kr

★ ★ ★ ★ ★

초등 공부의 모든 것

EBS 초등ON

제대로 배우고 익혀서 (溫)
더 높은 목표를 향해 위로 올라가는 비법 (ON)
초등온과 함께 **즐거운 학습경험**을 쌓으세요!

아직 기초가 부족해서
차근차근
공부하고 싶어요.

조금 어려운 내용에
도전해보고 싶어요.

영어의 모든 것!
체계적인
영어공부를 원해요.

조금 어려운
내용에
**도전해보고
싶어요.**

학습 고민이 있나요?
초등온에는
친구들의 **고민에 맞는**
다양한 강좌가 준비되어 있답니다.

학교 진도에
맞춰
공부하고
싶어요.

초등ON 이란?

EBS가 직접 제작하고 분야별 전문 교육업체가 개발한
다양한 콘텐츠를 바탕으로,

대표강좌

초등 목표달성을 위한 **<초등온>** 서비스를 제공합니다.

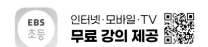

초 | 등 | 부 | 터 EBS

BOOK 3
해설책

예습·복습·숙제까지 해결되는 교과서 완전 학습서

만점왕

PENGSOO

수학 6-2

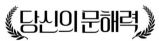

BOOK 3
해설책

만점왕 수학
6-2

① 단원 분수의 나눗셈

문제를 풀며 이해해요   9쪽

1 (1) 8 (2) 8

2 8, 2, 2, 4

3 5, 2, 5, 2

4 5, 2, $\dfrac{5}{2}$, $2\dfrac{1}{2}$

교과서 내용 학습   10~11쪽

01 8, 2

02 (1) 6, 3, 2 (2) 9, 3, 3

03

04 ㉡

05 7, 3, $\dfrac{7}{3}$, $2\dfrac{1}{3}$

06 $3\dfrac{3}{4}\left(=\dfrac{15}{4}\right)$

07 ①, ⑤

08 ㉢, ㉡, ㉠

09 $1\dfrac{5}{8}\left(=\dfrac{13}{8}\right)$배

10 $5\dfrac{3}{4}\left(=\dfrac{23}{4}\right)$

문제해결 접근하기

11 풀이 참조

01 $\dfrac{8}{11}$에서 $\dfrac{4}{11}$를 2번 덜어낼 수 있습니다.

02 (1) $\dfrac{6}{11} \div \dfrac{3}{11} = 6 \div 3 = 2$

     (2) $\dfrac{9}{10} \div \dfrac{3}{10} = 9 \div 3 = 3$

03 $\dfrac{6}{11} \div \dfrac{2}{11} = 6 \div 2 = 3$

     $\dfrac{8}{13} \div \dfrac{4}{13} = 8 \div 4 = 2$

04 ㉠ $\dfrac{6}{17} \div \dfrac{3}{17} = 6 \div 3 = 2$

     ㉡ $\dfrac{8}{15} \div \dfrac{2}{15} = 8 \div 2 = 4$

     ㉢ $\dfrac{10}{11} \div \dfrac{5}{11} = 10 \div 5 = 2$

     ㉣ $\dfrac{12}{19} \div \dfrac{6}{19} = 12 \div 6 = 2$

05 $\dfrac{7}{10} \div \dfrac{3}{10} = 7 \div 3 = \dfrac{7}{3} = 2\dfrac{1}{3}$

06 $\dfrac{15}{17} \div \dfrac{4}{17} = 15 \div 4 = \dfrac{15}{4} = 3\dfrac{3}{4}$

07 $\dfrac{9}{16} \div \dfrac{5}{16} = 9 \div 5 = \dfrac{9}{5} = 1\dfrac{4}{5}$

08 ㉠ $\dfrac{7}{15} \div \dfrac{4}{15} = 7 \div 4 = \dfrac{7}{4} = 1\dfrac{3}{4}$

     ㉡ $\dfrac{18}{23} \div \dfrac{5}{23} = 18 \div 5 = \dfrac{18}{5} = 3\dfrac{3}{5}$

     ㉢ $\dfrac{14}{25} \div \dfrac{3}{25} = 14 \div 3 = \dfrac{14}{3} = 4\dfrac{2}{3}$

     계산 결과가 큰 것부터 순서대로 쓰면 ㉢, ㉡, ㉠입니다.

09 (민희가 먹은 귤의 양)÷(준호가 먹은 귤의 양)

     $= \dfrac{13}{21} \div \dfrac{8}{21} = 13 \div 8 = \dfrac{13}{8} = 1\dfrac{5}{8}$(배)

10 가장 큰 수를 가장 작은 수로 나눌 때 나눗셈 결과가 가장 큽니다. ➡ $\dfrac{23}{27} \div \dfrac{4}{27} = 23 \div 4 = \dfrac{23}{4} = 5\dfrac{3}{4}$

11 **이해하기** | 예 정사각형을 몇 개 만들 수 있는지 구하려고 합니다.

     계획 세우기 | 예 전체 끈의 길이를 정사각형의 둘레로 나누어 구합니다.

     해결하기 | (1) 4, $\dfrac{4}{29}$ (2) 4, 7

     되돌아보기 | 예 한 변의 길이가 $\dfrac{2}{29}$ m인 정오각형의 둘레는 $\dfrac{2}{29} \times 5 = \dfrac{10}{29}$ (m)입니다.

따라서 $\dfrac{20}{29}$ m로 만들 수 있는 정오각형의 개수는

$\dfrac{20}{29} \div \dfrac{10}{29} = 20 \div 10 = 2$(개)입니다.

문제를 풀며 이해해요   13쪽

1 (1) 6 (2) 6, 3, 6, 3, 2

2 (1) 10 (2) 10, 1, 10, 1, 10

3 (1) 8, 15, 8, $\dfrac{15}{8}$, $1\dfrac{7}{8}$ (2) 8, 8, 5, $\dfrac{8}{5}$, $1\dfrac{3}{5}$

교과서 내용 학습   14~15쪽

01 (1) $2\dfrac{2}{5}\left(=\dfrac{12}{5}\right)$ (2) $\dfrac{6}{7}\left(=\dfrac{18}{21}\right)$

02 $\dfrac{3}{7} \div \dfrac{3}{14} = \dfrac{6}{14} \div \dfrac{3}{14} = 6 \div 3 = 2$

03 $\dfrac{13}{15}$ **04** $<$

05 10개   **06** 3, 8, 3

07 $\dfrac{9}{35}$, $\dfrac{9}{14}$ **08** ㉡, ㉠, ㉢

09 6개   **10** $\dfrac{15}{16}$

문제해결 접근하기

11 풀이 참조

01 (1) $\dfrac{4}{5} \div \dfrac{1}{3} = \dfrac{12}{15} \div \dfrac{5}{15} = 12 \div 5 = \dfrac{12}{5} = 2\dfrac{2}{5}$

    (2) $\dfrac{9}{14} \div \dfrac{3}{4} = \dfrac{18}{28} \div \dfrac{21}{28} = 18 \div 21 = \dfrac{\overset{6}{\cancel{18}}}{\underset{7}{\cancel{21}}} = \dfrac{6}{7}$

02 분모를 통분한 후 분자끼리 나누어야 합니다.

03 $\dfrac{3}{4} = \dfrac{15}{20}$이므로 $\dfrac{13}{20} < \dfrac{3}{4}$입니다.

    (작은 수)÷(큰 수)$= \dfrac{13}{20} \div \dfrac{3}{4} = \dfrac{13}{20} \div \dfrac{15}{20}$

$= 13 \div 15 = \dfrac{13}{15}$

04 $\dfrac{13}{15} \div \dfrac{3}{5} = \dfrac{13}{15} \div \dfrac{9}{15} = 13 \div 9 = \dfrac{13}{9} = 1\dfrac{4}{9}$,

$\dfrac{7}{10} \div \dfrac{7}{20} = \dfrac{14}{20} \div \dfrac{7}{20} = 14 \div 7 = 2$이므로

$1\dfrac{4}{9} < 2$입니다.

05 (필요한 봉지 수)

$=$(전체 밀가루의 무게)÷(한 봉지에 담는 밀가루의 무게)

$= \dfrac{5}{6} \div \dfrac{1}{12} = \dfrac{10}{12} \div \dfrac{1}{12}$

$= 10 \div 1 = 10$(개)

06 $\dfrac{1}{4} \div \dfrac{2}{3} = \dfrac{3}{12} \div \dfrac{8}{12} = \dfrac{3}{8}$이므로

㉠: 3, ㉡: 8, ㉢: 3입니다.

07 $\dfrac{1}{5} \div \dfrac{7}{9} = \dfrac{9}{45} \div \dfrac{35}{45} = 9 \div 35 = \dfrac{9}{35}$

$\dfrac{9}{35} \div \dfrac{2}{5} = \dfrac{9}{35} \div \dfrac{14}{35} = 9 \div 14 = \dfrac{9}{14}$

08 ㉠ $\dfrac{7}{9} \div \dfrac{4}{5} = \dfrac{35}{45} \div \dfrac{36}{45} = \dfrac{35}{36}$

    ㉡ $\dfrac{3}{8} \div \dfrac{5}{6} = \dfrac{9}{24} \div \dfrac{20}{24} = \dfrac{9}{20}$

    ㉢ $\dfrac{5}{9} \div \dfrac{2}{7} = \dfrac{35}{63} \div \dfrac{18}{63} = \dfrac{35}{18} = 1\dfrac{17}{18}$이므로 계산

결과가 작은 것부터 순서대로 기호를 쓰면 ㉡, ㉠, ㉢입니다.

09 (전체 주스의 양)$= \dfrac{9}{\underset{5}{\cancel{20}}} \times \overset{1}{\cancel{4}} = \dfrac{9}{5}$ (L)

(필요한 종이컵의 개수)

$=$(전체 주스의 양)÷(종이컵 1개에 담는 주스의 양)

$= \dfrac{9}{5} \div \dfrac{3}{10} = \dfrac{18}{10} \div \dfrac{3}{10} = 18 \div 3 = 6$(개)

10 어떤 수를 □라고 하면 $□ \times \dfrac{4}{7} = \dfrac{15}{49}$이므로

$□ = \dfrac{15}{49} \div \dfrac{4}{7} = \dfrac{15}{49} \div \dfrac{28}{49} = 15 \div 28 = \dfrac{15}{28}$

입니다. 바르게 계산한 값은

$\dfrac{15}{28} \div \dfrac{4}{7} = \dfrac{15}{28} \div \dfrac{16}{28} = 15 \div 16 = \dfrac{15}{16}$입니다.

11 **이해하기 |** 예 리본을 몇 개 만들 수 있는지 구하려고 합니다.

계획 세우기 | 예 두 색 테이프의 길이의 합을 리본 1개의 길이로 나누어 구합니다.

해결하기 | (1) 4, $\dfrac{10}{11}$ (2) 10, 4

되돌아보기 | 예 (이어 붙인 색 테이프의 길이)÷(리본 1개의 길이)

$$=\dfrac{10}{11}\div\dfrac{10}{33}=\dfrac{30}{33}\div\dfrac{10}{33}=30\div10=3(개)$$

문제를 풀여 이해해요   17쪽

1 2 / 4, 4, 2 / 2, 10 / 5, 5, 10

2 4, 5, 10

3 (1) 4, 7, 21 (2) 3, 11, 33

교과서 내용 학습   18~19쪽

01 (1) 35 (2) 44   02 9

03 ㉡, 25   04 (위에서부터) 22, 21

05 <   06 ㉠

07 27   08 32, 72

09 27 m   10 35분

문제해결 접근하기

11 풀이 참조

---

01 (1) $10\div\dfrac{2}{7}=(10\div2)\times7=35$

(2) $16\div\dfrac{4}{11}=(16\div4)\times11=44$

02 $14\div\dfrac{2}{9}=(14\div2)\times9$

03 ㉠ $3\div\dfrac{3}{5}=(3\div3)\times5=5$

㉡ $15\div\dfrac{3}{5}=(15\div3)\times5=25$

잘못 계산한 식은 ㉡이고, 바르게 계산한 값은 25입니다.

04 $12\div\dfrac{6}{11}=(12\div6)\times11=22$

$12\div\dfrac{4}{7}=(12\div4)\times7=21$

05 $9\div\dfrac{3}{5}=(9\div3)\times5=15$

$12\div\dfrac{2}{7}=(12\div2)\times7=42$

➡ 15<42

06 ㉠ $14\div\dfrac{2}{5}=(14\div2)\times5=35$

㉡ $15\div\dfrac{5}{8}=(15\div5)\times8=24$

㉢ $16\div\dfrac{4}{7}=(16\div4)\times7=28$

㉣ $18\div\dfrac{6}{11}=(18\div6)\times11=33$

계산 결과가 가장 큰 것은 ㉠입니다.

07 $24\div\dfrac{6}{7}=(24\div6)\times7=28$이므로 □<28에서 □ 안에 들어갈 수 있는 자연수 중 가장 큰 수는 27입니다.

08 $20\div\dfrac{5}{8}=(20\div5)\times8=32$

$32\div\dfrac{4}{9}=(32\div4)\times9=72$

09 (삼각형의 넓이)=(밑변의 길이)×(높이)÷2이므로
(높이)=(삼각형의 넓이)×2÷(밑변의 길이)

$$=12\times2\div\dfrac{8}{9}=24\div\dfrac{8}{9}$$
$$=(24\div8)\times9=27\,(m)$$

10 (완전히 충전되는 데 걸리는 시간)

$$=21\div\dfrac{3}{5}=(21\div3)\times5=35(분)$$

11 **이해하기 |** 예 쌀 6포대를 몇 명에게 나누어 줄 수 있는지 구하려고 합니다.

계획 세우기 | 예 전체 쌀의 양을 한 사람에게 나누어 주는 쌀의 양으로 나누어 구합니다.

해결하기 | (1) 6, 30 (2) 30, 42

되돌아보기 | **예** (고구마의 양)$=4\times6=24\,(kg)$

(나누어 줄 수 있는 사람 수)

$=$(전체 고구마의 양)$\div$(한 사람에게 나누어 주는 고구마의 양)

$=24\div\dfrac{3}{4}=(24\div3)\times4=32$(명)

문제를 풀며 이해해요 21쪽

1 $\dfrac{2}{15}$ / 3, 3, 3, $\dfrac{2}{15}$ / $\dfrac{2}{15}$, $\dfrac{14}{15}$ / 7, $\dfrac{2}{15}$, $\dfrac{14}{15}$

2 7, 3, 7, $\dfrac{14}{15}$

3 8, 8, $\dfrac{7}{2}$, 28, $5\dfrac{3}{5}$

 교과서 내용 학습 22~23쪽

01 (1) $\dfrac{1}{6}\div\dfrac{2}{3}=\dfrac{1}{\underset{2}{6}}\times\dfrac{\overset{1}{3}}{2}=\dfrac{1}{4}$

(2) $\dfrac{4}{15}\div\dfrac{3}{5}=\dfrac{4}{\underset{3}{15}}\times\dfrac{\overset{1}{5}}{3}=\dfrac{4}{9}$

02 ②   03 17

04 (위에서부터) $\dfrac{22}{27}\left(=\dfrac{44}{54}\right)$, $\dfrac{36}{49}$

05 $1\dfrac{3}{8}\div\dfrac{3}{5}=\dfrac{11}{8}\div\dfrac{3}{5}=\dfrac{11}{8}\times\dfrac{5}{3}=\dfrac{55}{24}=2\dfrac{7}{24}$

06

07 3

08 6일   09 $4\dfrac{2}{3}\left(=\dfrac{14}{3}\right)$킬로칼로리

10 $7\dfrac{7}{8}\left(=\dfrac{63}{8}\right)$

문제해결 접근하기

11 풀이 참조

---

02 나눗셈을 곱셈으로 바꾼 후 나누는 분수의 분모와 분자를 바꿉니다.

$$\dfrac{7}{10}\div\dfrac{2}{5}=\dfrac{7}{10}\times\dfrac{5}{2}$$

03 $\dfrac{4}{15}\div\dfrac{5}{9}=\dfrac{4}{\underset{5}{15}}\times\dfrac{\overset{3}{9}}{5}=\dfrac{12}{25}$이므로

㉠$=5$, ㉡$=12$입니다.

➡ ㉠$+$㉡$=5+12=17$

04 $\dfrac{4}{9}\div\dfrac{6}{11}=\dfrac{4}{9}\times\dfrac{11}{\underset{3}{\overset{2}{6}}}=\dfrac{22}{27}$

$\dfrac{3}{7}\div\dfrac{7}{12}=\dfrac{3}{7}\times\dfrac{12}{7}=\dfrac{36}{49}$

05 나눗셈을 곱셈으로 바꾼 후 나누는 분수의 분모와 분자를 바꾸지 않았습니다.

06 $4\dfrac{1}{2}\div\dfrac{3}{7}=\dfrac{9}{2}\div\dfrac{3}{7}$

$\qquad=\dfrac{9}{2}\times\dfrac{7}{\underset{1}{\overset{3}{3}}}=\dfrac{21}{2}=10\dfrac{1}{2}$

$\dfrac{8}{5}\div\dfrac{3}{10}=\dfrac{8}{\underset{1}{5}}\times\dfrac{\overset{2}{10}}{3}$

$\qquad=\dfrac{16}{3}=5\dfrac{1}{3}$

07 $1\dfrac{3}{10}\div\dfrac{3}{5}=\dfrac{13}{10}\div\dfrac{3}{5}$

$\qquad=\dfrac{13}{\underset{2}{10}}\times\dfrac{\overset{1}{5}}{3}=\dfrac{13}{6}=2\dfrac{1}{6}$

$\dfrac{15}{11}\div\dfrac{3}{7}=\dfrac{15}{11}\times\dfrac{7}{\underset{1}{\overset{5}{3}}}$

$\qquad=\dfrac{35}{11}=3\dfrac{2}{11}$

$2\dfrac{1}{6}<\square<3\dfrac{2}{11}$에서 $\square$ 안에 들어갈 수 있는 자연수는 3입니다.

08 (우유를 마실 수 있는 날수)

$=$(우유의 양)$\div$(하루에 마시는 양)

$=6\dfrac{3}{5}\div1\dfrac{1}{10}$

$=\dfrac{33}{5}\div\dfrac{11}{10}$

$=\dfrac{\overset{3}{\cancel{33}}}{\cancel{5}}\times\dfrac{\overset{2}{\cancel{10}}}{\underset{1}{\cancel{11}}}=6$(일)

09 (초콜릿 1개의 열량)

$=$(열량)$\div$(개수)

$=3\dfrac{1}{3}\div\dfrac{5}{7}=\dfrac{10}{3}\div\dfrac{5}{7}$

$=\dfrac{10}{3}\times\dfrac{7}{\underset{1}{\cancel{5}}}\overset{2}{}=\dfrac{14}{3}$

$=4\dfrac{2}{3}$(킬로칼로리)

10 계산 결과가 가장 큰 나눗셈은
(가장 큰 수)$\div$(가장 작은 수)입니다.

$\Rightarrow\dfrac{9}{2}\div\dfrac{4}{7}=\dfrac{9}{2}\times\dfrac{7}{4}$

$\qquad\qquad=\dfrac{63}{8}=7\dfrac{7}{8}$

11 **이해하기** | 예 같은 빠르기로 자전거를 탄다면 3시간 동안 몇 km를 이동할 수 있는지 구하려고 합니다.

계획 세우기 | 예 한 시간 동안 이동할 수 있는 거리를 구한 후 3을 곱합니다.

해결하기 | (1) $\dfrac{5}{9}$, 25, $\dfrac{9}{5}$, 15 (2) 15, 45, 6, 3

되돌아보기 | 예 (휘발유 1 L로 이동할 수 있는 거리)

$=$(이동한 거리)$\div$(사용한 휘발유 양)

$=4\dfrac{2}{5}\div\dfrac{8}{15}=\dfrac{22}{5}\div\dfrac{8}{15}$

$=\dfrac{\overset{11}{\cancel{22}}}{\cancel{5}}\times\dfrac{\overset{3}{\cancel{15}}}{\underset{4}{\cancel{8}}}=\dfrac{33}{4}$

$=8\dfrac{1}{4}$(km)

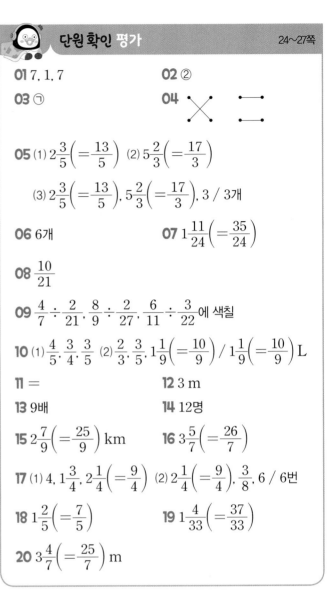

단원 확인 평가 *24~27쪽*

01 7, 1, 7　　　　　**02** ②

03 ㉠　　　　　**04** ╳　——

05 (1) $2\dfrac{3}{5}\left(=\dfrac{13}{5}\right)$ (2) $5\dfrac{2}{3}\left(=\dfrac{17}{3}\right)$

(3) $2\dfrac{3}{5}\left(=\dfrac{13}{5}\right)$, $5\dfrac{2}{3}\left(=\dfrac{17}{3}\right)$, 3 / 3개

06 6개　　　　　**07** $1\dfrac{11}{24}\left(=\dfrac{35}{24}\right)$

08 $\dfrac{10}{21}$

09 $\dfrac{4}{7}\div\dfrac{2}{21}$, $\dfrac{8}{9}\div\dfrac{2}{27}$, $\dfrac{6}{11}\div\dfrac{3}{22}$에 색칠

10 (1) $\dfrac{4}{5}$, $\dfrac{3}{4}$, $\dfrac{3}{5}$ (2) $\dfrac{2}{3}$, $\dfrac{3}{5}$, $1\dfrac{1}{9}\left(=\dfrac{10}{9}\right)$ / $1\dfrac{1}{9}\left(=\dfrac{10}{9}\right)$L

11 $=$　　　　　**12** 3 m

13 9배　　　　　**14** 12명

15 $2\dfrac{7}{9}\left(=\dfrac{25}{9}\right)$ km　**16** $3\dfrac{5}{7}\left(=\dfrac{26}{7}\right)$

17 (1) 4, $1\dfrac{3}{4}$, $2\dfrac{1}{4}\left(=\dfrac{9}{4}\right)$ (2) $2\dfrac{1}{4}\left(=\dfrac{9}{4}\right)$, $\dfrac{3}{8}$, 6 / 6번

18 $1\dfrac{2}{5}\left(=\dfrac{7}{5}\right)$　　**19** $1\dfrac{4}{33}\left(=\dfrac{37}{33}\right)$

20 $3\dfrac{4}{7}\left(=\dfrac{25}{7}\right)$ m

02 $\dfrac{8}{15}\div\dfrac{2}{15}=8\div2$이므로 몫이 같은 나눗셈은 ②입니다.

03 ㉠ $\dfrac{5}{13}\div\dfrac{1}{13}=5\div1=5$

㉡ $\dfrac{6}{13}\div\dfrac{2}{13}=6\div2=3$

㉢ $\dfrac{9}{13}\div\dfrac{3}{13}=9\div3=3$

㉣ $\dfrac{12}{13}\div\dfrac{4}{13}=12\div4=3$

04 $\dfrac{6}{7}\div\dfrac{4}{7}=6\div4=\dfrac{\overset{3}{\cancel{6}}}{\underset{2}{\cancel{4}}}=\dfrac{3}{2}=1\dfrac{1}{2}$

$\dfrac{9}{17}\div\dfrac{5}{17}=9\div5=\dfrac{9}{5}=1\dfrac{4}{5}$

05 (1) $\dfrac{13}{24} \div \dfrac{5}{24} = 13 \div 5 = \dfrac{13}{5} = 2\dfrac{3}{5}$

(2) $\dfrac{17}{23} \div \dfrac{3}{23} = 17 \div 3 = \dfrac{17}{3} = 5\dfrac{2}{3}$

(3) $2\dfrac{3}{5}$과 $5\dfrac{2}{3}$ 사이에 들어갈 수 있는 자연수는 3, 4, 5의 3개입니다.

채점 기준	
$\dfrac{13}{24} \div \dfrac{5}{24}$의 몫을 바르게 구한 경우	40 %
$\dfrac{17}{23} \div \dfrac{3}{23}$의 몫을 바르게 구한 경우	40 %
□ 안에 들어갈 수 있는 자연수의 개수를 바르게 구한 경우	20 %

06 $\dfrac{23}{27} \div \dfrac{4}{27} = 23 \div 4 = \dfrac{23}{4} = 5\dfrac{3}{4}$

$\dfrac{23}{27}$ L의 우유를 컵 5개에 나누어 담으면 $\dfrac{3}{4}$컵이 남으므로 컵은 적어도 $5+1=6$(개) 필요합니다.

07 $\square = \dfrac{7}{8} \div \dfrac{3}{5} = \dfrac{35}{40} \div \dfrac{24}{40}$

$= 35 \div 24 = \dfrac{35}{24} = 1\dfrac{11}{24}$

08 $\dfrac{3}{5} = \dfrac{21}{35}$, $\dfrac{2}{7} = \dfrac{10}{35}$

➡ (작은 수) ÷ (큰 수) $= \dfrac{10}{35} \div \dfrac{21}{35} = 10 \div 21 = \dfrac{10}{21}$

09 $\dfrac{3}{5} \div \dfrac{7}{10} = \dfrac{6}{10} \div \dfrac{7}{10} = 6 \div 7 = \dfrac{6}{7}$

$\dfrac{4}{7} \div \dfrac{2}{21} = \dfrac{12}{21} \div \dfrac{2}{21} = 12 \div 2 = 6$

$\dfrac{3}{8} \div \dfrac{1}{6} = \dfrac{9}{24} \div \dfrac{4}{24} = 9 \div 4 = \dfrac{9}{4} = 2\dfrac{1}{4}$

$\dfrac{8}{9} \div \dfrac{2}{27} = \dfrac{24}{27} \div \dfrac{2}{27} = 24 \div 2 = 12$

$\dfrac{6}{11} \div \dfrac{3}{22} = \dfrac{12}{22} \div \dfrac{3}{22} = 12 \div 3 = 4$

$\dfrac{12}{13} \div \dfrac{2}{5} = \dfrac{60}{65} \div \dfrac{26}{65} = \dfrac{\overset{30}{\cancel{60}}}{\underset{13}{\cancel{26}}} = \dfrac{30}{13} = 2\dfrac{4}{13}$이므로

몫이 자연수인 것은 $\dfrac{4}{7} \div \dfrac{2}{21}$, $\dfrac{8}{9} \div \dfrac{2}{27}$, $\dfrac{6}{11} \div \dfrac{3}{22}$입니다.

10 (1) (담장의 넓이)

$= (가로) \times (세로) = \dfrac{\overset{1}{\cancel{4}}}{5} \times \dfrac{3}{\underset{1}{\cancel{4}}} = \dfrac{3}{5}$ (m²)

(2) (1 m²의 담장을 칠하는 데 사용한 페인트)

$= (페인트의 양) \div (담장의 넓이)$

$= \dfrac{2}{3} \div \dfrac{3}{5} = \dfrac{10}{15} \div \dfrac{9}{15}$

$= 10 \div 9 = \dfrac{10}{9} = 1\dfrac{1}{9}$ (L)

채점 기준	
담장의 넓이를 바르게 구한 경우	50 %
1 m²의 담장을 칠하는 데 사용한 페인트의 양을 바르게 구한 경우	50 %

11 $8 \div \dfrac{4}{5} = (8 \div 4) \times 5 = 10$

$4 \div \dfrac{2}{5} = (4 \div 2) \times 5 = 10$

➡ $8 \div \dfrac{4}{5} = 4 \div \dfrac{2}{5}$

12 (마름모의 넓이)

$= (한 대각선의 길이) \times (다른 대각선의 길이) \div 2$

(다른 대각선의 길이)

$= (마름모의 넓이) \times 2 \div (한 대각선의 길이)$

$= 2 \times 2 \div 1\dfrac{1}{3} = 4 \div \dfrac{4}{3} = (4 \div 4) \times 3 = 3$ (m)

13 ㉠ $12 \div \dfrac{6}{7} = (12 \div 6) \times 7 = 14$

㉡ $\dfrac{7}{11} \div \dfrac{9}{22} = \dfrac{14}{22} \div \dfrac{9}{22} = 14 \div 9$

$= \dfrac{14}{9} = 1\dfrac{5}{9}$

➡ ㉠ ÷ ㉡ $= 14 \div 1\dfrac{5}{9} = 14 \div \dfrac{14}{9}$

$= (14 \div 14) \times 9 = 9$(배)

14 $10 \div \dfrac{5}{6} = (10 \div 5) \times 6 = 12$(명)

15 $\dfrac{10}{9} \div \dfrac{2}{5} = \dfrac{\overset{5}{\cancel{10}}}{9} \times \dfrac{5}{\underset{1}{\cancel{2}}} = \dfrac{25}{9} = 2\dfrac{7}{9}$ (km)

16 주어진 분수 중 가분수는 $\dfrac{16}{7}$이고, 진분수는 $\dfrac{8}{13}$입니다.

➡ $\dfrac{16}{7} \div \dfrac{8}{13} = \dfrac{\overset{2}{\cancel{16}}}{7} \times \dfrac{13}{\underset{1}{\cancel{8}}} = \dfrac{26}{7} = 3\dfrac{5}{7}$

17 (1) 물통에 더 채워야 하는 물의 양은

$4 - 1\dfrac{3}{4} = 2\dfrac{1}{4}$ (L)입니다.

(2) 한 번에 $\dfrac{3}{8}$ L씩 부어 물통을 가득 채우려면

$2\dfrac{1}{4} \div \dfrac{3}{8} = \dfrac{\overset{3}{\cancel{9}}}{4} \times \dfrac{\overset{2}{\cancel{8}}}{\underset{1}{\cancel{3}}} = 6$ (번) 부어야 합니다.

채점 기준	
물통에 더 채워야 하는 물의 양을 바르게 구한 경우	50 %
물통에 더 채워야 하는 물을 $\dfrac{3}{8}$ L씩 담아 채울 때의 횟수를 바르게 구한 경우	50 %

18 몫이 가장 크려면 만들 수 있는 가장 작은 대분수로 나누어야 합니다. 따라서 만들 수 있는 가장 작은 대분수는 $3\dfrac{5}{7}$입니다.

$5\dfrac{1}{5} \div 3\dfrac{5}{7} = \dfrac{26}{5} \div \dfrac{26}{7} = \dfrac{\overset{1}{\cancel{26}}}{5} \times \dfrac{7}{\underset{1}{\cancel{26}}} = \dfrac{7}{5} = 1\dfrac{2}{5}$

19 $\dfrac{3}{4} \blacktriangle \dfrac{1}{2} = \left(\dfrac{3}{4} + \dfrac{1}{2}\right) \div \left(\dfrac{3}{4} - \dfrac{1}{2}\right)$

$= \dfrac{5}{4} \div \dfrac{1}{4} = 5$

➡ $5 \blacktriangle \dfrac{2}{7} = \left(5 + \dfrac{2}{7}\right) \div \left(5 - \dfrac{2}{7}\right) = \dfrac{37}{7} \div \dfrac{33}{7}$

$= 37 \div 33 = \dfrac{37}{33} = 1\dfrac{4}{33}$

20 (삼각형의 넓이) = (밑변의 길이) × (높이) ÷ 2

(높이) = (삼각형의 넓이) × 2 ÷ (밑변의 길이)

$= 1\dfrac{3}{7} \times 2 \div \dfrac{4}{5} = \dfrac{10}{7} \times 2 \div \dfrac{4}{5}$

$= \dfrac{\overset{5}{\cancel{20}}}{7} \times \dfrac{5}{\underset{1}{\cancel{4}}} = \dfrac{25}{7} = 3\dfrac{4}{7}$ (m)

수학으로 세상보기 28~29쪽

1 도현

2 연서

3 $\dfrac{7}{9}$, 12, $40\dfrac{1}{2}\left(= \dfrac{81}{2}\right)$, 2, $2\dfrac{2}{3}\left(= \dfrac{8}{3}\right)$, $1\dfrac{3}{5}\left(= \dfrac{8}{5}\right)$

1 찬희: $30 \div \dfrac{3}{5} = (30 \div 3) \times 5 = 50$ (분)

민서: $18 \div \dfrac{2}{5} = (18 \div 2) \times 5 = 45$ (분)

도현: $9 \div \dfrac{1}{4} = 9 \times 4 = 36$ (분)

예성: $36 \div \dfrac{3}{4} = (36 \div 3) \times 4 = 48$ (분)

성윤: $35 \div \dfrac{5}{7} = (35 \div 5) \times 7 = 49$ (분)

따라서 방전된 핸드폰이 100 % 충전될 때까지 충전 시간이 가장 짧은 핸드폰은 도현이의 것입니다.

2 은하: $\dfrac{5}{6} \div \dfrac{10}{13} = \dfrac{\overset{1}{\cancel{5}}}{6} \times \dfrac{13}{\underset{2}{\cancel{10}}} = \dfrac{13}{12} = 1\dfrac{1}{12}$ (km)

연서: $\dfrac{8}{9} \div \dfrac{1}{3} = \dfrac{8}{\underset{3}{\cancel{9}}} \times \overset{1}{\cancel{3}} = \dfrac{8}{3} = 2\dfrac{2}{3}$ (km)

서은: $1\dfrac{1}{3} \div 1\dfrac{1}{7} = \dfrac{4}{3} \div \dfrac{8}{7} = \dfrac{\overset{1}{\cancel{4}}}{3} \times \dfrac{7}{\underset{2}{\cancel{8}}}$

$= \dfrac{7}{6} = 1\dfrac{1}{6}$ (km)

선미: $1\dfrac{3}{5} \div 1\dfrac{1}{2} = \dfrac{8}{5} \div \dfrac{3}{2} = \dfrac{8}{5} \times \dfrac{2}{3}$

$= \dfrac{16}{15} = 1\dfrac{1}{15}$ (km)

혜연: $2\dfrac{2}{3} \div 1\dfrac{3}{5} = \dfrac{8}{3} \div \dfrac{8}{5} = \dfrac{\overset{1}{\cancel{8}}}{3} \times \dfrac{5}{\underset{1}{\cancel{8}}}$

$= \dfrac{5}{3} = 1\dfrac{2}{3}$ (km)

따라서 한 시간에 가장 많이 걸을 수 있는 친구는 연서입니다.

8 만점왕 수학 6-2

3 혜진: $18 \div \dfrac{4}{9} = \overset{9}{\cancel{18}} \times \dfrac{9}{\underset{2}{\cancel{4}}} = \dfrac{81}{2} = 40\dfrac{1}{2}$

해준: $\dfrac{8}{7} \div \dfrac{4}{7} = 8 \div 4 = 2$

준서: $\dfrac{8}{9} \div \dfrac{3}{9} = 8 \div 3 = \dfrac{8}{3} = 2\dfrac{2}{3}$

서희: $\dfrac{2}{9} \div \dfrac{2}{7} = \dfrac{\overset{1}{\cancel{2}}}{9} \times \dfrac{7}{\underset{1}{\cancel{2}}} = \dfrac{7}{9}$

주호: $1\dfrac{1}{3} \div \dfrac{5}{6} = \dfrac{4}{3} \div \dfrac{5}{6} = \dfrac{4}{\underset{1}{\cancel{3}}} \times \dfrac{\overset{2}{\cancel{6}}}{5} = \dfrac{8}{5} = 1\dfrac{3}{5}$

민영: $8 \div \dfrac{2}{3} = (8 \div 2) \times 3 = 12$

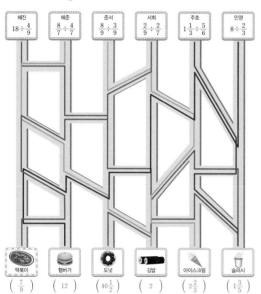

2단원 소수의 나눗셈

문제를 풀며 이해해요 33쪽

1 (1) 7 (2) 5

2 (앞에서부터) 415, 5, 10 / 83

3 (앞에서부터) 100, 4, 100 / 36

교과서 내용 학습 34~35쪽

01 3 **02** 5

03 124, 4, 4, 31, 31

04 576, 8, 8, 72, 72

05 (앞에서부터) 10, 144, 10 / 24

06 32 **07** 35

08 9, 9, 9 **09** ㉠, ㉢, ㉡

10 $2.35 \div 0.05 = 47$ / 47

문제해결 접근하기

11 풀이 참조

01 1.2를 0.4씩 자르면 모두 3도막이 됩니다.

02 1.5에서 0.3을 5번 빼면 0이 됩니다.
따라서 1.5÷0.3의 몫은 5입니다.

03 1 cm=10 mm이므로
12.4 cm=124 mm, 0.4 cm=4 mm입니다.
12.4 cm를 0.4 cm씩 자르는 것은 124 mm를 4 mm씩 자르는 것과 같으므로
12.4÷0.4=124÷4=31입니다.

04 1 m=100 cm이므로
5.76 m=576 cm, 0.08 m=8 cm입니다.
5.76 m를 0.08 m씩 자르는 것은 576 cm를 8 cm씩 자르는 것과 같으므로
5.76÷0.08=576÷8=72입니다.

05 소수의 나눗셈에서 나누는 수와 나누어지는 수에 같은 수를 곱해도 몫은 변하지 않습니다. 나누어지는 수와 나누는 수를 각각 10배 하면 $14.4 \times 10 = 144$, $0.6 \times 10 = 6$입니다.

➡ $14.4 \div 0.6 = 144 \div 6 = 24$

06 소수의 나눗셈에서 나누어지는 수와 나누는 수를 각각 100배 하여 자연수의 나눗셈을 이용합니다.

➡ $2.88 \div 0.09 = 288 \div 9 = 32$

07 소수의 나눗셈에서 나누어지는 수와 나누는 수를 각각 100배 하면 $3.15 \times 100 = 315$, $0.09 \times 100 = 9$입니다.

➡ $3.15 \div 0.09 = 315 \div 9 = 35$

08 소수의 나눗셈에서 나누어지는 수와 나누는 수를 각각 10배 또는 100배 하여 자연수의 나눗셈으로 바꾸어 계산해도 계산 결과는 같습니다.

➡ $0.27 \div 0.03 = 2.7 \div 0.3$
$\qquad = 27 \div 3 = 9$

09 ㉠ $3.5 \div 0.7 = 5$

㉡ $5.4 \div 0.6 = 9$

㉢ $7.2 \div 0.9 = 8$

계산 결과가 작은 것부터 순서대로 쓰면 ㉠, ㉢, ㉡입니다.

10 $2.35 \div 0.05$의 식에서 나누어지는 수와 나누는 수를 각각 100배 하면 $235 \div 5$가 됩니다.

➡ $2.35 \div 0.05 = 235 \div 5 = 47$

11 **이해하기** | ⑩ 상훈이가 민희보다 우유를 며칠 더 많이 마셨는지 구하려고 합니다.

계획 세우기 | ⑩ 상훈이와 민희가 우유를 각각 며칠 동안 마셨는지 구한 후 두 사람이 우유를 마신 날수의 차를 구합니다.

해결하기 | (1) 6.4, 16 (2) 1.12, 0.08, 14 (3) 2

되돌아보기 | ⑩ 은성이가 우유를 마신 날은 $1.04 \div 0.08 = 104 \div 8 = 13$(일)입니다. 따라서 상훈이와 은성이 중 우유를 마신 날이 더 많은 사람은 상훈입니다.

1 81, 9, 81, 9, 9

2 112, 14, 112, 14, 8

3 5, 35

4 12, 6, 12

5 8, 256

6 13, 25, 75

교과서 내용 학습   38~39쪽

01 63, 9, 63, 7   **02** 102, 6, 102, 17

03 (1) 9 (2) 15   **04** 24

05 32   **06** ┣━━━┫

07 24, 4.32   **08** 30

09 7개   **10** 23

문제해결 접근하기

11 풀이 참조

02 $1.02 \div 0.06 = \dfrac{102}{100} \div \dfrac{6}{100} = 102 \div 6 = 17$

03 (1)
$$
\begin{array}{r}
9 \\
1.4 \overline{)1\,2.6} \\
1\,2\,6 \\
\hline
0
\end{array}
$$

(2)
$$
\begin{array}{r}
1\,5 \\
0.1\,7 \overline{)2.5\,5} \\
1\,7 \\
\hline
8\,5 \\
8\,5 \\
\hline
0
\end{array}
$$

04 나누어지는 수와 나누는 수가 모두 소수 한 자리 수이므로 소수점을 오른쪽으로 한 자리씩 옮겨서 자연수의 나눗셈으로 계산합니다.

05 가장 큰 수는 3.4이고, 두 번째로 큰 수는 1.92입니다. 또 가장 작은 수는 0.06입니다.

➡ $1.92 \div 0.06 = 192 \div 6 = 32$

06 $41.6 \div 5.2 = 416 \div 52 = 8$

$40.5 \div 4.5 = 405 \div 45 = 9$

07 $432 \div 18 = 24$ ➡ $4.32 \div 0.18 = 24$

08 ㉠ $27.6 \div 2.3 = 276 \div 23 = 12$

㉡ $1.44 \div 0.08 = 144 \div 8 = 18$

➡ ㉠＋㉡＝$12+18=30$

09 (컵의 수)＝(음료수의 양)÷(컵 한 개에 담는 양)

＝$2.38 \div 0.34 = 7$(개)

10 가장 작은 소수 두 자리 수: 3.45

➡ $3.45 \div 0.15 = 23$

11 **이해하기** | 예 지후의 방의 넓이는 책상의 넓이의 몇 배인지 구하려고 합니다.

계획 세우기 | 예 지후의 방의 넓이를 구한 후 책상의 넓이로 나눕니다.

해결하기 | (1) 2.1, 4.41 (2) 4.41, 9

되돌아보기 | 예 (거실의 넓이)÷(지후의 방의 넓이)

＝$35.28 \div 4.41 = 8$(배)

문제를 풀여 이해해요 41쪽

1 17, 3.5

2 170, 3.5

3 (1)
```
        1.7
1.2) 2.0 4
     1 2
       8 4
       8 4
         0
```
(2)
```
        3.2
2.4) 7.6 8
     7 2
       4 8
       4 8
         0
```

교과서 내용 학습 42~43쪽

01 48, 48, 2.4   **02** 204, 60, 60, 3.4

03 1.8, 1.8, 32, 256, 256   **04** (1) 1.2 (2) 2.4

05 2.3   **06** ＝

07 ㉡, ㉠, ㉢   **08** 6

09 3, 4, 5, 6   **10** 2.4 m

문제해결 접근하기

11 풀이 참조

---

01 $11.52 \div 4.8 = \dfrac{115.2}{10} \div \dfrac{48}{10} = 115.2 \div 48 = 2.4$

02 $2.04 \div 0.6 = \dfrac{204}{100} \div \dfrac{60}{100} = 204 \div 60 = 3.4$

03
```
        1.8
3.2) 5.7 6
     3 2
     2 5 6
     2 5 6
         0
```

04 (1)
```
        1.2
2.6) 3.1 2
     2 6
       5 2
       5 2
         0
```
(2)
```
        2.4
2.4) 5.7 6
     4 8
       9 6
       9 6
         0
```

05 $3.22 \div 1.4 = 32.2 \div 14 = 2.3$

06 나누어지는 수와 나누는 수를 각각 10배 하여 계산해도 그 결과는 같습니다.

➡ $8.64 \div 2.4 = 86.4 \div 24$

07 ㉠ $3.68 \div 2.3 = 36.8 \div 23 = 1.6$

㉡ $4.25 \div 2.5 = 42.5 \div 25 = 1.7$

㉢ $6.44 \div 4.6 = 64.4 \div 46 = 1.4$

몫이 큰 순서대로 기호를 쓰면 ㉡, ㉠, ㉢입니다.

08 □＝$7.14 \div 1.7 = 71.4 \div 17 = 4.2$

➡ $4.2 \div 0.7 = 6$

09 $8.37 \div 3.1 = 83.7 \div 31 = 2.7$

$8.68 \div 1.4 = 86.8 \div 14 = 6.2$이므로 2.7보다 크고 6.2보다 작은 자연수는 3, 4, 5, 6입니다.

10 (사다리꼴의 넓이)

＝((윗변의 길이)＋(아랫변의 길이))×(높이)÷2

(높이)

＝(사다리꼴의 넓이)×2÷((윗변의 길이)＋(아랫변의 길이))

＝$4.32 \times 2 \div (1.6+2)$

＝$8.64 \div 3.6 = 2.4$ (m)

11 **이해하기** ⓔ 소금의 양과 설탕의 양의 차를 구하려고 합니다.

계획 세우기 ⓔ 설탕의 양을 구한 후 두 양의 차를 구합니다.

해결하기 (1) 7.04, 3.2 (2) 7.04, 3.2, 3.84

되돌아보기 ⓔ (밀가루의 양)÷(설탕의 양)
$$=4.16÷3.2=1.3(배)$$

문제를 풀며 이해해요   45쪽

1 90, 90, 5

2 2600, 325, 2600, 8

3 (1)
$$4.5\overline{)27.0}$$
$$\underline{2\,7\,0}$$
$$0$$
몫: 6

(2)
$$1.28\overline{)64.00}$$
$$\underline{6\,4\,0}$$
$$0$$
몫: 50

교과서 내용 학습   46~47쪽

01 210, 210, 6   **02** 1300, 1300, 4

03 (1) 5 (2) 50   **04**

05 <   **06** ㉠, 180

07 45÷0.15에 색칠

08 (1) 40, 400 (2) 240, 2400

09 15상자   **10** 102그루

문제해결 접근하기

11 풀이 참조

---

01 $21÷3.5=\dfrac{210}{10}÷\dfrac{35}{10}=210÷35=6$

02 $13÷3.25=\dfrac{1300}{100}÷\dfrac{325}{100}=1300÷325=4$

03 (1)
$$1.6\overline{)8.0}$$
$$\underline{8\,0}$$
$$0$$
몫: 5

(2)
$$2.34\overline{)117.00}$$
$$\underline{1\,1\,7\,0}$$
$$0$$
몫: 50

---

04 $40÷0.16=4000÷16=250$
$60÷2.4=600÷24=25$

05 $123÷4.1=1230÷41=30$
➡ $30<33$

06 ㉠ $63÷0.35=6300÷35=180$

07 $30÷0.25=3000÷25=120$
$45÷0.15=4500÷15=300$
$51÷4.25=5100÷425=12$
$81÷1.8=810÷18=45$
따라서 계산 결과가 가장 큰 것은 $45÷0.15$입니다.

08 (1) 나누는 수가 같을 때, 나누어지는 수가 10배, 100배가 되면 몫도 10배, 100배가 됩니다.
$0.56÷0.14=4$
$5.6÷0.14=40$
$56÷0.14=400$

(2) 나누어지는 수가 같을 때, 나누는 수가 $\dfrac{1}{10}$, $\dfrac{1}{100}$이 되면 몫은 10배, 100배가 됩니다.
$192÷8=24$
$192÷0.8=240$
$192÷0.08=2400$

09 (상자 수)
$=$(전체 감자의 무게)÷(한 상자에 담는 감자의 무게)
$=141÷9.4=15$(상자)

10 (도로의 한쪽에 심는 나무 수)
$=$(도로의 길이)÷(나무 사이의 간격)$+1$
$=613÷12.26+1=51$(그루)
(도로 양쪽에 심는 나무 수)
$=51×2=102$(그루)

11 **이해하기** ⓔ 어떤 수를 2.4로 나눈 몫을 구하려고 합니다.

계획 세우기 ⓔ 84.6을 2.35로 나누어 어떤 수를 구한 후 어떤 수를 2.4로 나누어 구합니다.

해결하기 (1) 84.6, 2.35 (2) 36 (3) 36, 15

되돌아보기 ⓔ $36÷0.24=150$

1 (1) 5   (2) 4.6   (3) 4.57

2 (1) 6, 6   (2) 6, 30, 4.7   (3) 4.7

교과서 내용 학습   50~51쪽

01 0.7   **02** 1.8

03 4   **04** 6, 5.6, 5.57

05 >   **06** 3.7

07 5, 2.9, 5, 2.9   **08** (1) 7, 3.8 (2) 4, 1.7

09 1.7배   **10** 6개, 3.8 cm

문제해결 접근하기

11 풀이 참조

01 반올림하여 몫을 소수 첫째 자리까지 나타내려면 소수 둘째 자리에서 반올림해야 합니다.

$0.74\cdots \Rightarrow 0.7$

02 $1.76\cdots \Rightarrow 1.8$

03 $35.7 \div 9 = 3.9\cdots$이므로 몫을 반올림하여 일의 자리까지 나타내려면 소수 첫째 자리에서 반올림합니다.

$3.9\cdots \Rightarrow 4$

04 $23.4 \div 4.2 = 5.571\cdots$

몫을 반올림하여 일의 자리까지 나타내면 $5.5\cdots \Rightarrow 6$

소수 첫째 자리까지 나타내면 $5.57\cdots \Rightarrow 5.6$

소수 둘째 자리까지 나타내면 $5.571\cdots \Rightarrow 5.57$

05 $4.1 \div 7 = 0.585\cdots$이므로 몫을 반올림하여 소수 둘째 자리까지 나타내면 $0.585\cdots \Rightarrow 0.59$

$\Rightarrow 0.59 > 0.585\cdots$

06 $15.7 - 4 - 4 - 4 = 3.7$

07
$$\begin{array}{r} 5 \\ 5\overline{)27.9} \\ \underline{25} \\ 2.9 \end{array}$$

상자의 수는 5상자, 남는 포도의 양은 $2.9\ \text{kg}$입니다.

08 (1)
$$\begin{array}{r} 7 \\ 6\overline{)45.8} \\ \underline{42} \\ 3.8 \end{array}$$
(2)
$$\begin{array}{r} 4 \\ 9\overline{)37.7} \\ \underline{36} \\ 1.7 \end{array}$$

09 $7.7 \div 4.6 = 1.67\cdots$이므로 몫을 반올림하여 소수 첫째 자리까지 나타내면 $1.67\cdots \Rightarrow 1.7$(배)입니다.

10
$$\begin{array}{r} 6 \\ 9\overline{)57.8} \\ \underline{54} \\ 3.8 \end{array}$$

정삼각형을 6개 만들 수 있고, 만들고 남는 철사의 길이는 $3.8\ \text{cm}$입니다.

11 **이해하기** | 예 고구마를 남김없이 모두 나누어 담으려면 고구마는 적어도 몇 kg이 더 필요한지 구하려고 합니다.
계획 세우기 | 예 $32.8 \div 7$을 계산하여 몫을 자연수까지 구하여 나머지를 구한 후 7에서 나머지를 빼어 구합니다.
해결하기 | (1) 4, 4.8   (2) 4, 4.8   (3) 4.8, 2.2
되돌아보기 | 예 $32.8 \div 8 = 4\cdots0.8$이므로 $8 - 0.8 = 7.2\,(\text{kg})$이 더 필요합니다.

단원 확인 평가   52~55쪽

01 426, 6, 426, 71, 71

02 (위에서부터) 10, 10, 252, 63, 63

03 231, 231

04 (1) 184, 4, 184, 4, 46   (2) 462, 11, 462, 11, 42

05 4   **06** (1) =   (2) <

07 14도막   **08** 21일

09 (1) 5.52   (2) 0.23   (3) 5.52, 0.23, 24 / 24

10
$$\begin{array}{r} 12 \\ 0.34\overline{)4.08} \\ \underline{34} \\ 68 \\ \underline{68} \\ 0 \end{array}$$

11 ㉡   **12** 4.5, 3

13 6

14 (1) 31.32, 2.7, 11.6 (2) 8500, 1700, 5
　　(3) 11.6, 5, 58 / 58 km

15 ㉠　　　　　　　　**16** 20, 15

17 20 m　　　　　　　**18** 0.01

19 8개, 0.5 L　　　　**20** 120.5 km

---

01 1 cm＝10 mm이므로

　42.6 cm＝426 mm, 0.6 cm＝6 mm입니다.

　42.6 cm를 0.6 cm씩 자르는 것은 426 mm를

　6 mm씩 자르는 것과 같으므로

　$42.6 \div 0.6 = 426 \div 6 = 71$입니다.

02 나누어지는 수와 나누는 수를 각각 10배 하면

　$25.2 \times 10 = 252$, $0.4 \times 10 = 4$입니다.

　➡ $25.2 \div 0.4 = 252 \div 4 = 63$

03 나누어지는 수와 나누는 수를 각각 10배, 100배 해도

　계산 결과는 같습니다.

　➡ $6.93 \div 0.03 = 69.3 \div 0.3 = 693 \div 3 = 231$

04 (1) $18.4 \div 0.4 = \dfrac{184}{10} \div \dfrac{4}{10} = 184 \div 4 = 46$

　(2) $4.62 \div 0.11 = \dfrac{462}{100} \div \dfrac{11}{100} = 462 \div 11 = 42$

05 $14.8 \div 3.7 = 148 \div 37 = 4$

06 (1) $4.2 \div 0.6 = 7$, $2.8 \div 0.4 = 7$이므로

　　$4.2 \div 0.6 = 2.8 \div 0.4$입니다.

　(2) $25.6 \div 1.6 = 256 \div 16 = 16$,

　　$50.4 \div 2.1 = 504 \div 21 = 24$이므로

　　$16 < 24$입니다.

07 (리본 도막의 수)＝(리본의 길이)÷(한 도막의 길이)

　　　　　　＝$16.8 \div 1.2 = 168 \div 12 = 14$(도막)

08 (음료수를 마실 수 있는 날수)

　＝(음료수 전체의 양)÷(매일 마시는 양)

　＝$7.56 \div 0.36 = 756 \div 36 = 21$(일)

09 제시된 수들을 작은 수부터 나열하면 0.14, 0.23,

　1.7, 5.1, 5.52입니다. 가장 큰 수는 5.52이고, 두 번

째로 작은 수는 0.23입니다.

➡ (가장 큰 수)÷(두 번째로 작은 수)

　＝$5.52 \div 0.23 = 552 \div 23 = 24$

채점 기준	
가장 큰 수와 두 번째로 작은 수를 바르게 구한 경우	50 %
(가장 큰 수)÷(두 번째로 작은 수)의 몫을 바르게 구한 경우	50 %

11 $8.64 \div 0.32 = 864 \div 32 = 27$

㉠ $28.75 \div 1.25 = 2875 \div 125 = 23$

㉡ $12.15 \div 0.45 = 1215 \div 45 = 27$이므로

주어진 식과 몫이 같은 것은 ㉡입니다.

12 $31.95 \div 7.1 = 319.5 \div 71 = 4.5$

$4.5 \div 1.5 = 45 \div 15 = 3$

13 $36.48 \div 5.7 = 364.8 \div 57 = 6.4$이므로

□ < 6.4인 자연수 중 가장 큰 수는 6입니다.

14 (1) 휘발유 1L로 갈 수 있는 거리는

　　$31.32 \div 2.7 = 11.6$(km)입니다.

　(2) 8500원으로 주유할 수 있는 휘발유의 양은

　　$8500 \div 1700 = 5$(L)입니다.

　(3) 8500원으로 갈 수 있는 거리는

　　$11.6 \times 5 = 58$(km)입니다.

채점 기준	
휘발유 1 L로 갈 수 있는 거리를 바르게 구한 경우	40 %
8500원으로 주유할 수 있는 휘발유의 양을 바르게 구한 경우	30 %
8500원으로 갈 수 있는 거리를 바르게 구한 경우	30 %

15 ㉠ $30 \div 1.25 = 3000 \div 125 = 24$

㉡ $36 \div 1.8 = 360 \div 18 = 20$

㉢ $63 \div 3.5 = 630 \div 35 = 18$이므로

$20 < □ < 30$에서 □ 안에 들어갈 수 있는 식은 ㉠입니다.

16 $45 \div 2.25 = 4500 \div 225 = 20$

$63 \div 4.2 = 630 \div 42 = 15$

17 (평행사변형의 넓이)=(밑변의 길이)×(높이)

(높이)=(평행사변형의 넓이)÷(밑변의 길이)

$$=35÷1.75=3500÷175=20\,(m)$$

18 (어떤 수)=894.4÷8.6=8944÷86=104

104÷8.6=12.093…이므로 몫을 반올림하여

소수 첫째 자리까지 나타낸 수는 12.0$\overset{\frown}{9}$… ➡ 12.1이고,

소수 둘째 자리까지 나타낸 수는

12.093$\overset{\frown}{}$… ➡ 12.09이므로

두 수의 차는 12.1−12.09=0.01입니다.

19

$$\begin{array}{r} 8 \\ 3\overline{)2\,4.5} \\ \underline{2\,4} \\ 0.5 \end{array}$$

유리병 8개에 나누어 담을 수 있고, 남는 물의 양은
0.5 L입니다.

20 45분=$\dfrac{45}{60}$시간=0.75시간

(한 시간 동안 달린 거리)

=(달린 거리)÷(걸린 시간)

=90.34÷0.75=120.45…

몫을 반올림하여 소수 첫째 자리까지 나타내면

120.4$\overset{\frown}{5}$ ➡ 120.5 (km)입니다.

수학으로 세상보기 · 56~57쪽

1. 17개
2. 1.7 km
3. 어린이 놀이터

1 4÷0.25=16

처음부터 끝까지 의자를 놓아야 하므로 의자는 모두
17개 필요합니다.

2 2시간 45분=2.75시간

4.8÷2.75=1.7$\overset{\frown}{4}$… ➡ 1.7 (km)

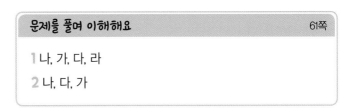

3 단원
공간과 입체

문제를 풀며 이해해요 · 61쪽

1. 나, 가, 다, 라
2. 나, 다, 가

교과서 내용 학습 · 62~63쪽

01 나   02 가

03 다   04 ㉠

05 ㉤   06 ㉣

07 ㉢   08 ㉦

09 ( ) (◯)   10 (1) 가 (2) 라

문제해결 접근하기

11 풀이 참조

---

01 원통 미끄럼틀이 왼쪽에 있고 철판 미끄럼틀이 가운데에 있으며 미끄럼틀을 타는 입구가 오른쪽에 있으므로 나 위치에서 찍은 것입니다.

02 원통 미끄럼틀이 가운데에 있고 철판 미끄럼틀이 오른쪽에 있으므로 가 위치에서 찍은 것입니다.

03 미끄럼틀을 타는 입구가 가운데에 있고 철판 미끄럼틀이 왼쪽에 있으므로 다 위치에서 찍은 것입니다.

04 분홍색 컵이 왼쪽에 있고, 연두색 컵이 가운데에 있고, 파란색 컵이 오른쪽에 있으므로 ㉠에서 바라본 것입니다.

05 연두색 컵이 왼쪽에 있고, 분홍색 컵이 가운데에 있고, 파란색 컵이 오른쪽에 있으므로 ㉤에서 바라본 것입니다.

06 파란색 컵이 왼쪽에 있고, 분홍색 컵이 가운데에 있고 연두색 컵이 오른쪽에 있으므로 ㉣에서 바라본 것입니다.

07 파란색 컵이 왼쪽에 있고, 분홍색 컵이 오른쪽에 있으며 파란색 컵과 분홍색 컵의 손잡이가 보이므로 ㉢에서 바라본 것입니다.

09 왼쪽 사진은 ㉠에서 본 것이고, 오른쪽 사진은 ㉡에서 본 것입니다.

11 **이해하기** | ⑩ 사진을 찍을 때 나올 수 없는 사진은 무엇인지 찾으려고 합니다.

계획 세우기 | ⑩ 위쪽에서 찍은 사진을 보고 놓인 3개의 컵의 모습이 앞쪽, 뒤쪽, 왼쪽, 오른쪽에서 바라봤을 때 사진으로 찍혀 나올 수 있는 모습을 생각해 봅니다.

해결하기 | (1) 가 (2) 나 (3) 다

되돌아보기 | ⑩ 위쪽에서 찍은 사진을 보고 놓인 3개의 컵의 모습이 앞쪽, 뒤쪽, 왼쪽, 오른쪽에서 바라보고 사진을 찍을 때 나올 수 있는 모습을 찾아서 해결하였습니다.

문제를 풀며 이해해요	65쪽

1 6개

2 9개, 10개, 10개, 11개

3 10개

2 앞에서 보았을 때 보이는 쌓기나무는 8개입니다.
- 가: 보이지 않는 쌓기나무가 1개이므로 사용한 쌓기나무는 9개입니다.
- 나: 보이지 않는 쌓기나무가 2개이므로 사용한 쌓기나무는 10개입니다.
- 다: 보이지 않는 쌓기나무가 2개이므로 사용한 쌓기나무는 10개입니다.
- 라: 보이지 않는 쌓기나무가 3개이므로 사용한 쌓기나무는 11개입니다.

3 1층에 6개, 2층에 3개, 3층에 1개이므로 주어진 모양과 똑같이 쌓는 데 필요한 쌓기나무는 10개입니다.

교과서 내용 학습

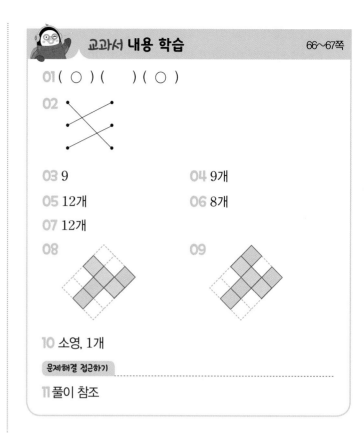

01 (○) (　　) (○)

02

03 9   **04** 9개

05 12개   **06** 8개

07 12개

08   **09**

10 소영, 1개

문제해결 접근하기

11 풀이 참조

01 가운데에 있는 쌓은 모양에는 보이지 않는 쌓기나무가 있을 수도 있습니다.

03 보이는 쌓기나무는 9개이므로 쌓기나무가 적어도 9개 필요합니다.

04 1층에 6개, 2층에 2개, 3층에 1개이므로 주어진 모양과 똑같이 쌓는 데 필요한 쌓기나무는
6+2+1=9(개)입니다.

05 1층에 8개, 2층에 4개이므로 주어진 모양과 똑같이 쌓는 데 필요한 쌓기나무는 8+4=12(개)입니다.

06 1층에 5개, 2층에 3개이므로 주어진 모양과 똑같이 쌓는 데 필요한 쌓기나무는 5+3=8(개)입니다.

07 1층에 6개, 2층에 5개, 3층에 1개이므로 주어진 모양과 똑같이 쌓는 데 필요한 쌓기나무는
6+5+1=12(개)입니다.

08 사용한 쌓기나무가 10개이므로 보이지 않는 쌓기나무는 없습니다.

09 사용한 쌓기나무가 11개이므로 보이지 않는 쌓기나무는 1개입니다. 보이지 않는 쌓기나무의 위치를 생각해 위에서 본 모양을 완성해 봅니다.

10 미경: 1층에 7개, 2층에 4개, 3층에 1개이므로 쌓기나무를 12개 사용했습니다.

소영: 1층에 7개, 2층에 3개, 3층에 1개이므로 쌓기나무를 11개 사용했습니다.

따라서 소영이가 쌓기나무를 1개 더 적게 사용했습니다.

11 **이해하기 |** ⑩ 보빈이가 사용한 쌓기나무의 개수를 구하려고 합니다.

계획 세우기 | ⑩ 쌓기나무로 쌓은 모양과 위에서 본 모양을 보고 주어진 모양과 똑같이 쌓는 데 필요한 쌓기나무의 개수를 층별로 세어서 해결합니다.

해결하기 | ⑴ 6, 4, 1 ⑵ 6, 4, 1, 11

되돌아보기 | ⑩ 쌓기나무로 쌓은 모양과 위에서 본 모양을 보고 보이지 않는 쌓기나무가 있는지 살펴보고, 주어진 모양과 똑같이 쌓는 데 필요한 쌓기나무의 개수를 층별로 세어서 해결하였습니다.

문제를 풀여 이해해요 69쪽

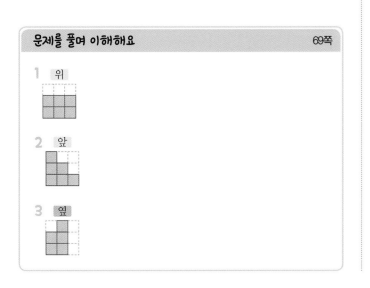

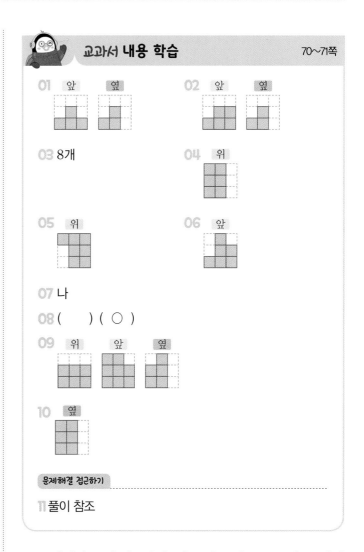

01 앞에서 보면 왼쪽부터 1층, 2층, 1층으로 보이고, 옆에서 보면 왼쪽부터 1층, 2층으로 보입니다.

02 앞에서 보면 왼쪽부터 1층, 2층, 2층으로 보이고, 옆에서 보면 왼쪽부터 1층, 2층으로 보입니다.

03 옆에서 본 모양을 보면 ㉠, ㉡에 쌓인 쌓기나무는 각각 1개이고, 앞에서 본 모양을 보면 ㉢, ㉣, ㉤에 쌓인 쌓기나무는 각각 2개입니다.
따라서 똑같은 모양으로 쌓는 데 필요한 쌓기나무는 8개입니다.

04 보이는 쌓기나무가 11개이므로 보이지 않는 쌓기나무는 없습니다.

05 보이는 쌓기나무가 11개이므로 보이지 않는 쌓기나무는 1개입니다.

06 보이는 쌓기나무가 11개이므로 보이지 않는 쌓기나무는 1개입니다. 따라서 앞에서 보면 왼쪽부터 1층, 3층, 2층으로 보입니다.

07 앞에서 보면 왼쪽부터 2층, 1층, 1층으로 보이는 모양은 나입니다.

08 앞에서 보면 왼쪽부터 3층, 2층, 2층으로 보이고, 옆에서 보면 왼쪽부터 2층, 3층으로 보이는 모양은 오른쪽 모양입니다.

09 쌓기나무 12개로 쌓았으므로 보이지 않는 쌓기나무는 없다는 것을 알 수 있습니다.

10 쌓기나무 10개를 쌓은 모양이므로 앞에서 본 모양을 보면 ㉠, ㉢에 쌓인 쌓기나무는 각각 2개이고, ㉡, ㉣에 쌓인 쌓기나무는 각각 3개 입니다.

따라서 옆에서 보면 왼쪽부터 3층, 3층으로 보입니다.

11 **이해하기** | 예 똑같은 모양으로 쌓는 데 필요한 쌓기나무는 몇 개인지 구하려고 합니다.

계획 세우기 | 예 앞과 옆에서 본 모양을 보고 ㉠~㉦ 자리에 쌓기나무가 몇 개 놓일지 생각하여 필요한 쌓기나무의 개수를 구합니다.

해결하기 | (1) 1 (2) 3, 1 (3) 9

되돌아보기 | 예 ㉠에 3개, ㉡에 1개, ㉢에 1개, ㉣에 1개, ㉤에 1개, ㉥에 1개, ㉦에 1개를 쌓고 위, 앞, 옆에서 보면 문제에 제시된 위, 앞, 옆에서 본 모양과 똑같습니다.

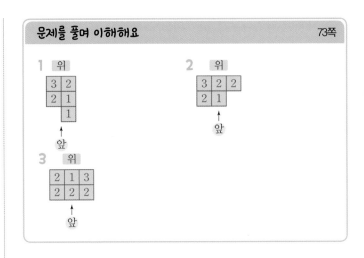

교과서 내용 학습   74~75쪽

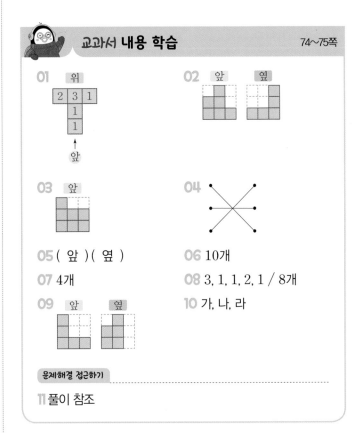

05 (앞)(옆)

06 10개

07 4개

08 3, 1, 1, 2, 1 / 8개

10 가, 나, 라

문제해결 접근하기

11 풀이 참조

---

02 앞에서 보면 왼쪽부터 2층, 3층, 1층으로 보이고, 옆에서 보면 왼쪽부터 1층, 1층, 3층으로 보입니다.

03 앞에서 보면 왼쪽부터 3층, 2층, 2층으로 보입니다.

06 3+2+1+1+1+2=10(개)

07 ㉠은 3, ㉡은 1이므로 ㉠+㉡=3+1=4(개)입니다.

08 쌓은 모양을 보면 ㉠은 3개, ㉡은 1개, ㉢은 1개, ㉣은 2개, ㉤은 1개입니다.

➡️ (필요한 쌓기나무의 개수)
　＝$3+1+1+2+1=8$(개)

10 보이지 않는 쌓기나무가 없으면 가와 같이 그릴 수 있고, 보이지 않는 쌓기나무가 1개 있으면

나 또는 │1│2│
　　　　│　│3│ 와 같이 그릴 수 있고, 보이지 않는 쌓기
　　　　│2│1│

나무가 2개 있으면 라와 같이 그릴 수 있습니다.

11 **이해하기** | ⒠ 영서가 사용한 쌓기나무의 개수를 2가지로 구하려고 합니다.

계획 세우기 | ⒠ 위에서 본 모양을 보고 각 자리에 쌓기나무가 몇 개 놓일지 생각하여 쌓기나무의 개수를 구하도록 합니다.

해결하기 | ⑴ 2, 3　⑵ 1, 2　⑶ 11, 12

되돌아보기 | ⒠ ⓛ에 1개가 놓일 때 쌓기나무의 개수는 11개이고, ⓛ에 2개가 놓일 때 쌓기나무의 개수는 12개입니다.

문제를 풀여 이해해요　77쪽

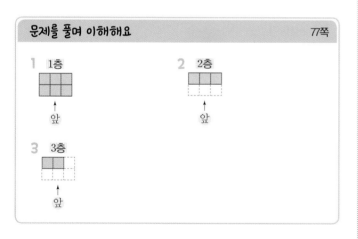

1 쌓기나무 11개를 사용하여 쌓은 모양이므로 보이지 않는 쌓기나무는 없습니다.

2 2층에는 쌓기나무가 3개 있습니다.

3 3층에는 쌓기나무가 2개 있습니다.

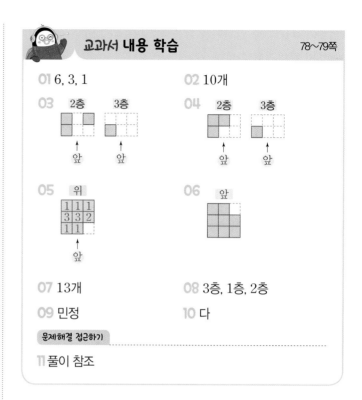

01 6, 3, 1

02 10개

03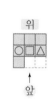

04

05

06

07 13개

08 3층, 1층, 2층

09 민정

10 다

문제해결 접근하기

11 풀이 참조

---

01 1층 모양을 보고 쌓기나무로 쌓은 모양에 보이지 않는 쌓기나무가 없다는 것을 알 수 있습니다.
따라서 1층에는 6개, 2층에는 3개, 3층에는 1개의 쌓기나무가 있습니다.

02 $6+3+1=10$(개)

05 1층 모양의 ○, □ 부분은 쌓기나무가 3층까지 있고, △ 부분은 2층까지 있습니다.

06 앞에서 보면 왼쪽부터 3층, 3층, 2층으로 보입니다.

07 $8+3+2=13$(개)

08 위에서 본 모양을 보면 쌓은 모양에 보이지 않는 쌓기나무가 없다는 것을 알 수 있습니다.

09 소빈: 1층에 쌓은 쌓기나무는 8개입니다.
영호: 위에서 본 모양과 1층의 모양은 서로 같습니다.

10 1층이 빈 공간인 자리 위에는 쌓기나무를 쌓을 수 없습니다.

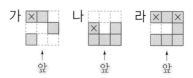

11 **이해하기|** 예 민진이가 쌓은 쌓기나무의 개수는 몇 개인지 구하려고 합니다.

계획 세우기| 예 1층, 2층, 3층에 쌓인 쌓기나무의 개수를 모두 더해서 쌓은 쌓기나무의 개수를 구합니다.

해결하기| (1) 5 (2) 4 (3) 2 (4) 11

되돌아보기| 예 1층, 2층, 3층에 쌓인 쌓기나무의 개수를 모두 더해서 쌓은 쌓기나무의 개수를 구했습니다.

문제를 풀여 이해해요   81쪽

1 (○)(   )(○)
2 (   )(○)(○)
3 (○)(○)(   )

1

2

3

교과서 내용 학습   82~83쪽

01 에 ○표

02 (1) 1개 (2) 3개

03 (교차선)

04 (   )(   )(○)

05 가, 다

06 (   )(○)

07 가, 나

08

09 나

10 예

문제해결 접근하기

11 풀이 참조

---

02 (1) (2)
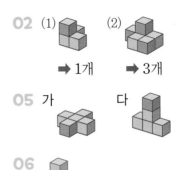
➡ 1개   ➡ 3개

05 가   다

06
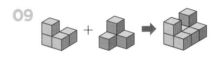

07 가와 나를 사용하여 만든 모양입니다.

09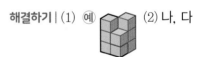

10 예 [모양] 모양과 [모양] 모양을 사용하여 만든 모양입니다.

11 **이해하기|** 예 미경이가 사용한 두 가지 모양을 찾아 기호를 쓰려고 합니다.

계획 세우기| 예 쌓기나무를 4개씩 붙여 만든 2가지 모양을 먼저 생각해 봅니다. 쌓기나무를 4개씩 붙여 만든 모양 중에 뒤집거나 돌렸을 때의 모양도 생각하여 주어진 모양을 만들 수 있는 두 가지 모양을 찾습니다.

해결하기| (1) 예 [모양] (2) 나, 다

되돌아보기| 예 쌓기나무를 4개씩 붙여 만든 2가지 모양을 먼저 생각해 봤습니다. 쌓기나무를 4개씩 붙여 만든 모양 중에 뒤집거나 돌렸을 때의 모양을 생각하여 주어진 모양을 만들 수 있는 두 가지 모양을 찾았습니다.

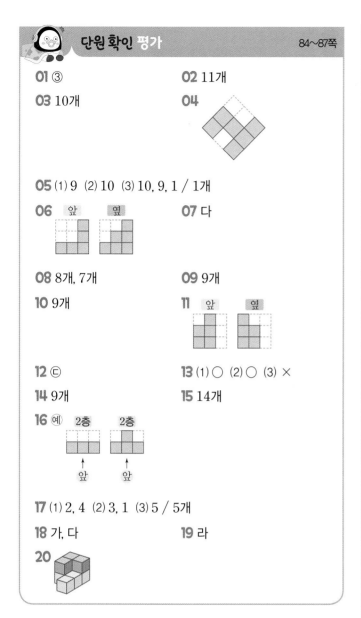

01 ③

02 11개

03 10개

04

05 (1) 9 (2) 10 (3) 10, 9, 1 / 1개

06 앞 옆

07 다

08 8개, 7개

09 9개

10 9개

11 앞 옆

12 ㉢

13 (1) ○ (2) ○ (3) ×

14 9개

15 14개

16 〔예〕 2층 2층
↑ ↑
앞 앞

17 (1) 2, 4 (2) 3, 1 (3) 5 / 5개

18 가, 다

19 라

20

기나무는 10개입니다.

채점 기준

가 모양과 똑같이 쌓는 데 필요한 쌓기나무의 개수를 바르게 구한 경우	40 %
나 모양과 똑같이 쌓는 데 필요한 쌓기나무의 개수를 바르게 구한 경우	40 %
필요한 쌓기나무의 개수의 차를 바르게 구한 경우	20 %

06 앞에서 보면 왼쪽부터 1층, 1층, 3층으로 보이고, 옆에서 보면 왼쪽부터 1층, 2층, 3층으로 보입니다.

07 가와 나를 옆에서 본 모양은 이고, 다를 옆에서 본 모양은 입니다.

08 앞과 옆에서 본 모양은 각각 아래와 같으므로 앞에서 보이는 면은 8개, 옆에서 보이는 면은 7개입니다.

앞 옆

09 2+2+2+2+1=9(개)

10 위에서 본 모양을 보면 보이지 않는 쌓기나무가 1개 있다는 것을 알 수 있습니다.

➡ 1+2+2+2+1+1=9(개)

11 앞에서 보면 왼쪽부터 2층, 3층으로 보이고, 옆에서 보면 왼쪽부터 3층, 2층으로 보입니다.

12 ㉠ 위에서 본 모양은 입니다.

㉡ 앞에서 본 모양은 이고,

위에서 본 모양은 이므로 서로 다릅니다.

13 ㉠은 2, ㉡은 3, ㉢은 1, ㉣은 1, ㉤은 1이 들어갑니다.

(2) ㉡과 ㉣에 들어갈 수의 합은 3+1=4입니다.

(3) ㉠~㉤ 중 가장 큰 수가 들어갈 자리는 ㉡입니다.

14 앞과 옆에서 본 모양을 보고 위에서 본 모양의 각 자리에 쌓아 올린 쌓기나무의 수를 써넣으면 아래와 같습니다.

위

01 ③에서 바라볼 때 코끼리가 왼쪽에, 코뿔소가 오른쪽에 위치하게 됩니다. 따라서 민준이의 위치는 ③입니다.

02 쌓기나무를 가장 적게 사용할 때는 보이지 않는 쌓기나무가 없을 때이므로 필요한 쌓기나무는 11개입니다.

03 1층에 7개, 2층에 3개이므로 필요한 쌓기나무는 10개입니다.

04 쌓기나무 9개를 사용하여 쌓은 것이므로 보이지 않는 쌓기나무가 없습니다.

05 (1) 1층에 6개, 2층에 2개, 3층에 1개이므로 필요한 쌓기나무는 9개입니다.

(2) 1층에 6개, 2층에 3개, 3층에 1개이므로 필요한 쌓

따라서 필요한 쌓기나무는 $1+1+3+2+2=9$(개) 입니다.

15 1층에 8개, 2층에 4개, 3층에 2개이므로 필요한 쌓기나무는 $8+4+2=14$(개)입니다.

16 ㉠ 자리에 쌓기나무를 1개 또는 2개 놓을 수 있습니다.

1층
1 ㉠ 1
2 3 3

따라서 2층 모양을 그릴 때에는 ㉠ 자리에 쌓기나무가 없거나 있는 모양으로 2가지 그릴 수 있습니다.

17 채점 기준

2층에 쌓은 쌓기나무의 개수를 바르게 구한 경우	40 %
3층에 쌓은 쌓기나무의 개수를 바르게 구한 경우	40 %
2층과 3층에 쌓은 쌓기나무의 개수의 합을 바르게 구한 경우	20 %

18 가   다

19 가   나   다

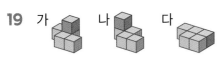

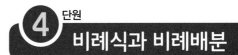

④ 단원 비례식과 비례배분

문제를 풀며 이해해요   93쪽

1 (1) 3, 5 (2) 8, 7

2 (1) 12, 28, 같습니다에 ○표 (2) 20, 16, 같습니다에 ○표

3 (1) 3, 5, 같습니다에 ○표 (2) 4, 9, 같습니다에 ○표

교과서 내용 학습   94~95쪽

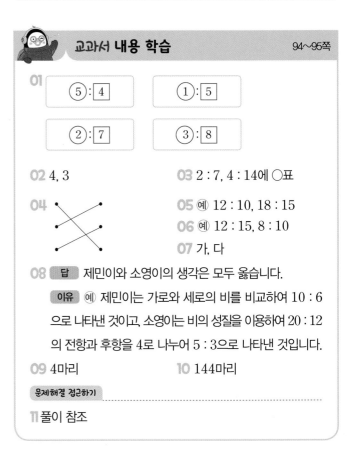

01

⑤ : 4   ① : 5

② : 7   ③ : 8

02 4, 3

03 2 : 7, 4 : 14에 ○표

04

05 예 12 : 10, 18 : 15

06 예 12 : 15, 8 : 10

07 가, 다

08 답 제민이와 소영이의 생각은 모두 옳습니다.

이유 예 제민이는 가로와 세로의 비를 비교하여 10 : 6 으로 나타낸 것이고, 소영이는 비의 성질을 이용하여 20 : 12 의 전항과 후항을 4로 나누어 5 : 3으로 나타낸 것입니다.

09 4마리

10 144마리

문제해결 접근하기

11 풀이 참조

01 비 ● : ■에서 기호 ' : ' 앞에 있는 ●를 전항, 뒤에 있는 ■를 후항이라고 합니다.

02 비의 전항과 후항을 0이 아닌 같은 수로 나누어도 비율이 같습니다.

03 2 : 7은 전항과 후항에 2를 곱한 4 : 14와 비율이 같습니다.

04 • 4 : 9는 전항과 후항에 4를 곱한 16 : 36과 비율이 같습니다.

- 5 : 8은 전항과 후항에 3을 곱한 15 : 24와 비율이 같습니다.
- 24 : 18은 전항과 후항을 6으로 나눈 4 : 3과 비율이 같습니다.

05 비의 전항과 후항에 0이 아닌 같은 수를 곱하거나 비의 전항과 후항을 0이 아닌 같은 수로 나누어도 비율이 같습니다.

$(6 \times 2) : (5 \times 2) \Rightarrow 12 : 10$

$(6 \times 3) : (5 \times 3) \Rightarrow 18 : 15$

06 비의 전항과 후항에 0이 아닌 같은 수를 곱하거나 비의 전항과 후항을 0이 아닌 같은 수로 나누어도 비율이 같습니다.

$(24 \div 2) : (30 \div 2) \Rightarrow 12 : 15$

$(24 \div 3) : (30 \div 3) \Rightarrow 8 : 10$

07 가의 가로와 세로의 비 15 : 10은 전항과 후항을 5로 나누면 3 : 2가 되므로 3 : 2와 비율이 같습니다.
다의 가로와 세로의 비 12 : 8은 전항과 후항을 4로 나누면 3 : 2가 되므로 3 : 2와 비율이 같습니다.

09 땅의 넓이와 토끼 수의 비는 18 : 24입니다. 18 : 24의 전항과 후항을 6으로 나누면 3 : 4입니다. 따라서 넓이가 3 m²인 땅에서는 토끼를 4마리 키우면 됩니다.

10 땅의 넓이와 토끼 수의 비는 18 : 24입니다. 18 : 24의 전항과 후항에 6을 곱하면 108 : 144입니다. 따라서 넓이가 108 m²인 땅에서는 토끼를 144마리 키우면 됩니다.

11 **이해하기 |** ⓔ 액자의 가로가 60 cm이면 세로는 몇 cm인지 구하려고 합니다.
계획 세우기 | ⓔ 액자의 가로와 세로의 비인 4 : 3을 비의 전항과 후항에 0이 아닌 같은 수를 곱하여 가로만큼 되는 경우의 비를 찾아서 세로가 몇 cm인지 구합니다.
해결하기 | (1) 3 (2) 15, 45 (3) 45
되돌아보기 | ⓔ 액자의 가로와 세로의 비 5 : 4의 전항과 후항에 16을 곱하면 80 : 64입니다.
따라서 액자의 세로는 64 cm입니다.

1 (앞에서부터) 6, 3 / 10, 4 / 10, 8 / 7, 7, 7

2 방법 1 0.4, 0.4, 4 방법 2 $\dfrac{5}{10}\left(=\dfrac{1}{2}\right), \dfrac{5}{10}\left(=\dfrac{1}{2}\right), 5$

교과서 내용 학습 98~99쪽

01 12, 12, 9 **02** 10, 10, 18, 6, 2

03 ⓔ 7 : 4 **04** ⓔ 12 : 25

05 ⓔ 3 : 7 **06** ⓔ 5 : 8

07 ㉣ **08** ㉡, ㉢

09

10 도윤: ⓔ 후항을 소수 2.2로 바꾸고 전항과 후항에 10을 곱하여 19 : 22로 나타낼 수 있습니다.

가은: ⓔ 전항을 분수 $\dfrac{19}{10}$로 바꾸고 전항과 후항에 10을 곱하여 19 : 22로 나타낼 수 있습니다.

문제해결 접근하기

11 풀이 참조

01 $\dfrac{1}{3} : \dfrac{3}{4}$의 전항과 후항에 두 분모의 최소공배수인 12를 곱합니다.

$\dfrac{1}{3} \times 12 = 4, \dfrac{3}{4} \times 12 = 9$이므로 4 : 9가 됩니다.

02 1.2 : 1.8의 전항과 후항에 10을 곱하면 12 : 18입니다. 12 : 18의 전항과 후항을 12와 18의 최대공약수인 6으로 나누면 2 : 3입니다.

03 $\dfrac{1}{4} : \dfrac{1}{7}$의 전항과 후항에 두 분모의 최소공배수인 28을 곱하면 7 : 4입니다.

04 $\dfrac{2}{5} : \dfrac{5}{6}$의 전항과 후항에 두 분모의 최소공배수인 30을 곱하면 12 : 25입니다.

05 30 : 70의 전항과 후항을 30과 70의 최대공약수인 10으로 나누면 3 : 7입니다.

06 40 : 64의 전항과 후항을 40과 64의 최대공약수인 8로 나누면 5 : 8입니다.

07 $\frac{1}{2}$을 소수로 바꾸면 $\frac{1}{2}=\frac{5}{10}=0.5$이므로

0.5 : 0.7의 전항과 후항에 10을 곱하면 5 : 7입니다.

08 ㉠ $\frac{1}{5}$: $\frac{1}{3}$의 전항과 후항에 두 분모의 최소공배수인 15를 곱하면 3 : 5입니다.

㉡ 3 : 1.8의 전항과 후항에 10을 곱하면 30 : 18이고, 30 : 18의 전항과 후항을 30과 18의 최대공약수인 6으로 나누면 5 : 3입니다.

㉢ 60 : 36의 전항과 후항을 60과 36의 최대공약수인 12로 나누면 5 : 3입니다.

㉣ 120 : 96의 전항과 후항을 120과 96의 최대공약수인 24로 나누면 5 : 4입니다.

09 • $\frac{2}{5}$를 소수로 나타내면 0.4입니다.

0.4 : 1.6의 전항과 후항에 10을 곱하면 4 : 16이고, 4 : 16의 전항과 후항을 4와 16의 최대공약수인 4로 나누면 1 : 4입니다.

• 0.5를 분수로 나타내면 $\frac{5}{10}$입니다.

$\frac{3}{8}$: $\frac{5}{10}$의 전항과 후항에 두 분모의 최소공배수인 40을 곱하면 15 : 20이고,

15 : 20의 전항과 후항을 15와 20의 최대공약수인 5로 나누면 3 : 4입니다.

• 0.8을 분수로 나타내면 $\frac{8}{10}$입니다.

$\frac{8}{10}$: $\frac{6}{7}$의 전항과 후항에 두 분모의 최소공배수인 70을 곱하면 56 : 60이고,

56 : 60의 전항과 후항을 56과 60의 최대공약수인 4로 나누면 14 : 15입니다.

10 방법 1 후항 $2\frac{1}{5}$을 소수로 바꾸면 $\frac{11}{5}=\frac{22}{10}=2.2$

이므로 1.9 : 2.2의 전항과 후항에 10을 곱하면 19 : 22가 됩니다.

방법 2 전항 1.9를 분수로 바꾸면 $\frac{19}{10}$이므로

$\frac{19}{10}$: $2\frac{1}{5}$ = $\frac{19}{10}$: $\frac{11}{5}$의 전항과 후항에 10을 곱하면 19 : 22가 됩니다.

11 이해하기 | ⑩ 배와 수박의 무게의 비를 간단한 자연수의 비로 나타내려고 합니다.

계획 세우기 | ⑩ 배와 수박의 무게의 비를 세우고 소수를 분수로 바꾸어 전항과 후항에 분모의 최소공배수를 곱해서 구합니다. 또 곱해진 비의 전항과 후항을 최대공약수로 나누어 비를 구합니다.

해결하기 | (1) 4.5 (2) 10, 35, 180, 7, 36 (3) 7, 36

되돌아보기 | ⑩ 배와 수박의 무게의 비를 세우고 소수인 4.5를 분수인 $\frac{45}{10}$로 바꾸어 전항과 후항에 40을 곱해서 35 : 180을 구했습니다. 또 35 : 180의 전항과 후항을 5로 나누어 7 : 36을 구했습니다.

문제를 풀며 이해해요   101쪽

1 4, 10 / 5, 8

2 9, 24

3 7, 5

4 5, 8, 30, 48 (또는 30, 48, 5, 8)

---

4 30 : 48의 전항과 후항을 6으로 나누면 5 : 8이므로 5 : 8과 30 : 48은 비율이 같습니다.

➡ 5 : 8 = 30 : 48 또는 30 : 48 = 5 : 8

01 10, 비례식

02 (1) ⑦ : 8 = 14 : ⑯

(2) ② : 9 = 10 : ㊺

03 8 : 3 = 24 : 9 (또는 24 : 9 = 8 : 3)

04 (○)

( )

05 서윤

06 예 $\frac{9}{16}$: $\frac{7}{8}$ = 9 : 14 (또는 9 : 14 = $\frac{9}{16}$: $\frac{7}{8}$)

07 예 3 : 2.1 = 10 : 7 (또는 10 : 7 = 3 : 2.1)

08 예 7 : 9 = 14 : 18

09 성훈: 예 맞습니다.

예나: 예 틀립니다. 내항은 5와 12, 외항은 6과 10입니다.

10 예 5 : 7 = 25 : 35, 35 : 7 = 25 : 5

문제해결 접근하기

11 풀이 참조

02 비례식 ● : ■ = ▲ : ◆에서 바깥쪽에 있는 ●과 ◆를 외항, 안쪽에 있는 ■와 ▲를 내항이라고 합니다.

03 각 비의 비율을 구하면 다음과 같습니다.

8 : 3 ➡ (비율)= $\frac{8}{3}$

5 : 8 ➡ (비율)= $\frac{5}{8}$

16 : 10 ➡ (비율)= $\frac{16}{10}$ (= $\frac{8}{5}$)

24 : 9 ➡ (비율)= $\frac{24}{9}$ (= $\frac{8}{3}$)

따라서 비율이 같은 두 비를 찾아 비례식을 세우면 8 : 3 = 24 : 9 (또는 24 : 9 = 8 : 3)입니다.

04 • 4 : 9의 비율은 $\frac{4}{9}$ 이고, 8 : 18의 비율은 $\frac{8}{18}$ (= $\frac{4}{9}$)

이므로 4 : 9와 8 : 18의 비율이 같습니다.

따라서 비례식입니다.

• 6 : 5의 비율은 $\frac{6}{5}$ 이고,

25 : 30의 비율은 $\frac{25}{30}$ (= $\frac{5}{6}$)이므로 6 : 5와

25 : 30의 비율이 다릅니다. 따라서 비례식이 아닙니다.

05 14 : 12의 비율은 $\frac{14}{12}$ (= $\frac{7}{6}$)이고, 21 : 18의 비율은 $\frac{21}{18}$ (= $\frac{7}{6}$)이므로 두 비의 비율은 $\frac{7}{6}$ 로 같습니다.

06 $\frac{9}{16}$: $\frac{7}{8}$ 의 전항과 후항에 분모의 최소공배수인 16을 곱하면 9 : 14입니다. 따라서 비례식을 세우면 $\frac{9}{16}$: $\frac{7}{8}$ = 9 : 14 (또는 9 : 14 = $\frac{9}{16}$: $\frac{7}{8}$)입니다.

07 3 : 2.1의 전항과 후항에 10을 곱하면 30 : 21입니다. 30 : 21의 전항과 후항을 3으로 나누면 10 : 7입니다. 따라서 비례식을 세우면 3 : 2.1 = 10 : 7 (또는 10 : 7 = 3 : 2.1)입니다.

08 비율이 $\frac{7}{9}$ 인 비는 7 : 9입니다. 7 : 9의 전항과 후항에 2를 곱하면 14 : 18입니다. 따라서 비례식을 세우면 7 : 9 = 14 : 18 (또는 14 : 18 = 7 : 9)입니다.

7 : 9 = 21 : 27, 7 : 9 = 28 : 36 등 여러 가지 비례식을 세울 수 있습니다.

09 6 : 5의 비율은 $\frac{6}{5}$ 이고 12 : 10의 비율은 $\frac{12}{10}$ (= $\frac{6}{5}$)이므로 6 : 5와 12 : 10의 비율이 같습니다.

따라서 6 : 5 = 12 : 10은 비례식입니다.

비례식 6 : 5 = 12 : 10에서 안쪽에 있는 5와 12를 내항, 바깥쪽에 있는 6과 10을 외항이라고 합니다.

10 내항이 7, 25이므로 비례식을 ● : 7 = 25 : ◆라 하면 외항이 5와 35이므로

5 : 7 = 25 : 35, 35 : 7 = 25 : 5입니다.

내항이 7, 25이므로 비례식을 ● : 25 = 7 : ◆라 하면 외항이 5와 35이므로

5 : 25 = 7 : 35, 35 : 25 = 7 : 5입니다.

11 **이해하기** | 예 조건에 알맞은 비례식을 완성하기 위해 ㉠, ㉡, ㉢에 알맞은 수를 구하려고 합니다.

계획 세우기 | 예) 각 비의 비율이 $\frac{3}{5}$이므로

$\frac{3}{\text{㉠}}=\frac{\text{㉡}}{\text{㉢}}=\frac{3}{5}$이 되어야 합니다. 외항의 곱이 75이므로 $3\times\text{㉢}=75$가 되어야 합니다. 이를 이용하여 ㉠, ㉡, ㉢의 값을 구합니다.

해결하기 | (1) 5 (2) 3, 25, 15 (3) 5, 15, 25

되돌아보기 | 예) $3:5=15:25$에서 $3:5$의 비율은 $\frac{3}{5}$

이고, $15:25$의 비율은 $\frac{15}{25}\left(=\frac{3}{5}\right)$이므로 $3:5$와

$15:25$의 비율이 같습니다. 따라서 $3:5=15:25$ 는 비례식입니다.

문제를 풀며 이해해요　105쪽

1　4, 27, 108 / 9, 12, 108 / 0.3, 40, 12 / 0.8, 15, 12 / 같습니다에 ○표

2　$\frac{3}{4}$, 16, 12 / $\frac{2}{5}$, 25, 10 / 다르므로에 ○표, 비례식이 아닙니다에 ○표

3　9, 6, 54, 54 (또는 6, 9, 54, 54)

🐧 교과서 내용 학습　106~107쪽

01 (○)(　)　　02 (1) 7 (2) 5
　(○)(　)

03 6, 8

04 예) $2:3=6:9$, $2:6=3:9$

05 $1:18=\square:90$ (또는 $\square:90=1:18$)

06 5 L　　　　　07 1.4 kg

08 48초　　　　　09 35 m

10 비례식 $5:7000=7:\square$ (또는 $5:7=7000:\square$)

　답 9800원

문제해결 접근하기

11 풀이 참조

---

01 • $5:3=15:9$에서
외항의 곱은 $5\times9=45$, 내항의 곱은 $3\times15=45$ 이므로 외항의 곱과 내항의 곱이 같습니다.
따라서 비례식입니다.

• $7:4=8:14$에서
외항의 곱은 $7\times14=98$, 내항의 곱은 $4\times8=32$ 이므로 외항의 곱과 내항의 곱이 같지 않습니다.
따라서 비례식이 아닙니다.

• $0.4:0.7=8:14$에서
외항의 곱은 $0.4\times14=5.6$, 내항의 곱은 $0.7\times8=5.6$이므로 외항의 곱과 내항의 곱이 같습니다.
따라서 비례식입니다.

• $5:8=\frac{1}{5}:\frac{1}{8}$에서
외항의 곱은 $5\times\frac{1}{8}=\frac{5}{8}$, 내항의 곱은 $8\times\frac{1}{5}=\frac{8}{5}$ 이므로 외항의 곱과 내항의 곱이 같지 않습니다.
따라서 비례식이 아닙니다.

02 (1) 외항의 곱은 $\square\times24$, 내항의 곱은 $21\times8=168$ 입니다. 비례식에서 외항의 곱과 내항의 곱은 같으므로 $\square\times24=168$, $\square=168\div24=7$입니다.

(2) 외항의 곱은 $4\times3.5=14$, 내항의 곱은 $2.8\times\square$ 입니다. 비례식에서 외항의 곱과 내항의 곱이 같으므로 $2.8\times\square=14$, $\square=14\div2.8=5$입니다.

03 $3:\square=4:\blacklozenge$라고 하면 외항의 곱이 24이므로 $3\times\blacklozenge=24$, $\blacklozenge=24\div3=8$입니다. 이때 외항의 곱과 내항의 곱이 같으므로 내항의 곱도 24입니다. 즉, $\square\times4=24$이므로 $\square=24\div4=6$입니다.

04 2, 3, 9, 6 중 곱이 같은 두 수씩 짝을 지으면 2와 9, 3과 6입니다.

• 2와 9가 외항일 때 3과 6이 내항이므로 비례식을 세우면 $2:3=6:9$, $2:6=3:9$, $9:3=6:2$, $9:6=3:2$입니다.

• 2와 9가 내항일 때 3과 6이 외항이므로 비례식을 세

우면 $3:2=9:6$, $3:9=2:6$, $6:2=9:3$,

$6:9=2:3$입니다.

06 $1:18=\square:90$에서 외항의 곱은 내항의 곱과 같으므로 $1\times90=18\times\square$, $\square=90\div18=5$입니다.

따라서 필요한 휘발유의 양은 5 L입니다.

07 필요한 밀가루의 양을 $\square$ kg이라 하고 비례식을 세우면 $2:0.4=7:\square$입니다.

➡ $2\times\square=0.4\times7$, $2\times\square=2.8$,

$\square=2.8\div2=1.4$

08 36장을 복사하는 데 걸리는 시간을 $\square$초라 하고 비례식을 세우면 $12:9=\square:36$입니다.

➡ $12\times36=9\times\square$, $9\times\square=432$,

$\square=432\div9=48$

09 실제 땅의 세로를 $\square$ m라 하고 비례식을 세우면

$6:5=42:\square$입니다.

➡ $6\times\square=5\times42$, $6\times\square=210$,

$\square=210\div6=35$

10 비례식을 세우면 $5:7000=7:\square$입니다.

➡ $5\times\square=7000\times7$, $5\times\square=49000$,

$\square=49000\div5=9800$

11 **이해하기** | ⓔ 김밥 5줄을 만들려면 밥이 몇 g 필요한지 구하려고 합니다.

계획 세우기 | ⓔ 김밥 5줄을 만드는 데 필요한 밥의 양을 $\triangle$ g이라 하고 비례식을 세워서 비례식의 성질을 이용하여 답을 구합니다.

해결하기 | (1) 280 (2) 280, 1400, 700 (3) 700

되돌아보기 | ⓔ 구하려는 밥의 양을 $\triangle$ g이라 하고 비례식을 세우면 $2:280=7:\triangle$입니다. $2\times\triangle=280\times7$, $2\times\triangle=1960$, $\triangle=980$입니다. 따라서 김밥 7줄을 만들려면 밥은 980 g 필요합니다.

---

1 ○○○○ ○○○○○○ / 4, 6

2 $4,\ 3,\ \dfrac{4}{7},\ 8$ / $4,\ 3,\ \dfrac{3}{7},\ 6$

3 $5,\ 4,\ \dfrac{5}{9},\ 10$ / $5,\ 4,\ \dfrac{4}{9},\ 8$

1 전체를 주어진 비로 배분하는 것을 비례배분이라고 합니다.

연필 10자루를 $2:3$으로 나누면 연필 10자루를 $2+3=5$로 나눈 것 중에 시윤이는 2를 가지고, 정빈이는 3을 가지므로 시윤이는 전체의 $\dfrac{2}{2+3}=\dfrac{2}{5}$,

정빈이는 전체의 $\dfrac{3}{2+3}=\dfrac{3}{5}$만큼을 가지게 됩니다.

➡ 시윤: $10\times\dfrac{2}{5}=4$(자루), 정빈: $10\times\dfrac{3}{5}=6$(자루)

2 빵 14개를 세진이와 기범이에게 $4:3$으로 나누어 주면 전체를 $4+3=7$로 나눈 것 중에 세진이는 4를 가지고, 기범이는 3을 가지므로 세진이는 전체의 $\dfrac{4}{4+3}=\dfrac{4}{7}$, 기범이는 전체의 $\dfrac{3}{4+3}=\dfrac{3}{7}$만큼을 가지게 됩니다.

➡ 세진: $14\times\dfrac{4}{4+3}=14\times\dfrac{4}{7}=8$(개)

기범: $14\times\dfrac{3}{4+3}=14\times\dfrac{3}{7}=6$(개)

3 구슬 18개를 두 사람이 $5:4$로 나누면 전체를 $5+4=9$로 나눈 것 중에 혜인이는 5를 가지고, 동건이는 4를 가지므로 혜인이는 전체의 $\dfrac{5}{5+4}=\dfrac{5}{9}$, 동건이는 전체의 $\dfrac{4}{5+4}=\dfrac{4}{9}$만큼을 가지게 됩니다.

➡ 혜인: $18\times\dfrac{5}{5+4}=18\times\dfrac{5}{9}=10$(개)

동건: $18\times\dfrac{4}{5+4}=18\times\dfrac{4}{9}=8$(개)

01  / 2, 4

02 $5, 3, \dfrac{5}{8}, 15 / 5, 3, \dfrac{3}{8}, 9$

03 (1) $\dfrac{6}{13}$ (2) 12 km

04 (1) $4, 3, \dfrac{4}{7} / 4, 3, \dfrac{3}{7}$ (2) 8000원, 6000원

05 8, 12   **06** 56, 40

07 36개, 32개   **08** 10시간, 14시간

09 예 $216 \times \dfrac{5}{5+4} = 216 \times \dfrac{5}{9} = 120$(명)

> **이유** 예 전체를 주어진 비로 배분하기 위해서는 전체를 의미하는 전항과 후항의 합을 분모로 하는 분수의 비율로 나타내어야 하는데 전항과 후항의 곱으로 나타냈기 때문입니다.

10 36 cm

문제해결 접근하기

11 풀이 참조

03 (1) 전체를 $7+6=13$으로 생각했을 때 도서관에서 B 마을까지의 거리는 전체 13 중의 6이므로 $\dfrac{6}{13}$입니다.

(2) (B 마을에서 도서관까지의 거리)
$= 26 \times \dfrac{6}{13} = 12$(km)

04 (1) 14000원을 두 사람이 4 : 3으로 나누면 전체를 $4+3=7$로 나눈 것 중에 소영이는 4를 가지고, 동생은 3을 가지므로 소영이는 전체의 $\dfrac{4}{4+3} = \dfrac{4}{7}$, 동생은 전체의 $\dfrac{3}{4+3} = \dfrac{3}{7}$만큼을 가지게 됩니다.

(2) 소영: $14000 \times \dfrac{4}{4+3} = 14000 \times \dfrac{4}{7} = 8000$(원)

동생: $14000 \times \dfrac{3}{4+3} = 14000 \times \dfrac{3}{7} = 6000$(원)

05 $20 \times \dfrac{2}{2+3} = 20 \times \dfrac{2}{5} = 8$

$20 \times \dfrac{3}{2+3} = 20 \times \dfrac{3}{5} = 12$

06 $96 \times \dfrac{7}{7+5} = 96 \times \dfrac{7}{12} = 56$

$96 \times \dfrac{5}{7+5} = 96 \times \dfrac{5}{12} = 40$

07 선호: $68 \times \dfrac{9}{9+8} = 68 \times \dfrac{9}{17} = 36$(개)

수진: $68 \times \dfrac{8}{9+8} = 68 \times \dfrac{8}{17} = 32$(개)

08 하루는 24시간입니다.

낮: $24 \times \dfrac{5}{5+7} = 24 \times \dfrac{5}{12} = 10$(시간)

밤: $24 \times \dfrac{7}{5+7} = 24 \times \dfrac{7}{12} = 14$(시간)

10 직사각형의 둘레는 112 cm이므로
(가로)＋(세로)＋(가로)＋(세로)＝112,
(가로)＋(세로)＝112÷2＝56 (cm)입니다.

➡ (가로)＝$56 \times \dfrac{9}{9+5} = 56 \times \dfrac{9}{14} = 36$ (cm)

11 **이해하기** 예 태극기의 가로와 세로가 각각 몇 cm인지 구하려고 합니다.

계획 세우기 예 (직사각형의 둘레)＝((가로)＋(세로))×2이므로 태극기의 둘레를 2로 나누어서 태극기의 가로와 세로의 합을 구한 후 3 : 2로 비례배분해서 태극기의 가로와 세로를 구합니다.

해결하기 (1) 75 (2) 75, 3, 45, 75, 2, 30

되돌아보기 예 태극기의 둘레가 320 cm이므로
(가로)＋(세로)＝320÷2＝160 (cm)입니다.

160 cm를 가로와 세로의 비 3 : 2로 비례배분하면 태극기의 가로는 $160 \times \dfrac{3}{3+2} = 160 \times \dfrac{3}{5} = 96$ (cm)

이고, 세로는 $160 \times \dfrac{2}{3+2} = 160 \times \dfrac{2}{5} = 64$ (cm)입니다.

따라서 태극기의 가로는 96 cm, 세로는 64 cm입니다.

01 4, 9

02 예 6 : 14, 9 : 21

03 (1) 예 2 : 3   (2) 예 8 : 3   **04** ㉢, ㉣

05

06 (1) 6, 3   (2) 6, 3, 63, 63, 9, 8 / 9 : 8

07 예 7 : 6   **08** 예 9 : 2

09 21 : 27=49 : 63 (또는 49 : 63=21 : 27)

10 ㉣   **11** (1) 8   (2) 16

12 8   **13** 45

14 (1) 60   (2) 60, 180, 36   (3) 36 / 36 kg

15 7 kg   **16** 9.3 km

17 7, 5, 28 / 7, 5, 20   **18** 18일

19 24500원, 10500원

20 140 kg

---

01 비 ● : ■에서 기호 ' : ' 앞에 있는 ●를 전항, 뒤에 있는 ■를 후항이라고 합니다.

02 비의 전항과 후항에 0이 아닌 같은 수를 곱하여도 비율이 같습니다.

예 (3×2) : (7×2)=6 : 14

(3×3) : (7×3)=9 : 21

03 (1) 28 : 42의 전항과 후항을 14로 나누면 2 : 3입니다.

(2) $1\frac{1}{5}$을 소수로 나타내면 $1\frac{1}{5}=1\frac{2}{10}=1.2$입니다.

3.2 : 1.2의 전항과 후항에 10을 곱하면 32 : 12입니다. 32 : 12의 전항과 후항을 4로 나누면 8 : 3입니다.

04 ㉠ 18 : 63의 전항과 후항을 9로 나누면 2 : 7입니다.

㉡ 0.6 : 1.8의 전항과 후항에 10을 곱하면 6 : 18입니다. 6 : 18의 전항과 후항을 6으로 나누면 1 : 3입니다.

㉢ 14 : 35의 전항과 후항을 7로 나누면 2 : 5입니다.

㉣ 2.6 : 6.5의 전항과 후항에 10을 곱하면 26 : 65입니다. 26 : 65의 전항과 후항을 13으로 나누면 2 : 5입니다.

05 • 8 : 12의 전항과 후항을 4로 나누면 2 : 3입니다.

• 15 : 25의 전항과 후항을 5로 나누면 3 : 5입니다.

• 16 : 28의 전항과 후항을 4로 나누면 4 : 7입니다.

• $\frac{1}{5}$: $\frac{1}{3}$의 전항과 후항에 15를 곱하면 3 : 5입니다.

• 1 : 1.5의 전항과 후항에 10을 곱하면 10 : 15입니다. 10 : 15의 전항과 후항을 5로 나누면 2 : 3입니다.

• 36 : 63의 전항과 후항을 9로 나누면 4 : 7입니다.

06 채점 기준

밑변의 길이와 높이의 비를 바르게 구한 경우	40 %
밑변의 길이와 높이의 비를 간단한 자연수의 비로 바르게 나타낸 경우	60 %

07 (여학생 수)=(전체 학생 수)−(남학생 수)

=910−490=420(명)

남학생 수와 여학생 수의 비는 490 : 420입니다.

490 : 420의 전항과 후항을 70으로 나누면 7 : 6입니다.

08 찹쌀의 양과 팥의 양의 비는 1.8 : $\frac{2}{5}$입니다.

1.8=$\frac{18}{10}$이므로 $\frac{18}{10}$: $\frac{2}{5}$의 전항과 후항에 10을 곱하면 18 : 4입니다.

18 : 4의 전항과 후항을 2로 나누면 9 : 2입니다.

09 6 : 7의 비율은 $\frac{6}{7}$입니다.

5 : 4의 비율은 $\frac{5}{4}$입니다.

21 : 27의 비율은 $\frac{21}{27}\left(=\frac{7}{9}\right)$입니다.

49 : 63의 비율은 $\frac{49}{63}\left(=\frac{7}{9}\right)$입니다.

10 비례식은 비율이 같은 두 비를 '='을 사용하여 나타낸

식인데 ㉠은 비가 아니므로 비례식이 아닙니다.

㉡ 외항의 곱이 $8 \times 16 = 128$이고, 내항의 곱이
$5 \times 10 = 50$으로 외항의 곱과 내항의 곱이 같지 않
습니다. 따라서 비례식이 아닙니다.

㉢ 외항의 곱이 $6 \times 28 = 168$이고, 내항의 곱이
$7 \times 18 = 126$으로 외항의 곱과 내항의 곱이 같지
않습니다. 따라서 비례식이 아닙니다.

㉣ 외항의 곱이 $1.2 \times 24 = 28.8$이고, 내항의 곱이
$9.6 \times 3 = 28.8$이므로 외항의 곱과 내항의 곱이 같
습니다. 따라서 비례식입니다.

11 비례식에서 외항의 곱과 내항의 곱은 같습니다.
(1) $9 \times \square = 2 \times 36$, $9 \times \square = 72$, $\square = 72 \div 9 = 8$
(2) $\dfrac{3}{4} \times \square = 18 \times \dfrac{2}{3}$, $\dfrac{3}{4} \times \square = 12$,

$\square = 12 \div \dfrac{3}{4} = 16$

12 비례식에서 외항의 곱과 내항의 곱은 같으므로 내항의
곱도 192입니다. 이때 한 내항이 24이므로 다른 내항
을 $\square$라 하면 $24 \times \square = 192$, $\square = 192 \div 24 = 8$입니
다.

13 • $\dfrac{1}{4} : 2$의 전항과 후항에 4를 곱하면 $1 : 8$입니다.

➡ (비율) $= \dfrac{1}{8}$

• $1.6 : 8$의 전항과 후항에 10을 곱한 다음 전항과 후항
을 16으로 나누면 $1 : 5$입니다. ➡ (비율) $= \dfrac{1}{5}$

• $6 : 5$ ➡ (비율) $= \dfrac{6}{5}$

• $25 : 30$ ➡ (비율) $= \dfrac{25}{30}\left(=\dfrac{5}{6}\right)$

• $1.5 : 1.8$의 전항과 후항에 10을 곱한 다음 전항과
후항을 3으로 나누면 $5 : 6$입니다. ➡ (비율) $= \dfrac{5}{6}$

따라서 비율이 같은 두 비로 비례식을 세우면
$25 : 30 = 1.5 : 1.8$ 또는 $1.5 : 1.8 = 25 : 30$이므로
외항의 곱은 $25 \times 1.8 = 45$ 또는 $1.5 \times 30 = 45$입니
다.

14

채점 기준	
넣어야 할 설탕의 양을 $\square$ kg이라 하고 비례식을 바르게 세운 경우	40 %
$\square$의 값을 바르게 구한 경우	40 %
넣어야 할 설탕의 양을 바르게 구한 경우	20 %

15 식빵 15개를 만드는 데 필요한 밀가루의 양을 $\square$ kg
이라 하고 비례식을 세우면 $3 : 1.4 = 15 : \square$입니다.
외항의 곱과 내항의 곱은 같으므로 $3 \times \square = 1.4 \times 15$,
$3 \times \square = 21$, $\square = 21 \div 3 = 7$입니다.

16 동표가 자전거를 타고 3시간 동안 갈 수 있는 거리를
$\square$ km라 하고 비례식을 세우면 $2 : 6.2 = 3 : \square$입니
다. 외항의 곱과 내항의 곱은 같으므로
$2 \times \square = 6.2 \times 3$, $2 \times \square = 18.6$,
$\square = 18.6 \div 2 = 9.3$입니다.

18 9월은 30일까지 있습니다.
(9월에 줄넘기를 한 날수)

$= 30 \times \dfrac{6}{6+4}$

$= 30 \times \dfrac{6}{10} = 18(일)$

19 35000원을 $7 : 3$으로 비례배분합니다.

저금: $35000 \times \dfrac{7}{7+3} = 35000 \times \dfrac{7}{10} = 24500(원)$

책: $35000 \times \dfrac{3}{7+3} = 35000 \times \dfrac{3}{10} = 10500(원)$

20 무: $560 \times \dfrac{5}{5+3} = 560 \times \dfrac{5}{8} = 350 \,(\text{kg})$

배추: $560 \times \dfrac{3}{5+3} = 560 \times \dfrac{3}{8} = 210 \,(\text{kg})$

따라서 무는 배추보다 $350 - 210 = 140 \,(\text{kg})$ 더 많
습니다.

문제를 풀여 이해해요 121쪽

1 (1) 원주 (2) 원주율

2 3

3 (1) 6, 3 (2) 8, 4 (3) 3, 4

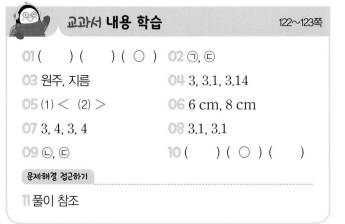

교과서 내용 학습 122~123쪽

01 ( ) ( ) (○) 02 ㉠, ㉢

03 원주, 지름 04 3, 3.1, 3.14

05 (1) < (2) > 06 6 cm, 8 cm

07 3, 4, 3, 4 08 3.1, 3.1

09 ㉡, ㉢ 10 ( ) (○) ( )

문제해결 접근하기

11 풀이 참조

02 ㉡ 원주는 지름의 약 3배입니다.

03 원주율은 (원주)÷(지름)으로 구할 수 있습니다.

04 소수 첫째 자리 숫자가 1이므로 원주율을 반올림하여 일의 자리까지 나타내면 3입니다. 소수 둘째 자리 숫자가 4이므로 원주율을 반올림하여 소수 첫째 자리까지 나타내면 3.1입니다. 소수 셋째 자리 숫자가 1이므로 원주율을 반올림하여 소수 둘째 자리까지 나타내면 3.14입니다.

05 원주는 정육각형의 둘레보다 길고, 정사각형의 둘레보다 짧습니다.

06 정육각형의 한 변의 길이가 1 cm이므로 정육각형의 둘레는 $1 \times 6 = 6$ (cm)입니다. 정사각형의 한 변의 길이가 2 cm이므로 정사각형의 둘레는 $2 \times 4 = 8$ (cm)입니다.

07 정육각형의 둘레는 6 cm, 원의 지름은 2 cm이므로 정육각형의 둘레는 원의 지름의 $6 \div 2 = 3$(배)입니다. 정사각형의 둘레는 8 cm, 원의 지름은 2 cm이므로 정사각형의 둘레는 원의 지름의 $8 \div 2 = 4$(배)입니다. 원주는 정육각형의 둘레보다 길고, 정사각형의 둘레보다 짧으므로 원의 지름의 3배보다 길고 4배보다 짧습니다.

08 $12.56 \div 4 = 3.14$ ➡ 3.1
   $31.4 \div 10 = 3.14$ ➡ 3.1

09 ㉠ (원주율)=(원주)÷(지름)

10 원의 둘레는 원의 지름의 약 3배입니다. 따라서 지름이 3 cm인 원의 둘레와 가장 비슷한 길이는 9 cm입니다.

11 **이해하기** | ㉖ 원주는 원의 지름의 약 몇 배인지 구하려고 합니다.
   계획 세우기 | ㉖ 정육각형과 정사각형의 둘레를 구하고 각각의 둘레와 원의 지름의 관계를 알아봅니다.
   해결하기 | (1) 4 (2) 12, 3 (3) 16, 4 (4) 3, 4
   되돌아보기 | ㉖ 원주는 정육각형의 둘레보다 길고 정사각형의 둘레보다 짧습니다. 정육각형의 둘레는 6 cm, 정사각형의 둘레는 8 cm이므로 원주는 6 cm보다 길고, 8 cm보다 짧습니다.

문제를 풀여 이해해요 125쪽

1 (1) 지름 (2) 원주율

2 7, 3.1, 21.7

3 24, 3, 8

01 (　) (×) (　)

02 예 (원주)=(지름)×(원주율)입니다. (지름)=(반지름)×2
이므로 (자전거 바퀴의 원주)=(반지름)×2×(원주율)로
구할 수 있습니다.

03 18.84 cm　　　　04 31.4 cm

05 7 cm　　　　06 4 m

07 ㉢, ㉠, ㉡　　　08 53.38 cm

09 12 cm　　　　10 775 cm

문제해결 접근하기

11 풀이 참조

03 (원주)=(지름)×(원주율)=6×3.14=18.84(cm)

04 (원주)=(지름)×(원주율)=(반지름)×2×(원주율)
　　　　=5×2×3.14=31.4(cm)

05 (지름)=(원주)÷(원주율)=21.7÷3.1=7(cm)

06 (지름)=(원주)÷(원주율)=24.8÷3.1=8(m)
　　(반지름)=(지름)÷2=8÷2=4(m)

07 세 원의 원주를 비교합니다.
　　㉡ 9×3.1=27.9(cm)
　　㉢ 6×2×3.1=37.2(cm)
　　37.2 cm＞34.1 cm＞27.9 cm ➡ ㉢＞㉠＞㉡
　　참고 지름이나 반지름의 길이로도 원의 크기를 비교할
　　수 있습니다.

08 왼쪽 원의 원주: 6×2×3.14=37.68(cm)
　　오른쪽 원의 원주: 5×3.14=15.7(cm)
　　따라서 두 원의 원주의 합은
　　37.68+15.7=53.38(cm)입니다.

09 (지름)=(원주)÷(원주율)=72÷3=24(cm)
　　(반지름)=(지름)÷2=24÷2=12(cm)

10 자전거가 한 바퀴 굴러간 거리는 50×3.1=155(cm)
　　입니다. 5바퀴 굴러간 거리는 155×5=775(cm)입
　　니다.

11 이해하기| 예 지름이 5 cm, 6 cm인 원을 만들 때 필
요한 종이띠의 길이를 구하려고 합니다.
계획 세우기| 예 각각의 원주를 구해 더하여 구합니다.
해결하기| (1) 15.7　(2) 18.84　(3) 34.54
되돌아보기| 예 지름이 5 cm인 원을 만들려면 종이띠
5×3.14=15.7(cm)가 필요하고, 지름이 6 cm인
원을 만들려면 종이띠 6×3.14=18.84(cm)가 필
요하므로 두 길이를 더하여 구했습니다.

문제를 풀여 이해해요 129쪽

1 (1) 8, 8, 32　(2) 8, 8, 64　(3) 32, 64

2 (1) 직사각형　(2) 원주, 반지름　(3) 반지름, 반지름

01 50 cm²　　　　02 100 cm²

03 50, 100　　　　04 18, 36

05 32칸, 60칸　　　06 32, 60

07 88, 132　　　　08 151.9 cm²

09 314 cm²　　　　10 180, 240

문제해결 접근하기

11 풀이 참조

01 (원 안에 있는 정사각형의 넓이)
　　=(한 대각선의 길이)×(다른 대각선의 길이)÷2
　　=10×10÷2=50(cm²)

02 원 밖에 있는 정사각형의 한 변의 길이는 10 cm입
니다.
　　(원 밖에 있는 정사각형의 넓이)
　　=(한 변의 길이)×(한 변의 길이)
　　=10×10=100(cm²)

03 원의 넓이는 원 안에 있는 정사각형의 넓이 50 cm²보
다 크고, 원 밖에 있는 정사각형의 넓이 100 cm²보다
작습니다.

04 (원 안에 있는 정사각형의 넓이)

$=6 \times 6 \div 2 = 18 \,(\text{cm}^2)$

(원 밖에 있는 정사각형의 넓이) $=6 \times 6 = 36 \,(\text{cm}^2)$

06 원의 넓이는 초록색 모눈의 넓이인 $32 \,\text{cm}^2$보다 크고, 빨간색 선 안의 모눈의 넓이인 $60 \,\text{cm}^2$보다 작습니다.

07 초록색 모눈의 수는 88칸이고, 빨간색 선 안의 모눈의 수는 132칸입니다. 따라서 원의 넓이는 $88 \,\text{cm}^2$보다 크고, $132 \,\text{cm}^2$보다 작습니다.

08 (원의 넓이)=(반지름)×(반지름)×(원주율)

$=7 \times 7 \times 3.1 = 151.9 \,(\text{cm}^2)$

09 접시의 반지름은 $10 \,\text{cm}$입니다.

(접시의 넓이)=(반지름)×(반지름)×(원주율)

$=10 \times 10 \times 3.14 = 314 \,(\text{cm}^2)$

10 (원 안에 있는 정육각형의 넓이)

$=$(삼각형 ㄹㅇㅂ의 넓이)$\times 6 = 30 \times 6 = 180 \,(\text{cm}^2)$

(원 밖에 있는 정육각형의 넓이)

$=$(삼각형 ㄱㅇㄷ의 넓이)$\times 6 = 40 \times 6 = 240 \,(\text{cm}^2)$

원의 넓이는 $180 \,\text{cm}^2$보다 크고, $240 \,\text{cm}^2$보다 작습니다.

11 **이해하기** | 예 직사각형 안에 그릴 수 있는 가장 큰 원의 넓이를 구하려고 합니다.

계획 세우기 | 예 직사각형 안에 그릴 수 있는 가장 큰 원의 반지름을 찾아 원의 넓이를 구합니다.

해결하기 | (1) 8 (2) $4 \times 4 \times 3.14 = 50.24$ (3) 50.24

되돌아보기 | 예 직사각형 안에 그릴 수 있는 가장 큰 원의 지름은 $6 \,\text{cm}$입니다. 원의 반지름은 $3 \,\text{cm}$이므로 원의 넓이는 $3 \times 3 \times 3.14 = 28.26 \,(\text{cm}^2)$입니다.

문제를 풀여 이해해요   133쪽

1 (1) $12.4 \,\text{cm}^2$, $49.6 \,\text{cm}^2$ (2) 4배

2 (1) $144 \,\text{cm}^2$ (2) $54 \,\text{cm}^2$ (3) $90 \,\text{cm}^2$

교과서 내용 학습   134~135쪽

01 $12 \,\text{cm}^2$, $48 \,\text{cm}^2$, $108 \,\text{cm}^2$

02 2, 3   **03** 4, 9

04 $96 \,\text{cm}^2$ **05** $21.5 \,\text{cm}^2$

06 $61.2 \,\text{cm}$ **07** $223.2 \,\text{cm}^2$

08 $83.7 \,\text{cm}^2$ **09** $3600 \,\text{m}^2$

10 $49.6 \,\text{cm}^2$, $148.8 \,\text{cm}^2$, $248 \,\text{cm}^2$

문제해결 접근하기

11 풀이 참조

01 (원의 넓이)=(반지름)×(반지름)×(원주율)

(가의 넓이)$=2 \times 2 \times 3 = 12 \,(\text{cm}^2)$

(나의 넓이)$=4 \times 4 \times 3 = 48 \,(\text{cm}^2)$

(다의 넓이)$=6 \times 6 \times 3 = 108 \,(\text{cm}^2)$

03 원 나의 반지름은 원 가의 반지름의 $4 \div 2 = 2$(배)이고, 원 나의 넓이는 원 가의 넓이의 $48 \div 12 = 4$(배)입니다. 원 다의 반지름은 원 가의 반지름의 $6 \div 2 = 3$(배)이고, 원 다의 넓이는 원 가의 넓이의 $108 \div 12 = 9$(배)입니다. 따라서 원의 반지름이 2배, 3배가 되면 원의 넓이는 4배, 9배가 됩니다.

04 원 나의 반지름이 원 가의 반지름의 2배이므로 원 나의 넓이는 원 가의 넓이의 4배입니다. 따라서 원 나의 넓이는 $24 \times 4 = 96 \,(\text{cm}^2)$입니다.

05 (반원 2개의 넓이)=(지름이 $10 \,\text{cm}$인 원의 넓이)

(색칠한 부분의 넓이)=(정사각형의 넓이)−(원의 넓이)

$=10 \times 10 - 5 \times 5 \times 3.14$

$=100 - 78.5 = 21.5 \,(\text{cm}^2)$

06 (꽃밭의 둘레)=(반원의 지름)+(반원의 원주)

$=12 \times 2 + 12 \times 2 \times 3.1 \div 2$

$=24 + 37.2 = 61.2 \,(\text{cm})$

07 꽃밭의 넓이는 반원의 넓이와 같습니다.

(꽃밭의 넓이)=(반지름)×(반지름)×(원주율)÷2

$=12 \times 12 \times 3.1 \div 2 = 223.2 \,(\text{cm}^2)$

08 (지름이 6 cm인 작은 반원 2개의 넓이)

$=$(지름이 6 cm인 원의 넓이)

(색칠한 부분의 넓이)

$=$(반지름이 6 cm인 큰 반원의 넓이)

$\quad+$(지름이 6 cm인 원의 넓이)

$=6\times6\times3.1\div2+3\times3\times3.1$

$=55.8+27.9=83.7\,(\text{cm}^2)$

09 (지름이 40 m인 반원 2개의 넓이)

$=$(지름이 40 m인 원의 넓이)

(운동장의 넓이)

$=$(직사각형의 넓이)$+$(지름이 40 m인 원의 넓이)

$=\ 60\times40+20\times20\times3$

$=\ 2400+1200=3600\,(\text{m}^2)$

10 (노란색 부분의 넓이)$=4\times4\times3.1=49.6\,(\text{cm}^2)$

(빨간색 부분의 넓이)

$=$(반지름이 8 cm인 원의 넓이)$-$(노란색 원의 넓이)

$=8\times8\times3.1-49.6$

$=198.4-49.6=148.8\,(\text{cm}^2)$

(초록색 부분의 넓이)

$=$(반지름이 12 cm인 원의 넓이)$-$(반지름 8 cm인 원의 넓이)

$=12\times12\times3.1-8\times8\times3.1$

$=446.4-198.4=248\,(\text{cm}^2)$

11 **이해하기**| **예** 두 부채 중 어느 부채의 넓이가 얼마나 더 넓은지 구하려고 합니다.

계획 세우기| **예** 두 부채의 넓이를 각각 구하고 두 넓이 의 차를 구합니다.

해결하기| (1) 238.7 (2) 232.5 (3) 가, 6.2

참고 (1) $9\times9\times3.1-2\times2\times3.1=238.7\,(\text{cm}^2)$

(2) $10\times10\times3.1\times\dfrac{3}{4}=232.5\,(\text{cm}^2)$

되돌아보기| **예** 부채의 넓이는 지름이 20 cm인 원의 넓이에서 한 변의 길이가 5 cm인 정사각형의 넓이를 빼면 구할 수 있습니다.

$10\times10\times3.1-5\times5=310-25=285\,(\text{cm}^2)$

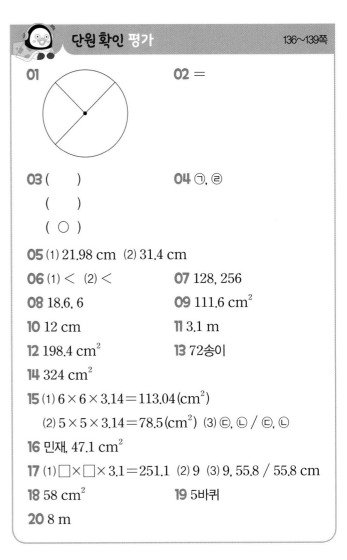

01 **02** $=$

03 ( )

( )

(○)

04 ㉠, ㉣

05 (1) 21.98 cm (2) 31.4 cm

06 (1) $<$ (2) $<$ **07** 128, 256

08 18.6, 6 **09** 111.6 cm^2

10 12 cm **11** 3.1 m

12 198.4 cm^2 **13** 72송이

14 324 cm^2

15 (1) $6\times6\times3.14=113.04\,(\text{cm}^2)$

(2) $5\times5\times3.14=78.5\,(\text{cm}^2)$ (3) ㉢, ㉡ / ㉢, ㉡

16 민재, 47.1 cm^2

17 (1) □×□×3.1=251.1 (2) 9 (3) 9, 55.8 / 55.8 cm

18 58 cm^2 **19** 5바퀴

20 8 m

01 원의 둘레를 원주라고 합니다.

02 $37.2\div12=3.1$, $43.4\div14=3.1$

03 원주는 원의 지름의 약 3배입니다. 따라서 지름이 3 cm인 원의 원주는 약 9 cm입니다.

04 ㉡ 원주는 원의 지름의 약 3배입니다.

㉢ 원의 지름에 상관없이 원주율은 일정합니다.

05 (1) (원주)$=$(지름)×(원주율)

$\quad\quad=7\times3.14=21.98\,(\text{cm})$

(2) (원주)$=$(지름)×(원주율)

$\quad\quad=$(반지름)×2×(원주율)

$\quad\quad=5\times2\times3.14=31.4\,(\text{cm})$

06 원의 넓이는 원 안에 있는 정사각형의 넓이보다 크고, 원 밖에 있는 정사각형의 넓이보다 작습니다.

07 (원 안에 있는 정사각형의 넓이)

$\quad$ =(한 대각선의 길이)×(다른 대각선의 길이)÷2

$\quad$ =$16 \times 16 \div 2 = 128 \,(\text{cm}^2)$

$\quad$ (원 밖에 있는 정사각형의 넓이)

$\quad$ =(한 변의 길이)×(한 변의 길이)

$\quad$ =$16 \times 16 = 256 \,(\text{cm}^2)$

08 원을 한없이 잘라 직사각형을 만들었을 때, 직사각형의 가로는 (원주)$\times \dfrac{1}{2}$과 같고 직사각형의 세로는 원의 반지름과 같습니다.

$\quad$ (직사각형의 가로)=$12 \times 3.1 \times \dfrac{1}{2}$

$\qquad\qquad\qquad\quad$ =$18.6 \,(\text{cm})$

$\quad$ (직사각형의 세로)=$6 \,\text{cm}$

09 (원의 넓이)=(반지름)×(반지름)×(원주율)

$\qquad\qquad\quad$ =$6 \times 6 \times 3.1 = 111.6 \,(\text{cm}^2)$

10 (지름)=(원주)÷(원주율)

$\qquad\quad$ =$72 \div 3 = 24 \,(\text{cm})$

$\quad$ (반지름)=(지름)÷2

$\qquad\qquad$ =$24 \div 2 = 12 \,(\text{cm})$

11 (지름이 13 m인 원의 둘레)=$13 \times 3.1 = 40.3 \,(\text{m})$

$\quad$ (반지름이 6 m인 원의 둘레)=$6 \times 2 \times 3.1$

$\qquad\qquad\qquad\qquad\qquad\quad$ =$37.2 \,(\text{m})$

$\quad$ ➡ (두 원의 둘레의 차)=$40.3 - 37.2 = 3.1 \,(\text{m})$

12 직사각형을 잘라 만들 수 있는 가장 큰 원의 지름은 16 cm입니다. 따라서 원의 넓이는

$\quad$ $8 \times 8 \times 3.1 = 198.4 \,(\text{cm}^2)$입니다.

13 (연못의 둘레)=$12 \times 3 = 36 \,(\text{m})$

$\quad$ 50 cm 간격으로 꽃을 심으면 1 m에 2송이씩 심을 수 있습니다. 따라서 심을 수 있는 꽃은 모두

$\quad$ $36 \times 2 = 72$(송이)입니다.

14 (색칠한 부분의 넓이)=(큰 원의 넓이)−(작은 원의 넓이)

$\qquad\qquad\qquad\qquad$ =$12 \times 12 \times 3 - 6 \times 6 \times 3$

$\qquad\qquad\qquad\qquad$ =$432 - 108 = 324 \,(\text{cm}^2)$

15 채점 기준

반지름이 6 cm인 원의 넓이를 바르게 구한 경우	40 %
지름이 10 cm인 원의 넓이를 바르게 구한 경우	40 %
넓이가 가장 큰 원과 가장 작은 원을 바르게 구한 경우	20 %

16 컴퍼스를 벌린 길이는 반지름과 같습니다. 민재가 그린 원의 넓이는 $8 \times 8 \times 3.14 = 200.96 \,(\text{cm}^2)$이고, 수아가 그린 원의 넓이는 $7 \times 7 \times 3.14 = 153.86 \,(\text{cm}^2)$입니다. 따라서 민재가 그린 원이 $200.96 - 153.86 = 47.1 \,(\text{cm}^2)$만큼 더 넓습니다.

17 채점 기준

원의 넓이를 구하는 식을 바르게 쓴 경우	20 %
원의 반지름을 바르게 구한 경우	40 %
원주를 바르게 구한 경우	40 %

18 (색칠한 부분의 넓이)

$\quad$ =$16 \times 10 - 10 \times 10 \times 3 \times \dfrac{1}{4} - 6 \times 6 \times 3 \times \dfrac{1}{4}$

$\quad$ =$160 - 75 - 27 = 58 \,(\text{cm}^2)$

19 바퀴자를 한 바퀴 굴린 거리는

$\quad$ $20 \times 2 \times 3.1 = 124 \,(\text{cm})$입니다.

$\quad$ 1 m=100 cm이므로

$\quad$ 굴러간 거리가 6.2 m=620 cm입니다. 따라서 굴린 바퀴 수는 $620 \div 124 = 5$(바퀴)입니다.

20 한 변의 길이가 6 m인 정사각형의 둘레는 $6 \times 4 = 24 \,(\text{m})$이므로 밧줄의 길이는 24 m입니다. 이 밧줄로 만든 원의 둘레가 24 m입니다.

$\quad$ 따라서 밧줄로 만든 원의 지름은

$\quad$ (원주)÷(원주율)=$24 \div 3 = 8 \,(\text{m})$입니다.

노란색: $1\dfrac{1}{6}\left(=\dfrac{7}{6}\right)$ L

초록색: $3\dfrac{1}{2}\left(=\dfrac{7}{2}\right)$ L

하늘색: $\dfrac{5}{8}$ L

갈색: 1 L

노란색: (삼각형)$\times 2+$(반원)$\times 4$

$\qquad =$(삼각형)$\times 2+$(원)$\times 2$

$\qquad =4\times 2\div 2\times 2+1\times 1\times 3\times 2$

$\qquad =8+6=14\,(\text{m}^2)$

$\qquad \Rightarrow 14\div 12=\dfrac{14}{12}=\dfrac{7}{6}=1\dfrac{1}{6}\,(\text{L})$

초록색: (정사각형)$+$(반원)$\times 3+$(삼각형)$\times 4$

$\qquad =4\times 4+2\times 2\times 3\div 2\times 3+2\times 2\div 2\times 4$

$\qquad =16+18+8$

$\qquad =42\,(\text{m}^2)$

$\qquad \Rightarrow 42\div 12=\dfrac{42}{12}=\dfrac{7}{2}=3\dfrac{1}{2}\,(\text{L})$

하늘색: (큰 반원)$+$(작은 반원)

$\qquad =2\times 2\times 3\div 2+1\times 1\times 3\div 2$

$\qquad =6+\dfrac{3}{2}$

$\qquad =\dfrac{15}{2}=7\dfrac{1}{2}\,(\text{m}^2)$

$\qquad \Rightarrow 7\dfrac{1}{2}\div 12=\dfrac{\overset{5}{\cancel{15}}}{2}\times\dfrac{1}{\underset{4}{\cancel{12}}}=\dfrac{5}{8}\,(\text{L})$

갈색: $4\times 6\div 2=12\,(\text{m}^2)$

$\qquad \Rightarrow 12\div 12=1\,(\text{L})$

---

6 단원
원기둥, 원뿔, 구

문제를 풀며 이해해요　145쪽

1 (　) (○) (　)

2
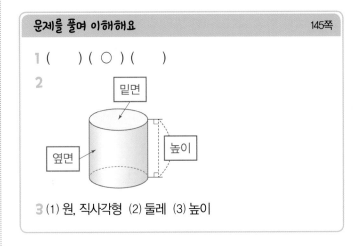

3 (1) 원, 직사각형　(2) 둘레　(3) 높이

교과서 내용 학습　146~147쪽

01 가, 마

02
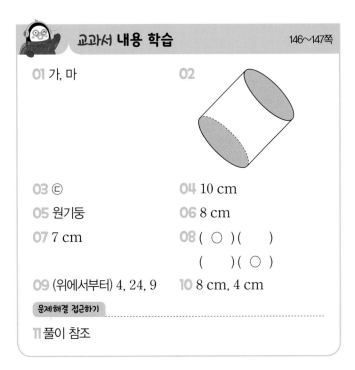

03 ㉡

04 10 cm

05 원기둥

06 8 cm

07 7 cm

08 (○)(　)
　　 (　)(○)

09 (위에서부터) 4, 24, 9

10 8 cm, 4 cm

문제해결 접근하기

11 풀이 참조

02 원기둥의 두 밑면은 서로 평행하고 합동입니다.

03 ㉠ 원기둥에는 꼭짓점이 없습니다.
　　㉡ 원기둥은 밑면이 2개입니다.

04 원기둥의 높이는 두 밑면 사이의 거리입니다.

05 직사각형 모양의 종이를 한 변을 기준으로 돌리면 원기둥이 됩니다.

06 원기둥의 밑면의 반지름이 4 cm이므로 지름은
$4 \times 2 = 8$ (cm)입니다.

08 원기둥의 두 밑면이 같은 쪽에 있거나 옆면이 직사각형
이 아니면 원기둥의 전개도가 아닙니다.

09 밑면의 반지름은 4 cm입니다. 옆면의 가로는 밑면의
둘레와 같으므로 $4 \times 2 \times 3 = 24$ (cm)입니다. 옆면의
세로는 원기둥의 높이와 같으므로 9 cm입니다.

10 밑면의 반지름이 4 cm이므로 지름은 $4 \times 2 = 8$ (cm)
입니다. 앞에서 본 모양인 직사각형의 가로는 밑면의
지름과 같고, 세로는 높이와 같습니다. 직사각형의 가
로가 세로의 2배이므로 가로는 8 cm이고, 세로는
4 cm입니다. 따라서 원기둥의 높이는 4 cm입니다.

11 **이해하기 |** 예 원기둥의 전개도에서 밑면의 반지름은 몇
cm인지 구하려고 합니다.
계획 세우기 | 예 옆면의 가로를 이용하여 밑면의 지름과
반지름을 구합니다.
해결하기 | (1) 둘레 (2) 43.4, 14, 7
되돌아보기 | 예 옆면의 가로는 밑면의 둘레와 같으므로
$4 \times 3.1 = 12.4$ (cm)입니다.

문제를 풀며 이해해요 149쪽

1 (　) (　) (○)

2
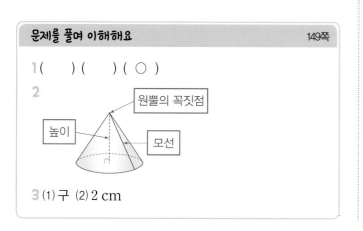
원뿔의 꼭짓점
높이
모선

3 (1) 구 (2) 2 cm

---

01 ①

02

03 ㉡

04 15 cm

05 원뿔

06 6 cm

07 7 cm

08 (왼쪽에서부터) 구의 중심, 구의 반지름

09 4 cm

10 24 cm²

문제해결 접근하기

11 풀이 참조

---

03 ㉡ 원뿔은 밑면이 1개입니다.

05 직각삼각형 모양의 종이를 직각을 낀 한 변을 기준으로
돌리면 원뿔이 됩니다.

06 원뿔의 밑면의 반지름이 3 cm이므로 지름은
$3 \times 2 = 6$ (cm)입니다.

08 구에서 가장 안쪽에 있는 점을 구의 중심이라고 하고,
구의 중심에서 구의 겉면의 한 점을 이은 선분을 구의
반지름이라고 합니다.

09 반원의 반지름이 $8 \div 2 = 4$ (cm)이므로 구의 반지름
도 4 cm입니다.

10 원뿔을 앞에서 본 모양은 이등변삼각형입니다. 이등변
삼각형의 밑변은 밑면의 지름과 같으므로
$4 \times 2 = 8$ (cm)입니다. 이등변삼각형의 높이가 6 cm
이므로 넓이는 $8 \times 6 \div 2 = 24$ (cm²)입니다.

11 **이해하기 |** 예 두 사람이 만든 원뿔의 밑면의 넓이의 차
를 구하려고 합니다.
계획 세우기 | 예 각 원뿔의 밑면의 넓이를 구한 후 그 차
를 구합니다.
해결하기 | (1) 8, 198.4 (2) 5, 77.5 (3) 120.9
되돌아보기 | 예 주희가 만든 원뿔의 높이는 5 cm이고,
태수가 만든 원뿔의 높이는 8 cm입니다.

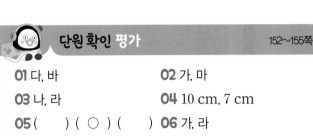
01 다, 바

02 가, 마

03 나, 라

04 10 cm, 7 cm

05 (   ) (○) (   )

06 가, 라

07 4

08 37.2, 16

09 구의 중심

10 구의 반지름

11 ㉡

12

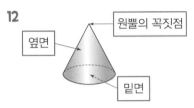

13 선분 ㄱㄹ, 선분 ㄴㄷ

14 예

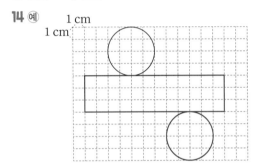

15 (1) 이등변삼각형 (2) 12, 7 (3) 7, 42 / 42 cm²

16 예 두 밑면이 합동이 아니기 때문입니다.

17 (1) 7, 7, 294 (2) 20, 840

　　(3) 노랑, 546 / 노란색, 546 cm²

18 가

19 10 cm, 10 cm

20 7 cm

---

04 직각삼각형 모양의 종이를 직각을 낀 한 변을 기준으로 돌리면 원뿔이 됩니다. 원뿔의 밑면의 반지름이 5 cm이므로 지름은 $5×2=10\,(cm)$입니다. 원뿔의 높이는 기준이 되는 변의 길이와 같으므로 7 cm입니다.

05 첫 번째 그림은 원뿔의 높이를 재는 그림이고, 세 번째 그림은 밑면의 지름을 재는 그림입니다.

06 나는 두 밑면이 합동이 아니고, 다는 두 밑면이 한쪽에 있기 때문에 원기둥의 전개도가 될 수 없습니다.

07 반원의 지름이 8 cm이므로 구의 반지름은
　　$8÷2=4\,(cm)$입니다.

08 원기둥의 전개도에서 옆면의 가로는 밑면의 둘레와 같으므로 $6×2×3.1=37.2\,(cm)$이고, 세로는 원기둥의 높이와 같으므로 16 cm입니다.

11 ㉡ 원기둥의 밑면은 2개이고, 원뿔의 밑면은 1개입니다.

13 원기둥의 전개도에서 밑면의 둘레와 같은 것은 옆면의 가로입니다.

14 원기둥의 전개도에서 옆면은 직사각형 모양이고, 직사각형의 가로는 $2×2×3=12\,(cm)$, 세로는 3 cm입니다.

15
채점 기준	
원뿔을 앞에서 본 모양을 바르게 찾은 경우	40 %
삼각형의 밑변의 길이와 높이를 바르게 찾은 경우	40 %
앞에서 본 모양의 넓이를 바르게 구한 경우	20 %

17
채점 기준	
빨간색 포장지의 넓이를 바르게 구한 경우	40 %
노란색 포장지의 넓이를 바르게 구한 경우	40 %
어떤 색 포장지가 몇 cm² 더 많이 필요한지 바르게 구한 경우	20 %

18 구는 어느 방향에서 보아도 모두 원 모양입니다.

19 위에서 본 모양의 반지름이 5 cm이므로 지름은 $5×2=10\,(cm)$입니다. 앞에서 본 모양이 정사각형인데 한 변의 길이는 밑면의 지름과 같은 10 cm입니다. 정사각형은 모든 변의 길이가 같으므로 원기둥의 높이는 10 cm입니다.

20 원기둥의 전개도에서 옆면의 가로는 밑면의 둘레와 같습니다. 밑면의 지름은 $43.4÷3.1=14\,(cm)$입니다. 따라서 밑면의 반지름은 7 cm입니다.

수학으로 세상보기

156쪽

만들 수 없습니다.

예 원의 지름이 8 cm이므로 원의 둘레는 $8×3=24\,(cm)$입니다. 직사각형의 가로는 원의 둘레인 24 cm가 되어야 하는데 18 cm이므로 원기둥 모양을 만들 수 없습니다.

1단원 쪽지 시험　　　　　　　　　5쪽

01 3, 6, 3　　　　　　**02** 8, 4, 2

03 (1) 11, 5, $\frac{11}{5}$, $2\frac{1}{5}$　(2) 7, 4, $\frac{7}{4}$, $1\frac{3}{4}$

04 5, 5, $\frac{5}{3}$, $1\frac{2}{3}$

05 $8 \div \frac{4}{7} = (8 \div 4) \times 7 = 14$

06 (1) 10　(2) 36

07 $\frac{9}{4}$, $\frac{45}{28}$, $1\frac{17}{28}$

08 (1) $3\frac{3}{20}\left(=\frac{63}{20}\right)$　(2) $2\frac{37}{40}\left(=\frac{117}{40}\right)$

09 $>$　　　　　　**10** $\frac{25}{27}\left(=\frac{50}{54}\right)$

---

06 (1) $4 \div \frac{2}{5} = (4 \div 2) \times 5 = 2 \times 5 = 10$

(2) $28 \div \frac{7}{9} = (28 \div 7) \times 9 = 4 \times 9 = 36$

08 (1) $\frac{7}{5} \div \frac{4}{9} = \frac{7}{5} \times \frac{9}{4} = \frac{63}{20} = 3\frac{3}{20}$

(2) $2\frac{3}{5} \div \frac{8}{9} = \frac{13}{5} \div \frac{8}{9}$

$= \frac{13}{5} \times \frac{9}{8}$

$= \frac{117}{40} = 2\frac{37}{40}$

09 $6 \div \frac{6}{7} = (6 \div 6) \times 7 = 7$

$\frac{7}{2} \div \frac{3}{4} = \frac{14}{4} \div \frac{3}{4} = 14 \div 3 = \frac{14}{3} = 4\frac{2}{3}$

➡ $7 > 4\frac{2}{3}$

10 $\frac{5}{6} \div \frac{9}{10} = \frac{5}{6} \times \frac{\overset{5}{10}}{9} = \frac{25}{27}$

학교 시험 만점왕 ❶회　　**1. 분수의 나눗셈**

01 4, 2, 2　　　　**02** (1) 3　(2) 4

03 5도막　　　　**04**
　　　　　　　　　•　　•
　　　　　　　　　•　　•
　　　　　　　　　•　　•

05 $<$　　　　　**06** $1\frac{7}{10}\left(=\frac{17}{10}\right)$배

07 3개　　　　　**08** ㉠, ㉢

09 $1\frac{4}{5}\left(=\frac{9}{5}\right)$ m　**10** ㉣, ㉢, ㉠, ㉡

11 22　　　　　**12** ㉡

13 $1\frac{3}{7}\left(=\frac{10}{7}\right)$, 4　**14** 14

15 풀이 참조, 정육각형

16 $1\frac{3}{8} \div \frac{3}{7} = \frac{11}{8} \div \frac{3}{7} = \frac{11}{8} \times \frac{7}{3} = \frac{77}{24} = 3\frac{5}{24}$

17 $2\frac{1}{10}\left(=\frac{21}{10}\right)$　　**18** $6\frac{3}{7}\left(=\frac{45}{7}\right)$ L

19 나 가게

20 풀이 참조, $9\frac{3}{5}\left(=\frac{48}{5}\right)$ m

---

01 $\frac{4}{7} \div \frac{2}{7} = 4 \div 2 = 2$

02 (1) $\frac{3}{5} \div \frac{1}{5} = 3 \div 1 = 3$

(2) $\frac{8}{13} \div \frac{2}{13} = 8 \div 2 = 4$

03 (자른 도막의 개수)

＝(전체 리본의 길이)÷(자르는 도막의 길이)

$= \frac{10}{11} \div \frac{2}{11} = 10 \div 2 = 5$(도막)

04 ・$\frac{5}{14} \div \frac{3}{14} = 5 \div 3 = \frac{5}{3} = 1\frac{2}{3}$

・$\frac{6}{7} \div \frac{5}{7} = 6 \div 5 = \frac{6}{5} = 1\frac{1}{5}$

05 $\dfrac{9}{14}\div\dfrac{5}{14}=9\div5=\dfrac{9}{5}=1\dfrac{4}{5}$

$\dfrac{13}{17}\div\dfrac{6}{17}=13\div6=\dfrac{13}{6}=2\dfrac{1}{6}$

➡ $1\dfrac{4}{5}<2\dfrac{1}{6}$

06 $\dfrac{17}{27}\div\dfrac{10}{27}=17\div10=\dfrac{17}{10}=1\dfrac{7}{10}$(배)

07 $\dfrac{9}{10}\div\dfrac{4}{15}=\dfrac{27}{30}\div\dfrac{8}{30}=\dfrac{27}{8}=3\dfrac{3}{8}$

$3\dfrac{3}{8}$보다 작은 자연수는 1, 2, 3으로 모두 3개입니다.

08 ㉠ $\dfrac{4}{7}\div\dfrac{3}{5}=\dfrac{20}{35}\div\dfrac{21}{35}=20\div21=\dfrac{20}{21}$

㉡ $\dfrac{3}{8}\div\dfrac{1}{4}=\dfrac{3}{8}\div\dfrac{2}{8}=3\div2=\dfrac{3}{2}=1\dfrac{1}{2}$

㉢ $\dfrac{5}{9}\div\dfrac{3}{4}=\dfrac{20}{36}\div\dfrac{27}{36}=20\div27=\dfrac{20}{27}$

㉣ $\dfrac{7}{10}\div\dfrac{5}{12}=\dfrac{42}{60}\div\dfrac{25}{60}=\dfrac{42}{25}=1\dfrac{17}{25}$

계산 결과가 1보다 작은 것은 ㉠, ㉢입니다.

09 (직사각형의 넓이)=(가로)×(세로)

➡ (세로)=(직사각형의 넓이)÷(가로)

$=\dfrac{27}{40}\div\dfrac{3}{8}=\dfrac{27}{40}\div\dfrac{15}{40}$

$=27\div15=\dfrac{\overset{9}{\cancel{27}}}{\underset{5}{\cancel{15}}}=\dfrac{9}{5}=1\dfrac{4}{5}$(m)

10 ㉠ $4\div\dfrac{2}{5}=(4\div2)\times5=10$

㉡ $5\div\dfrac{5}{8}=(5\div5)\times8=8$

㉢ $8\div\dfrac{4}{9}=(8\div4)\times9=18$

㉣ $9\div\dfrac{3}{7}=(9\div3)\times7=21$

계산 결과가 큰 것부터 순서대로 기호를 써 보면 ㉣, ㉢, ㉠, ㉡입니다.

11 $9\div\dfrac{3}{7}=(9\div3)\times7=21$이므로

21<□에서 □ 안에 들어갈 수 있는 자연수 중 가장 작

은 수는 22입니다.

12 ㉠ (삼각형의 밑변의 길이)=3 m

㉡ (삼각형의 넓이)=(밑변의 길이)×(높이)÷2

➡ (삼각형의 밑변의 길이)

$=$(삼각형의 넓이)×2÷(높이)

$=2\times2\div\dfrac{4}{5}=4\div\dfrac{4}{5}$

$=(4\div4)\times5=5$(m)

따라서 밑변의 길이가 더 긴 삼각형은 ㉡입니다.

13 $\dfrac{6}{7}\div\dfrac{3}{5}=\dfrac{\overset{2}{\cancel{6}}}{7}\times\dfrac{5}{\underset{1}{\cancel{3}}}$

$=\dfrac{10}{7}=1\dfrac{3}{7}$

$1\dfrac{3}{7}\div\dfrac{5}{14}=\dfrac{10}{7}\div\dfrac{5}{14}$

$=\dfrac{\overset{2}{\cancel{10}}}{\underset{1}{\cancel{7}}}\times\dfrac{\overset{2}{\cancel{14}}}{\underset{1}{\cancel{5}}}=4$

14 $\dfrac{2}{5}\div\dfrac{4}{9}=\dfrac{\overset{1}{\cancel{2}}}{5}\times\dfrac{9}{\underset{2}{\cancel{4}}}=\dfrac{9}{10}$이므로 ㉠=4, ㉡=10입니다.

➡ ㉠+㉡=4+10=14

15 (원을 만들고 남은 철사의 길이)

$=4-1\dfrac{1}{3}=2\dfrac{2}{3}$(m)

(정다각형의 변의 수)

$=$(원을 만들고 남은 철사의 길이)÷(한 변의 길이)

$=2\dfrac{2}{3}\div\dfrac{4}{9}=\dfrac{8}{3}\div\dfrac{4}{9}=\dfrac{\overset{2}{\cancel{8}}}{\underset{1}{\cancel{3}}}\times\dfrac{\overset{3}{\cancel{9}}}{\underset{1}{\cancel{4}}}=6$이므로

만든 정다각형은 정육각형입니다.

채점 기준

정다각형을 만드는 데 사용한 철사의 길이를 바르게 구한 경우	30 %
정다각형의 변의 수를 바르게 구한 경우	40 %
정다각형이 무엇인지 바르게 구한 경우	30 %

16 대분수를 가분수로 바꾼 후 계산해야 합니다.

17 $\square = 5\dfrac{2}{5} \div 2\dfrac{4}{7} = \dfrac{27}{5} \div \dfrac{18}{7}$

$= \dfrac{\overset{3}{\cancel{27}}}{5} \times \dfrac{7}{\underset{2}{\cancel{18}}} = \dfrac{21}{10} = 2\dfrac{1}{10}$

18 (한 시간 동안 받을 수 있는 물의 양)

$=$ (받은 물의 양)$\div$(걸린 시간)

$= 2\dfrac{4}{7} \div \dfrac{2}{5} = \dfrac{18}{7} \div \dfrac{2}{5}$

$= \dfrac{\overset{9}{\cancel{18}}}{7} \times \dfrac{5}{\underset{1}{\cancel{2}}} = \dfrac{45}{7}$

$= 6\dfrac{3}{7}\,(\text{L})$

19 (나 가게의 1kg당 가격)

$=$ (가격)$\div$(무게)$= 20000 \div 2\dfrac{2}{3}$

$= 20000 \div \dfrac{8}{3} = (20000 \div 8) \times 3$

$= 2500 \times 3 = 7500(\text{원})$

$8000 > 7500$이므로 두 가게 중 딸기 값이 더 싼 곳은
나 가게입니다.

20 (마름모의 넓이)

$=$ (한 대각선의 길이)$\times$(다른 대각선의 길이)$\div 2$

$= \dfrac{8}{5} \times 4 \div 2 = \dfrac{8}{5} \times \overset{2}{\cancel{4}} \times \dfrac{1}{\underset{1}{\cancel{2}}}$

$= \dfrac{16}{5}\,(\text{m}^2)$

(직사각형의 세로)

$= \dfrac{16}{5} \div \dfrac{4}{5} = 16 \div 4 = 4\,(\text{m})$

(직사각형의 둘레)$= \left(\dfrac{4}{5} + 4\right) \times 2 = \dfrac{24}{5} \times 2$

$= \dfrac{48}{5} = 9\dfrac{3}{5}\,(\text{m})$

채점 기준

마름모의 넓이를 바르게 구한 경우	30 %
직사각형의 세로를 바르게 구한 경우	40 %
직사각형의 둘레를 바르게 구한 경우	30 %

학교 시험 만점왕 ②회　1. 분수의 나눗셈

01 12　　**02** $<$

03 3봉지　　**04** 연서

05 ③

06 $1\dfrac{3}{8}\left(=\dfrac{11}{8}\right)$배

07 (1) $1\dfrac{4}{5}\left(=\dfrac{9}{5}\right)$ (2) $\dfrac{15}{16}$

08

09 $\dfrac{20}{21}$　　**10** ㉡, ㉣

11 풀이 참조, 현주　　**12** ㉢

13 6상자　　**14** 7 m

15 $1\dfrac{7}{8}\left(=\dfrac{15}{8}\right)$　　**16** $1\dfrac{1}{2}\left(=\dfrac{3}{2}\right)$

17 $1\dfrac{4}{5}\left(=\dfrac{9}{5}\right)$배　　**18** 풀이 참조, 15 L

19 $4\dfrac{4}{5}\left(=\dfrac{24}{5}\right)$　　**20** 24개

01 $\dfrac{6}{7} \div \dfrac{\text{㉠}}{7} = 6 \div \text{㉠} = 2$이므로 ㉠$=3$이고,

$\dfrac{\text{㉡}}{11} \div \dfrac{3}{11} = \text{㉡} \div 3 = 3$이므로 ㉡$=9$입니다.

➡ ㉠$+$㉡$=3+9=12$

02 $\dfrac{9}{13} \div \dfrac{3}{13} = 9 \div 3 = 3$

$\dfrac{10}{17} \div \dfrac{2}{17} = 10 \div 2 = 5$이므로 $3 < 5$입니다.

03 (점토를 덜어 담은 봉지의 수)

$=$ (전체 점토의 양)$\div$(한 봉지에 담는 점토의 양)

$= \dfrac{12}{13} \div \dfrac{4}{13} = 12 \div 4 = 3$(봉지)

04 슬기: $\dfrac{7}{11} \div \dfrac{4}{11} = 7 \div 4 = \dfrac{7}{4} = 1\dfrac{3}{4}$

가은: $\dfrac{11}{13} \div \dfrac{5}{13} = 11 \div 5 = \dfrac{11}{5} = 2\dfrac{1}{5}$

연서: $\dfrac{13}{17} \div \dfrac{3}{17} = 13 \div 3 = \dfrac{13}{3} = 4\dfrac{1}{3}$

계산 결과가 가장 큰 식을 가진 사람은 연서입니다.

05 $\dfrac{19}{25} \div \dfrac{6}{25} = 19 \div 6 = \dfrac{19}{6} = 3\dfrac{1}{6}$ 이므로

$\square < 3\dfrac{1}{6}$ 에서 $\square$ 안에 알맞은 자연수는 1, 2, 3입니다.

따라서 자연수의 개수는 3개입니다.

06 $\dfrac{11}{15} \div \dfrac{8}{15} = 11 \div 8 = \dfrac{11}{8} = 1\dfrac{3}{8}$ (배)

07 (1) $\dfrac{3}{4} \div \dfrac{5}{12} = \dfrac{9}{12} \div \dfrac{5}{12} = 9 \div 5 = \dfrac{9}{5} = 1\dfrac{4}{5}$

(2) $\dfrac{5}{8} \div \dfrac{2}{3} = \dfrac{15}{24} \div \dfrac{16}{24} = 15 \div 16 = \dfrac{15}{16}$

08 $\dfrac{2}{7} \div \dfrac{3}{8} = \dfrac{16}{56} \div \dfrac{21}{56} = 16 \div 21 = \dfrac{16}{21}$

$\dfrac{8}{9} \div \dfrac{3}{5} = \dfrac{40}{45} \div \dfrac{27}{45} = 40 \div 27 = \dfrac{40}{27} = 1\dfrac{13}{27}$

$\dfrac{7}{12} \div \dfrac{5}{6} = \dfrac{7}{12} \div \dfrac{10}{12} = 7 \div 10 = \dfrac{7}{10}$

09 지워진 부분의 분수를 $\square$라 하면

$\square = \dfrac{5}{6} \div \dfrac{7}{8} = \dfrac{20}{24} \div \dfrac{21}{24} = 20 \div 21 = \dfrac{20}{21}$ 입니다.

10 ㉠ $\dfrac{1}{4} \div \dfrac{4}{15} = \dfrac{15}{60} \div \dfrac{16}{60} = 15 \div 16 = \dfrac{15}{16}$

㉡ $\dfrac{3}{5} \div \dfrac{3}{10} = \dfrac{6}{10} \div \dfrac{3}{10} = 6 \div 3 = 2$

㉢ $\dfrac{3}{7} \div \dfrac{8}{13} = \dfrac{39}{91} \div \dfrac{56}{91} = 39 \div 56 = \dfrac{39}{56}$

㉣ $\dfrac{4}{7} \div \dfrac{2}{21} = \dfrac{12}{21} \div \dfrac{2}{21} = 12 \div 2 = 6$

계산 결과가 자연수인 것은 ㉡, ㉣입니다.

11 (한 시간에 걸을 수 있는 거리)
= (이동 거리) ÷ (소요 시간)

현주가 한 시간에 걸을 수 있는 거리:

$\dfrac{9}{10} \div \dfrac{2}{3} = \dfrac{27}{30} \div \dfrac{20}{30} = 27 \div 20 = 1\dfrac{7}{20}$ (km)

준서가 한 시간에 걸을 수 있는 거리:

$\dfrac{3}{4} \div \dfrac{4}{5} = \dfrac{15}{20} \div \dfrac{16}{20} = 15 \div 16 = \dfrac{15}{16}$ (km)

따라서 한 시간에 더 많이 걸을 수 있는 친구는 현주입니다.

12 ㉠ $3 \div \dfrac{3}{14} = (3 \div 3) \times 14 = 14$

㉡ $10 \div \dfrac{5}{17} = (10 \div 5) \times 17 = 34$

㉢ $14 \div \dfrac{7}{12} = (14 \div 7) \times 12 = 24$ 이므로

$20 < \square < 30$ 에서 $\square$ 안에 들어갈 수 있는 나눗셈식은 ㉢입니다.

13 (포장할 수 있는 상자의 수)
= (전체 끈의 길이) ÷ (상자 1개당 필요한 끈의 길이)

$= 4 \div \dfrac{2}{3} = (4 \div 2) \times 3 = 6$ (상자)

14 (평행사변형의 넓이) = (밑변의 길이) × (높이)

➡ (높이) = (평행사변형의 넓이) ÷ (밑변의 길이)

$= 6 \div \dfrac{6}{7} = (6 \div 6) \times 7 = 7$ (m)

15 $\dfrac{7}{4} \div \dfrac{14}{15} = \dfrac{\overset{1}{7}}{4} \times \dfrac{15}{\underset{2}{14}} = \dfrac{15}{8} = 1\dfrac{7}{8}$

16 주어진 분수 중 가분수는 $\dfrac{9}{8}$이고, 진분수는 $\dfrac{3}{4}$입니다.

➡ $\dfrac{9}{8} \div \dfrac{3}{4} = \dfrac{\overset{3}{9}}{\underset{2}{8}} \times \dfrac{\overset{1}{4}}{\underset{1}{3}} = \dfrac{3}{2} = 1\dfrac{1}{2}$

17 ㉠ $8\dfrac{1}{10} \div 1\dfrac{4}{5} = \dfrac{81}{10} \div \dfrac{9}{5} = \dfrac{\overset{9}{81}}{\underset{2}{10}} \times \dfrac{\overset{1}{5}}{\underset{1}{9}} = \dfrac{9}{2} = 4\dfrac{1}{2}$

㉡ $3\dfrac{1}{2} \div 1\dfrac{2}{5} = \dfrac{7}{2} \div \dfrac{7}{5} = \dfrac{\overset{1}{7}}{2} \times \dfrac{5}{\underset{1}{7}} = \dfrac{5}{2} = 2\dfrac{1}{2}$

➡ ㉠ ÷ ㉡ $= 4\dfrac{1}{2} \div 2\dfrac{1}{2} = \dfrac{9}{2} \div \dfrac{5}{2}$

$$=9\div5=\frac{9}{5}=1\frac{4}{5}(\text{배})$$

18 $22\text{분}=\frac{22}{60}\text{시간}=\frac{11}{30}\text{시간}$

(1시간에 받을 수 있는 물의 양)

=(물의 양)÷(소요 시간)

$$=2\frac{3}{4}\div\frac{11}{30}=\frac{11}{4}\div\frac{11}{30}$$

$$=\frac{\overset{1}{\cancel{11}}}{\underset{2}{\cancel{4}}}\times\frac{\overset{15}{\cancel{30}}}{\underset{1}{\cancel{11}}}=\frac{15}{2}=7\frac{1}{2}(\text{L})$$

(2시간에 받을 수 있는 물의 양)

=(1시간에 받을 수 있는 물의 양)×2

$$=7\frac{1}{2}\times2=\frac{15}{\cancel{2}}\times\overset{1}{\cancel{2}}=15(\text{L})$$

채점 기준

22분을 $\frac{11}{30}$시간으로 바르게 바꾼 경우	20 %
한 시간에 받을 수 있는 물의 양을 바르게 구한 경우	40 %
두 시간에 받을 수 있는 물의 양을 바르게 구한 경우	40 %

19 계산 결과가 가장 작은 나눗셈을 만들려면 나누어지는 수가 가장 작아야 합니다.

만들 수 있는 가장 작은 대분수는 $2\frac{4}{7}$이므로

$$2\frac{4}{7}\div\frac{15}{28}=\frac{18}{7}\div\frac{15}{28}$$

$$=\frac{\overset{6}{\cancel{18}}}{\underset{1}{\cancel{7}}}\times\frac{\overset{4}{\cancel{28}}}{\underset{5}{\cancel{15}}}=\frac{24}{5}=4\frac{4}{5}\text{입니다.}$$

20 (백설기를 만들고 남은 쌀의 양)

$$=25-15\frac{2}{5}=9\frac{3}{5}(\text{kg})$$

(만들 수 있는 가래떡의 수)

=(백설기를 만들고 남은 쌀의 양)÷(가래떡 한 개를 만들 때 필요한 쌀의 양)

$$=9\frac{3}{5}\div\frac{2}{5}=\frac{48}{5}\div\frac{2}{5}=48\div2=24(\text{개})$$

12~13쪽

1단원 서술형·논술형 평가

01 풀이 참조, 리본, 3개   02 풀이 참조, $2\frac{1}{8}\left(=\frac{17}{8}\right)$배

03 풀이 참조, 5봉지   04 풀이 참조, $1\frac{1}{20}\left(=\frac{21}{20}\right)$

05 풀이 참조, $\frac{4}{7}$ m   06 풀이 참조, 32000원

07 풀이 참조, 8분   08 풀이 참조, 나 가게

09 풀이 참조, 1, 5   10 풀이 참조, 다

01 예 (만들 수 있는 리본의 개수)

$$=\frac{4}{5}\div\frac{2}{15}=\frac{12}{15}\div\frac{2}{15}=12\div2=6(\text{개})$$

(만들 수 있는 별의 개수)

$$=\frac{5}{9}\div\frac{5}{27}=\frac{15}{27}\div\frac{5}{27}=15\div5=3(\text{개})$$

따라서 리본을 $6-3=3$(개) 더 많이 만들 수 있습니다.

채점 기준

만들 수 있는 리본의 개수를 바르게 구한 경우	40 %
만들 수 있는 별의 개수를 바르게 구한 경우	40 %
어느 것을 몇 개 더 많이 만들 수 있는지 바르게 구한 경우	20 %

02 예 파란색 점토의 무게는

$$\frac{17}{27}-\frac{1}{3}=\frac{17}{27}-\frac{9}{27}=\frac{8}{27}(\text{kg})\text{입니다.}$$

빨간색 점토의 무게는 파란색 점토의 무게의

$$\frac{17}{27}\div\frac{8}{27}=17\div8=\frac{17}{8}=2\frac{1}{8}(\text{배})\text{입니다.}$$

채점 기준

파란색 점토의 무게를 바르게 구한 경우	30 %
빨간색 점토의 무게는 파란색 점토의 무게의 몇 배인지 바르게 구한 경우	70 %

03 예 (사탕 봉지의 수)$=15\div\frac{5}{7}$

$$=(15\div5)\times7=21(\text{봉지})$$

(초콜릿 봉지의 수)$=6\div\frac{3}{8}$

$$=(6\div3)\times8=16(\text{봉지})$$

따라서 사탕 봉지는 초콜릿 봉지보다

$21-16=5$(봉지) 더 많습니다.

04 예 (어떤 수)$=\dfrac{9}{14}\div\dfrac{5}{7}=\dfrac{9}{14}\div\dfrac{10}{14}=\dfrac{9}{10}$

(어떤 수)$\div\dfrac{6}{7}=\dfrac{9}{10}\div\dfrac{6}{7}=\dfrac{\overset{3}{\cancel{9}}}{10}\times\dfrac{7}{\underset{2}{\cancel{6}}}$

$\qquad\qquad\qquad=\dfrac{21}{20}=1\dfrac{1}{20}$

05 예 (삼각형의 넓이)$=$(밑변의 길이)$\times$(높이)$\div 2$

$\qquad=\dfrac{3}{5}\times\dfrac{4}{7}\div 2=\dfrac{3}{5}\times\dfrac{\overset{2}{\cancel{4}}}{7}\times\dfrac{1}{\underset{1}{\cancel{2}}}$

$\qquad\qquad=\dfrac{6}{35}(\text{m}^2)$

삼각형의 넓이와 직사각형의 넓이가 같으므로 직사각형의 넓이도 $\dfrac{6}{35}$ m²입니다.

(직사각형의 세로)

$=$(직사각형의 넓이)$\div$(직사각형의 가로)

$=\dfrac{6}{35}\div\dfrac{3}{10}=\dfrac{\overset{2}{\cancel{6}}}{\underset{7}{\cancel{35}}}\times\dfrac{\overset{2}{\cancel{10}}}{\underset{1}{\cancel{3}}}=\dfrac{4}{7}(\text{m})$

06 예 (설탕 1 kg의 가격)

$=10400\div 1\dfrac{3}{10}=10400\div\dfrac{13}{10}$

$=(10400\div 13)\times 10=8000$(원)

(소금 1 kg의 가격)

$=21000\div\dfrac{7}{8}=24000$(원)

따라서 설탕 1 kg과 소금 1 kg을 구매할 때의 금액은 $8000+24000=32000$(원)입니다.

07 예 (전체 이동한 거리)

$=3\dfrac{1}{3}+1\dfrac{1}{6}=3\dfrac{2}{6}+1\dfrac{1}{6}=4\dfrac{3}{6}=4\dfrac{1}{2}(\text{km})$

(걸리는 시간)

$=$(이동 거리)$\div$(1분 동안 이동하는 거리)

$=4\dfrac{1}{2}\div\dfrac{9}{16}=\dfrac{9}{2}\div\dfrac{9}{16}=\dfrac{\overset{1}{\cancel{9}}}{\underset{1}{\cancel{2}}}\times\dfrac{\overset{8}{\cancel{16}}}{\underset{1}{\cancel{9}}}=8(\text{분})$

08 예 (1 L당 초코 우유의 가격)

$\quad=$(초코 우유의 가격)$\div$(초코 우유의 양)

(가 가게의 1 L당 초코 우유의 가격)

$=6000\div\dfrac{3}{5}=(6000\div 3)\times 5=10000$(원)

(나 가게의 1 L당 초코 우유의 가격)

$=13000\div 1\dfrac{1}{3}=13000\div\dfrac{4}{3}$

$=(13000\div 4)\times 3=9750$(원)

따라서 1 L당 초코 우유의 가격이 더 싼 곳은 나 가게입니다.

09 예 $\dfrac{5}{6} \div \dfrac{\square}{24} = \dfrac{5}{6} \times \dfrac{\overset{4}{\cancel{24}}}{\underset{1}{\square}} = \dfrac{20}{\square}$ 의 결과가 자연수가 되

려면 $\square$ 안에 들어갈 수 있는 수는 1, 2, 4, 5, 10, 20

이지만 $\dfrac{\square}{24}$ 가 기약분수이므로 $\square$ 안에 들어갈 수 있는

수는 1, 5입니다.

채점 기준	
$\dfrac{20}{\square}$의 결과가 자연수가 되도록 하는 $\square$의 값을 바르게 구한 경우	50 %
기약분수를 만들 수 있으면서 $\square$ 안에 들어갈 수 있는 수를 바르게 구한 경우	50 %

10 예 (가 자동차의 연비) $= 6\dfrac{3}{7} \div \dfrac{5}{7}$

$\qquad = \dfrac{45}{7} \div \dfrac{5}{7}$

$\qquad = 45 \div 5$

$\qquad = 9 \,(\text{km})$

(나 자동차의 연비) $= 8\dfrac{3}{4} \div \dfrac{15}{16}$

$\qquad = \dfrac{35}{4} \div \dfrac{15}{16} = \dfrac{\overset{7}{\cancel{35}}}{\underset{1}{\cancel{4}}} \times \dfrac{\overset{4}{\cancel{16}}}{\underset{3}{\cancel{15}}}$

$\qquad = \dfrac{28}{3}$

$\qquad = 9\dfrac{1}{3} \,(\text{km})$

(다 자동차의 연비) $= 12\dfrac{2}{9} \div 1\dfrac{2}{9}$

$\qquad = \dfrac{110}{9} \div \dfrac{11}{9} = 110 \div 11$

$\qquad = 10 \,(\text{km})$

따라서 연비가 가장 좋은 자동차는 다입니다.

채점 기준	
가의 연비를 바르게 구한 경우	30 %
나의 연비를 바르게 구한 경우	30 %
다의 연비를 바르게 구한 경우	30 %
연비가 가장 좋은 자동차는 어느 것인지 바르게 구한 경우	10 %

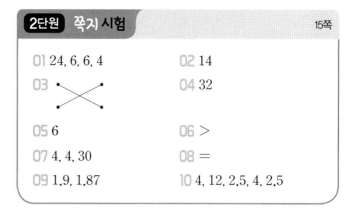

2단원 쪽지 시험 　　　　　　　　　　15쪽

01 24, 6, 6, 4	02 14
03	04 32
05 6	06 >
07 4, 4, 30	08 =
09 1.9, 1.87	10 4, 12, 2.5, 4, 2.5

06 $5.78 \div 1.7 = 3.4$, $6.82 \div 2.2 = 3.1$

　　➡ $3.4 > 3.1$

08 $6 \div 1.5 = 4$, $7 \div 1.75 = 4$

09 $13.1 \div 7 = 1.871\cdots$

　　소수 첫째 자리: $1.8\overset{\frown}{7}\cdots$ ➡ 1.9

　　소수 둘째 자리: $1.87\cancel{1}\cdots$ ➡ 1.87

　　　　　　　　　　　　　　　　　16~18쪽

학교 시험 만점왕 ①회　2. 소수의 나눗셈

01 100, 5, 100	02 (1) 6, 8 (2) 42, 16
03 24, 24, 24	04
05 >	06 6개
07 (1) 4 (2) 14	08 풀이 참조, 8명
09 10.6, 23, 138, 138	10 3
11 6.3 m	12 4
13 15, 4	14 풀이 참조, 나 떡집
15 90, 900	16 3.3
17 1.45 kg	18 <
19 6명, 2.7 kg	20 1.1 km

01 나누어지는 수와 나누는 수를 각각 100배 해도 계산 결과는 같습니다.

03 나누어지는 수와 나누는 수를 각각 $\dfrac{1}{10}$, $\dfrac{1}{100}$ 해도 계산 결과는 같습니다.

04
- $1.32 \div 1.1 = 13.2 \div 11 = 1.2$
- $4.2 \div 0.7 = 42 \div 7 = 6$
- $5.06 \div 0.22 = 506 \div 22 = 23$

05
$39.6 \div 2.2 = 396 \div 22 = 18$
$44.2 \div 2.6 = 442 \div 26 = 17$
➡ $18 > 17$

06 (필요한 통의 수)
= (전체 쌀의 무게) ÷ (나누어 담는 쌀의 무게)
= $31.2 \div 5.2 = 6$(개)

07 (1)
$$
\begin{array}{r}
4 \\
1.23{\overline{\smash{)}\,4.92}} \\
4\,9\,2 \\
\hline
0
\end{array}
$$
(2)
$$
\begin{array}{r}
1\,4 \\
0.22{\overline{\smash{)}\,3.08}} \\
2\,2 \\
\hline
8\,8 \\
8\,8 \\
\hline
0
\end{array}
$$

08 (나누어 준 우유의 양) = $4 - 0.24 = 3.76$ (L)
(나누어 준 친구들의 수)
= (나누어 준 우유의 양) ÷ (1명에게 나누어 준 우유의 양)
= $3.76 \div 0.47 = 376 \div 47 = 8$(명)

채점 기준

나누어 준 우유의 양을 바르게 구한 경우	30 %
우유를 나누어 준 친구들의 수를 바르게 구한 경우	70 %

09
$$
\begin{array}{r}
1\,0.6 \\
2.3{\overline{\smash{)}\,24.38}} \\
2\,3 \\
\hline
1\,3\,8 \\
1\,3\,8 \\
\hline
0
\end{array}
$$

10 ㉠ $7.68 \div 3.2 = 76.8 \div 32 = 2.4$,
㉡ $1.84 \div 2.3 = 18.4 \div 23 = 0.8$이므로
㉠÷㉡ = $2.4 \div 0.8 = 3$입니다.

11 (직사각형의 넓이) = (가로) × (세로)
➡ (세로) = (직사각형의 넓이) ÷ (가로)
= $25.83 \div 4.1 = 6.3$ (m)

12 $46.56 \div 9.7 = 465.6 \div 97 = 4.8$

□ < 4.8에서 □ 안에 알맞은 자연수 중에서 가장 큰 수는 4입니다.

13 $39 \div 2.6 = 390 \div 26 = 15$
$15 \div 3.75 = 1500 \div 375 = 4$

14 (가 떡집에서 필요한 상자의 수)
= (꿀떡의 무게) ÷ (한 상자에 담는 떡의 무게)
= $18 \div 1.2 = 15$(상자)
(나 떡집에서 필요한 상자의 수)
= (무지개떡의 무게) ÷ (한 상자에 담는 떡의 무게)
= $24 \div 1.5 = 16$(상자)
따라서 나 떡집에서 필요한 상자의 수가 더 많습니다.

채점 기준

가 떡집에서 필요한 상자의 수를 바르게 구한 경우	40 %
나 떡집에서 필요한 상자의 수를 바르게 구한 경우	40 %
필요한 상자의 수가 더 많은 떡집을 바르게 구한 경우	20 %

15 나누어지는 수가 같을 때, 나누는 수가 $\dfrac{1}{10}$, $\dfrac{1}{100}$이 되면 몫은 10배, 100배가 됩니다.
$72 \div 8 = 9$
$72 \div 0.8 = 90$
$72 \div 0.08 = 900$

16 $23.2 \div 7 = 3.31\cdots$이므로 몫을 반올림하여 소수 첫째 자리까지 나타내면 $3.3\!\!\!/1\cdots$ ➡ 3.3입니다.

17 (한 사람이 가지는 고구마의 양)
= (전체 고구마의 양) ÷ (인원 수)
= $8.72 \div 6 = 1.453\cdots$
몫을 반올림하여 소수 둘째 자리까지 나타내면
$1.45\!\!\!/3\cdots$ ➡ 1.45 (kg)입니다.

18 $8.8 \div 7 = 1.2\cdots$이므로 몫을 반올림하여 일의 자리까지 나타내면 $1.\!\!\!/2\cdots$ ➡ 1입니다.
➡ $1 < 1.2\cdots$

19

$$
\begin{array}{r}
6 \\
3 \overline{\smash{)}\,2\,0.7} \\
\underline{1\,8} \\
2.7
\end{array}
$$

6명에게 나누어 줄 수 있고, 남는 감자의 무게는 2.7 kg입니다.

20 2시간 45분 $=2\dfrac{45}{60}$시간 $=2.75$시간

(한 시간 동안 걸은 거리)

$=$(걸은 거리)$\div$(걸린 시간)

$=3\div2.75=1.09\cdots$

몫을 반올림하여 소수 첫째 자리까지 나타내면

$1.09\cdots \Rightarrow 1.1$ (km)입니다.

19~21쪽

학교 시험 만점왕 ②회　2. 소수의 나눗셈

01 168, 24, 24, 7	**02** •——•　•——•
03 2.88	**04** 17
05 ㉡	**06** 4, 5
07 3.5배	**08** 2
09 (위에서부터) 1, 5, 0, 5	**10** 1.8
11 (왼쪽에서부터) 4.2, 3	**12** 1.4배
13 4	**14** 32개
15 풀이 참조, 8 m	**16** 풀이 참고, 3.74
17 3개	**18** 4봉지, 1.5 kg
19 30	**20** 6.2

02 $8.1\div0.9=81\div9=9$

$8.32\div0.26=832\div26=32$

03 나누어지는 수와 나누는 수를 각각 100배 하면 계산 결과는 같습니다.

$2.88\times100=288$이고 $0.16\times100=16$이므로

$2.88\div0.16=288\div16=18$입니다.

04 $30.6\div1.8=306\div18=17$

---

05 ㉠ $75.6\div6.3=756\div63=12$

㉡ $83.6\div7.6=836\div76=11$

따라서 몫이 더 작은 것은 ㉡입니다.

06 $6.9\div2.3=69\div23=3$

$16.2\div2.7=162\div27=6$이므로 $3<\square<6$에서

$\square$ 안에 들어갈 수 있는 자연수는 4, 5입니다.

07 $4.34\div1.24=3.5$(배)

08 ㉠ $4.48\div0.32=448\div32=14$

㉡ $7.44\div0.62=744\div62=12$

따라서 두 나눗셈의 몫의 차는 $14-12=2$입니다.

09

$$
\begin{array}{r}
1\,5 \\
0.2\,7 \overline{\smash{)}\,4.0\,5} \\
\underline{2\,7} \\
1\,3\,5 \\
\underline{1\,3\,5} \\
0
\end{array}
$$

10 $2.88\div1.6=28.8\div16=1.8$

11 $9.24\div2.2=92.4\div22=4.2$

$4.2\div1.4=42\div14=3$

12 $1.68\div1.2=16.8\div12=1.4$(배)

13 지워진 부분의 수를 $\square$라 하면

$\square=13\div3.25=1300\div325=4$입니다.

14 (포장할 수 있는 인형의 수)

$=$(전체 끈의 길이)$\div$(인형 1개당 필요한 끈의 길이)

$=24\div0.75=32$(개)

15 (삼각형의 넓이)$=$(밑변의 길이)$\times$(높이)$\div2$

$\Rightarrow$ (삼각형의 높이)

$=$(삼각형의 넓이)$\times2\div$(밑변의 길이)

$=7\times2\div1.75=14\div1.75$

$=8$ (m)

채점 기준

삼각형의 높이를 계산하는 방법을 바르게 찾은 경우	50 %
삼각형의 높이를 바르게 구한 경우	50 %

16 (어떤 수)$=4\times8+1.7=33.7$

(어떤 수)$\div9=33.7\div9=3.744\cdots$이므로

몫을 반올림하여 소수 둘째 자리까지 나타내면

$3.744\cdots$ ➡ 3.74입니다.

채점 기준	
어떤 수를 바르게 구한 경우	50 %
어떤 수를 9로 나눈 몫을 반올림하여 소수 둘째 자리까지 바르게 구한 경우	50 %

17 ㉠ $4.62\div1.9=2.43\cdots$

➡ 소수 첫째 자리까지 구한 몫: 2.4

➡ 반올림하여 소수 첫째 자리까지 구한 몫: 2.4

㉡ $5.48\div2.3=2.38\cdots$

➡ 소수 첫째 자리까지 구한 몫: 2.3

➡ 반올림하여 소수 첫째 자리까지 구한 몫: 2.4

㉢ $6.64\div3=2.21\cdots$

➡ 소수 첫째 자리까지 구한 몫: 2.2

➡ 반올림하여 소수 첫째 자리까지 구한 몫: 2.2

㉣ $9.22\div6=1.53\cdots$

➡ 소수 첫째 자리까지 구한 몫: 1.5

➡ 반올림하여 소수 첫째 자리까지 구한 몫: 1.5

따라서 소수 첫째 자리까지 구한 몫과 반올림하여 소수 첫째 자리까지 구한 몫이 같은 것은 ㉠, ㉢, ㉣의 3개입니다.

18

$$\begin{array}{r} 4 \\ 8\overline{)33.5} \\ 32 \\ \hline 1.5 \end{array}$$

따라서 양파를 4봉지에 담을 수 있고, 남는 양파는 $1.5\,\text{kg}$입니다.

19 계산 결과가 가장 큰 나눗셈을 만들려면 나누는 수가 가장 작아야 합니다. 따라서 $105\div3.5=30$입니다.

20 (어떤 수)$\times4.2=109.2$

(어떤 수)$=109.2\div4.2=26$

$26\div4.2=6.19\cdots$이므로 몫을 반올림하여 소수 첫째 자리까지 나타내면 $6.19\cdots$ ➡ 6.2입니다.

2단원 서술형·논술형 평가 22~23쪽

01 풀이 참조, 3시간　　**02** 풀이 참조, 1.5배

03 풀이 참조, 7봉지　　**04** 풀이 참조, 4 m

05 풀이 참조, 8　　　　**06** 풀이 참조, 12상자

07 풀이 참조, 4　　　　**08** 풀이 참조, 13.7

09 풀이 참조, 0.3 kg　**10** 풀이 참조, 2봉지, 2.3 kg

01 예 (걸리는 시간)

$=$(이동 거리)$\div$(한 시간에 이동할 수 있는 거리)

$=4.71\div1.57=3$(시간)

채점 기준	
걸리는 시간을 구하는 식을 바르게 세운 경우	50 %
걸리는 시간을 바르게 구한 경우	50 %

02 예 (고양이의 무게)$=7.2-2.4=4.8\,(\text{kg})$

강아지의 무게는 고양이의 무게의 $7.2\div4.8=1.5$(배)입니다.

채점 기준	
고양이의 무게를 바르게 구한 경우	30 %
강아지의 무게가 고양이의 무게의 몇 배인지 바르게 구한 경우	70 %

03 예 (봉지에 담은 점토 전체의 양)

$=3.55-0.33=3.22\,(\text{kg})$

(점토를 담은 봉지의 수)

$=$(봉지에 담은 점토 전체의 양)

$\div$(한 봉지에 담는 점토의 양)

$=3.22\div0.46=7$(봉지)

채점 기준	
봉지에 담은 점토의 양을 바르게 구한 경우	50 %
점토를 담은 봉지의 수를 바르게 구한 경우	50 %

04 예 (사다리꼴의 넓이)

$=($(윗변의 길이)$+$(아랫변의 길이)$)\times$(높이)$\div2$

(사다리꼴의 아랫변의 길이)

$=$(사다리꼴의 넓이)$\times2\div$(높이)$-$(윗변의 길이)

$=30.24\times2\div10.08-2$

$=60.48 \div 10.08 - 2 = 4 \, (\text{m})$

채점 기준

사다리꼴의 아랫변의 길이를 구하는 식을 바르게 세운 경우	50 %
사다리꼴의 아랫변의 길이를 바르게 구한 경우	50 %

05 예 $2.6 \times (\text{어떤 수}) = 12.48$이므로

$(\text{어떤 수}) = 12.48 \div 2.6 = 4.8$입니다.

➡ $(\text{어떤 수}) \div 0.6 = 4.8 \div 0.6 = 8$

채점 기준

어떤 수를 바르게 구한 경우	50 %
(어떤 수)÷0.6을 바르게 구한 경우	50 %

06 예 (감자의 상자 수)

$= (\text{전체 감자의 무게}) \div (\text{한 상자에 담는 감자의 무게})$

$= 18 \div 2.25 = 8 \, (\text{상자})$

(고구마의 상자 수)

$= (\text{전체 고구마의 무게}) \div (\text{한 상자에 담는 고구마의 무게})$

$= 21 \div 5.25 = 4 \, (\text{상자})$

따라서 $8 + 4 = 12 \, (\text{상자})$가 됩니다.

채점 기준

감자의 상자 수를 바르게 구한 경우	40 %
고구마의 상자 수를 바르게 구한 경우	40 %
몇 상자가 되는지 바르게 구한 경우	20 %

07 예 $12.7 \div 3.3 = 3.8484\cdots$로 소수점 아래 8, 4가 반복되는 규칙이 있습니다. 따라서 몫의 소수점 아래 10번째 자리의 숫자는 4입니다.

채점 기준

몫의 소수점 아래 숫자가 반복되는 규칙을 바르게 찾은 경우	50 %
몫의 소수점 아래 10번째 자리의 숫자를 바르게 구한 경우	50 %

08 예 $28.3 \div 4.2 = 6.73\cdots$이므로 몫을 반올림하여

일의 자리까지 나타내면 $6.\overset{\frown}{7}\cdots$ ➡ 7이고,

소수 첫째 자리까지 나타내면 $6.7\overset{\frown}{3}\cdots$ ➡ 6.7입니다.

➡ $7 + 6.7 = 13.7$

채점 기준

몫을 반올림하여 일의 자리까지 나타낸 수를 바르게 구한 경우	40 %
몫을 반올림하여 소수 첫째 자리까지 나타낸 수를 바르게 구한 경우	40 %
두 수의 합을 바르게 구한 경우	20 %

09 예

$$
\begin{array}{r}
5 \\
2\overline{)11.7} \\
\underline{10} \\
1.7
\end{array}
$$

포도를 5상자에 담고, 남는 포도는 $1.7 \, \text{kg}$입니다.
포도를 남김없이 모두 담으려면
포도는 적어도 $2 - 1.7 = 0.3 \, (\text{kg})$이 더 필요합니다.

채점 기준

남는 포도의 양을 바르게 구한 경우	50 %
포도는 적어도 몇 kg이 더 필요한지 바르게 구한 경우	50 %

10 예 $(\text{소금의 양}) = (\text{설탕의 양})$

$= 1.5 \times 8 + 0.3 = 12.3 \, (\text{kg})$

$$
\begin{array}{r}
2 \\
5\overline{)12.3} \\
\underline{10} \\
2.3
\end{array}
$$

소금을 2봉지에 나누어 담을 수 있고, 남는 소금의 양은 $2.3 \, \text{kg}$입니다.

채점 기준

소금의 양을 바르게 구한 경우	30 %
소금을 몇 봉지에 나누어 담을 수 있는지 바르게 구한 경우	40 %
남는 소금의 양을 바르게 구한 경우	30 %

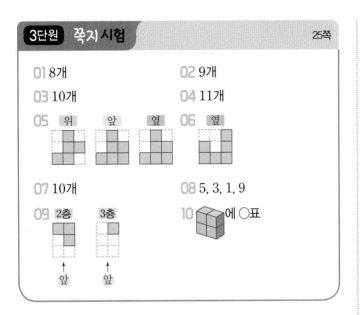

01 8개   02 9개

03 10개   04 11개

05 위 앞 옆   06 옆

07 10개   08 5, 3, 1, 9

09 2층 3층   10 에 ○표

07 위

10

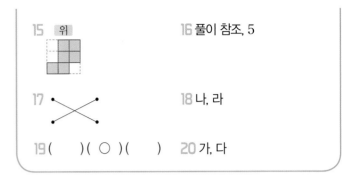

15 위   16 풀이 참조, 5

17   18 나, 라

19 (   )(○)(   )   20 가, 다

02 앞에서 보면 왼쪽부터 1층, 3층, 2층으로 보입니다.

04 앞에서 본 모양은 오른쪽과 같으므로 보이는 면은 7개입니다.

05 옆에서 본 모양은 오른쪽과 같으므로 보이는 면은 6개입니다.

06 1층: 5개, 2층: 4개 ➡ 5+4=9(개)

07 1층: 5개, 2층: 5개, 3층: 1개
➡ 5+5+1=11(개)

08 가와 나는 앞에서 본 모양과 옆에서 본 모양이 서로 다릅니다.

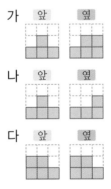

가 앞 옆

나 앞 옆

다 앞 옆

09 앞에서 보면 왼쪽부터 3층, 1층, 2층으로 보이고, 옆에서 보면 왼쪽부터 1층, 3층, 2층으로 보입니다.

10 ㉠ 자리는 옆에서 보면 2층으로 보이므로 ㉠ 자리에 쌓은 쌓기나무는 2개입니다.

11 2층에 쌓은 쌓기나무는 각 자리에 쓰인 수가 2 이상인 것의 개수를 세면 되므로 3개입니다.

12 예 옆에서 보았을 때 가는 왼쪽부터 2층, 3층, 1층으로 보이고, 나는 왼쪽부터 2층, 3층, 1층으로 보이고, 다

학교 시험 만점왕 ❶회   **3. 공간과 입체**

01 10개   02 (○)(   )

03 위   04 7개

05 6개   06 9개

07 11개   08 다

09 앞 옆   10 2개

11 3개   12 풀이 참조, 다

13 위   14 12개

는 왼쪽부터 1층, 3층, 2층으로 보입니다.

따라서 옆에서 본 모양이 주어진 모양과 같은 것은 다입니다.

채점 기준

가, 나, 다를 옆에서 본 모양을 각각 바르게 구한 경우	60 %
옆에서 본 모양이 주어진 모양과 같은 것을 바르게 찾은 경우	40 %

14 $2+1+3+2+2+2=12$(개)

15 가를 위에서 본 모양을 보면 1층에 쌓인 쌓기나무의 개수가 6개이므로 나의 1층에도 6개의 쌓기나무가 있음을 알 수 있습니다.

따라서 나를 위에서 본 모양은 입니다.

16 ⓔ 쌓기나무를 층별로 나타낸 모양에서 ㉠ 자리는 쌓기나무가 3층까지 있고, ㉡ 자리는 쌓기나무가 2층까지 있습니다.

따라서 ㉠에 들어갈 수는 3이고, ㉡에 들어갈 수는 2이므로 $3+2=5$입니다.

채점 기준

㉠에 들어갈 수를 바르게 구한 경우	40 %
㉡에 들어갈 수를 바르게 구한 경우	40 %
㉠, ㉡에 들어갈 수의 합을 바르게 구한 경우	20 %

18 나   라

20 가   다

학교 시험 만점왕 ❷회   **3. 공간과 입체**

01 라   02 10

03   04 다

05 가   06 위 앞 옆

07 옆   08 9개

09 옆   10 앞 옆

11 3, 2, 1, 1, 3   12 가

13 ( )( )(○)   14 풀이 참조, 3

15 2층 3층   16 12개

     앞   앞

17 풀이 참조, 13개   18 나

19 ( )( )(○)   20

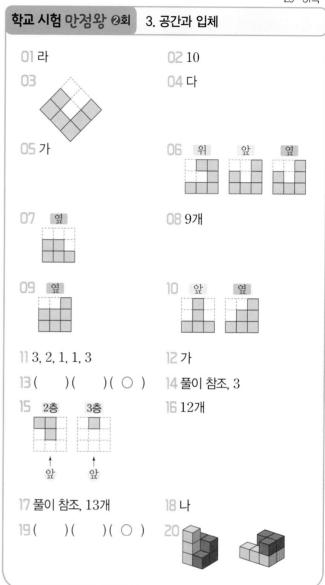

01 가, 나, 다는 보이지 않는 쌓기나무가 없지만 라는 있을 수 있습니다.

02 필요한 쌓기나무가 가장 적은 경우는 보이지 않는 쌓기나무가 없는 경우이므로 10개입니다.

03 쌓기나무 10개로 쌓은 모양이므로 가운데 부분에 빈 공간이 있어야 합니다.

04 앞에서 본 모양은 왼쪽부터 3층, 2층, 1층입니다.

05 옆에서 본 모양은 왼쪽부터 2층, 3층, 1층입니다.

07 위에서 본 모양에 수를 써서 나타내면 위 [1][1][2][2][1] 이므로 옆

에서 보면 왼쪽부터 2층, 2층, 1층으로 보입니다.

08 위, 앞, 옆에서 본 모양대로 쌓기나무를 쌓으면 오른쪽과 같습니다. 따라서 필요한 쌓기나무는 9개입니다.

09 옆에서 보면 왼쪽부터 2층, 2층, 3층으로 보입니다.

10 앞에서 보면 왼쪽부터 1층, 3층, 1층으로 보이고, 옆에서 보면 왼쪽부터 1층, 2층, 3층으로 보입니다.

12 앞과 옆에서 본 모양을 보고 위에서 본 모양의 각 자리에 쌓아 올린 쌓기나무의 수를 써넣으면 오른쪽과 같습니다. 따라서 가 모양을 본 것입니다.

위
1	1

1	2	3

1

14 ⓔ 옆에서 본 모양에서 ♥가 있는 줄이 3층으로 보이므로 ♥ 자리에 알맞은 수는 3입니다.

채점 기준
♥가 있는 줄이 3층임을 찾은 경우	50 %
♥ 자리에 알맞은 수를 바르게 구한 경우	50 %

15 1층 모양을 보고 보이지 않는 쌓기나무가 없다는 것을 알 수 있습니다. 쌓기나무가 2층에는 3개, 3층에는 1개가 있습니다.

17 왼쪽 정육면체 모양의 쌓기나무는 한 모서리에 3개씩이므로 $3 \times 3 \times 3 = 27$(개)입니다. 오른쪽 모양을 위

위
3	2	2

	2	1

1	1	2
↑
앞

에서 본 모양에 수를 써넣으면 와 같으므로 쌓기나무는 모두 $3+2+2+2+1+1+1+2=14$(개)입니다.
따라서 빼낸 쌓기나무는 $27-14=13$(개)입니다.

채점 기준
왼쪽 정육면체 모양을 만드는 데 필요한 쌓기나무의 개수를 바르게 구한 경우	40 %
오른쪽 모양을 만드는 데 필요한 쌓기나무의 개수를 바르게 구한 경우	40 %
빼낸 쌓기나무의 개수를 바르게 구한 경우	20 %

19

01 영미, 풀이 참조   02 풀이 참조, 9개

03 풀이 참조, 12개   04 풀이 참조, 21개

05 풀이 참조, 나   06 풀이 참조, 3개

07 풀이 참조, 16개   08 풀이 참조, 다

09 풀이 참조, ⓛ, ⓒ   10 풀이 참조, 3개

01 ⓔ 위에서 본 모양이나 층별 모양을 알아야 사용한 쌓기나무의 개수를 정확하게 알 수 있습니다.
옆에서 본 모양으로는 보이지 않는 쌓기나무가 있는지 알 수 없습니다.

채점 기준
잘못 말한 학생의 이름을 바르게 쓴 경우	50 %
잘못 말한 이유를 바르게 쓴 경우	50 %

02 ⓔ 1층에 6개, 2층에 2개, 3층에 1개이므로 사용한 쌓기나무는 모두 $6+2+1=9$(개)입니다.

채점 기준
층별 쌓기나무의 개수를 바르게 구한 경우	50 %
주어진 모양과 똑같이 쌓는 데 필요한 쌓기나무의 개수를 바르게 구한 경우	50 %

03 ⓔ 1층에 8개, 2층에 3개, 3층에 1개이므로 사용한 쌓기나무는 모두 $8+3+1=12$(개)입니다.

채점 기준
층별 쌓기나무의 개수를 바르게 구한 경우	50 %
주어진 모양과 똑같이 쌓는 데 필요한 쌓기나무의 개수를 바르게 구한 경우	50 %

04 ⓔ 가 모양을 쌓는 데 필요한 쌓기나무는
$1+2+3+1+1+1=9$(개)이고, 나 모양을 쌓는 데 필요한 쌓기나무는
$3+1+1+2+2+2+1=12$(개)입니다.
따라서 필요한 쌓기나무는 모두 $9+12=21$(개)입니다.

채점 기준	
가 모양을 쌓는 데 필요한 쌓기나무의 개수를 바르게 구한 경우	40 %
나 모양을 쌓는 데 필요한 쌓기나무의 개수를 바르게 구한 경우	40 %
필요한 쌓기나무의 개수를 바르게 구한 경우	20 %

05 예 2층에 쌓은 쌓기나무의 개수를 구하려면 위에서 본 모양의 각 자리의 수가 2 이상인 것을 찾아야 합니다. 가에서 2 이상인 자리는 모두 3자리이고, 나에서 2 이상인 자리는 모두 4자리이므로 2층에 쌓은 쌓기나무의 개수가 더 많은 것은 나입니다.

채점 기준	
가의 2층에 쌓인 쌓기나무의 개수를 바르게 구한 경우	40 %
나의 2층에 쌓인 쌓기나무의 개수를 바르게 구한 경우	40 %
2층에 쌓인 쌓기나무의 개수가 더 많은 것을 바르게 구한 경우	20 %

06 예 앞과 옆에서 본 모양을 보고 위에서 본 모양의 각 칸에 쌓인 쌓기나무의 수를 써넣으면 오른쪽과 같으므로 필요한 쌓기나무는

$1+3+1+2+1+1=9$(개)입니다.

따라서 $9-6=3$(개)의 쌓기나무가 더 필요합니다.

채점 기준	
주어진 모양과 똑같이 쌓는 데 필요한 쌓기나무의 개수를 바르게 구한 경우	50 %
더 필요한 쌓기나무의 개수를 바르게 구한 경우	50 %

07 예 주어진 모양을 가장 작은 정육면체로 만드는 데 필요한 쌓기나무는 $3\times3\times3=27$(개)입니다.

사용한 쌓기나무는 1층에 7개, 2층에 3개, 3층에 1개이므로 $7+3+1=11$(개)입니다.

따라서 더 필요한 쌓기나무는 $27-11=16$(개)입니다.

채점 기준	
정육면체를 만드는 데 필요한 쌓기나무의 개수를 바르게 구한 경우	40 %
사용한 쌓기나무의 개수를 바르게 구한 경우	40 %
더 필요한 쌓기나무의 개수를 바르게 구한 경우	20 %

08 예 가와 나를 옆에서 본 모양은 이고, 다를 옆에서 본 모양은 이므로 옆에서 본 모양이 다른 하나는 다입니다.

채점 기준	
가, 나, 다를 옆에서 본 모양을 각각 바르게 구한 경우	50 %
옆에서 본 모양이 다른 하나를 바르게 구한 경우	50 %

09 예 앞에서 본 모양은 3층, 2층, 1층이므로 ⓒ, ⓔ, ⓔ을 빼내어도 됩니다. 옆에서 본 모양은 2층, 3층, 2층이므로 ⓒ, ⓒ을 빼내어도 됩니다.

따라서 빼낼 수 있는 쌓기나무는 ⓒ, ⓒ입니다.

채점 기준	
앞에서 본 모양에서 빼낼 수 있는 자리를 바르게 아는 경우	30 %
옆에서 본 모양에서 빼낼 수 있는 자리를 바르게 아는 경우	30 %
빼낼 수 있는 쌓기나무를 모두 바르게 구한 경우	40 %

10 예 쌓기나무가 가장 많은 경우는 이므로

$2+2+2+2+2+2=12$(개)이고, 가장 적은 경우는 이므로 $2+1+2+1+2+1=9$(개)입니다.

따라서 쌓기나무가 가장 많은 경우와 가장 적은 경우의 차는 $12-9=3$(개)입니다.

참고 쌓기나무가 가장 적은 경우는 다음과 같이 여러 가지 경우가 있습니다.

채점 기준	
쌓기나무가 가장 많은 경우의 개수를 바르게 구한 경우	40 %
쌓기나무가 가장 적은 경우의 개수를 바르게 구한 경우	40 %
그 차를 바르게 구한 경우	20 %

4단원 쪽지 시험

01 7, 3

02 예 6 : 10, 9 : 15

03 10, 23, 12

04 예 5 : 11

05 예 8 : 7

06 4, 35 / 7, 20

07 80 / 80

08 15

09 5상자

10 5, 4, 25 / 5, 4, 20

---

01 비 ● : ■에서 기호 ' : ' 앞에 있는 ●를 전항, 뒤에 있는 ■를 후항이라고 합니다.

02 비의 전항과 후항에 0이 아닌 같은 수를 곱하여도 비율은 같습니다.
3 : 5의 전항과 후항에 2를 곱하면 6 : 10이고, 3을 곱하면 9 : 15입니다.

03 2.3 : 1.2의 전항과 후항에 10을 곱하면 23 : 12입니다.

04 0.5 : 1.1의 전항과 후항에 10을 곱하면 5 : 11입니다.

05 16 : 14의 전항과 후항을 2로 나누면 8 : 7입니다.

06 비례식 ● : ■=▲ : ◆에서 바깥쪽에 있는 ●과 ◆를 외항, 안쪽에 있는 ■와 ▲를 내항이라고 합니다.

07 외항의 곱: $5 \times 16 = 80$
내항의 곱: $8 \times 10 = 80$

08 비례식에서 외항의 곱과 내항의 곱은 같으므로
$5 \times 21 = 7 \times \square$입니다.
➡ $7 \times \square = 105$, $\square = 105 \div 7 = 15$

09 필요한 상자를 $\square$개라 하고 비례식을 세우면
$6 : 1 = 30 : \square$입니다.
외항의 곱과 내항의 곱은 같으므로 $6 \times \square = 1 \times 30$,
$6 \times \square = 30$, $\square = 30 \div 6 = 5$입니다.

10 $45 \times \dfrac{5}{5+4} = \overset{5}{\cancel{45}} \times \dfrac{5}{\underset{1}{\cancel{9}}} = 25$

$45 \times \dfrac{4}{5+4} = \overset{5}{\cancel{45}} \times \dfrac{4}{\underset{1}{\cancel{9}}} = 20$

학교 시험 만점왕 ❶회   4. 비례식과 비례배분

01 $1.2, \dfrac{8}{11}$

02 7 : 6과 28 : 24에 ○표

03 70, 10, 63

04 (1) 예 16 : 5 (2) 예 7 : 8

05

06 ( ) (○)

07 (1) 20 (2) 3

08 예 $1.6 : 4 = 2 : 5$ (또는 $2 : 5 = 1.6 : 4$)

09 예 $9 : 11 = 18 : 22$

10 $12 : 14 = 36 : 42$ (또는 $36 : 42 = 12 : 14$)

11 2

12 $5 : 300 = 12 : \square$ (또는 $5 : 12 = 300 : \square$)

13 720 g

14 풀이 참조, 2560원

15 420 g

16 35000원

17 (1) 15, 25 (2) 36, 60

18 30장

19 풀이 참조, 280 cm, 350 cm

20 300 mL

---

02 7 : 6의 전항과 후항에 4를 곱하면 28 : 24와 비율이 같습니다.

03 $\dfrac{1}{7}$: 0.9의 전항과 후항에 70을 곱하면 10 : 63입니다.

04 (1) $2\dfrac{2}{3} = \dfrac{8}{3}$입니다. $\dfrac{8}{3} : \dfrac{5}{6}$의 전항과 후항에 6을 곱하면 16 : 5입니다.
(2) 63 : 72의 전항과 후항을 9로 나누면 7 : 8입니다.

05 • 36 : 28의 전항과 후항을 4로 나누면 9 : 7입니다.
• 14 : 10의 전항과 후항을 2로 나누면 7 : 5입니다.
• 8 : 20의 전항과 후항을 4로 나누면 2 : 5입니다.
• 12 : 30의 전항과 후항을 6으로 나누면 2 : 5입니다.
• 27 : 21의 전항과 후항을 3으로 나누면 9 : 7입니다.
• 21 : 15의 전항과 후항을 3으로 나누면 7 : 5입니다.

06 비례식은 비율이 같은 두 비를 기호 '='를 사용하여 나타낸 것입니다.

- $9 : 13 = \dfrac{9}{13}$ 는 비례식이 아닙니다.

- $5 : 6 = 30 : 36$ 에서 $5 : 6$의 비율은 $\dfrac{5}{6}$이고 $30 : 36$의 비율도 $\dfrac{30}{36}\left(=\dfrac{5}{6}\right)$로 같으므로 $5 : 6 = 30 : 36$ 은 비례식입니다.

07 비례식에서 외항의 곱과 내항의 곱은 같습니다.

(1) $5 \times 36 = 9 \times \square$, $9 \times \square = 180$,
   $\square = 180 \div 9 = 20$

(2) $\dfrac{5}{7} \times 21 = 5 \times \square$, $5 \times \square = 15$, $\square = 15 \div 5 = 3$

08 $1.6 : 4$의 전항과 후항에 10을 곱하면 $16 : 40$입니다.
$16 : 40$의 전항과 후항을 8로 나누면 $2 : 5$입니다.
따라서 두 비 $1.6 : 4$와 $2 : 5$로 비례식을 세우면
$1.6 : 4 = 2 : 5$ (또는 $2 : 5 = 1.6 : 4$)입니다.

09 비율이 $\dfrac{9}{11}$이면 비는 $9 : 11$입니다.

비의 성질을 이용하여 비율이 $\dfrac{9}{11}$인 비를 구하면 $9 : 11$, $18 : 22$, $27 : 33$, ...입니다. 따라서 이 중 두 비로 비례식을 세워 봅니다.

10 주어진 비의 비율을 각각 구해 보면 다음과 같습니다.

$8 : 18 \Rightarrow$ (비율) $= \dfrac{8}{18}\left(=\dfrac{4}{9}\right)$

$12 : 14 \Rightarrow$ (비율) $= \dfrac{12}{14}\left(=\dfrac{6}{7}\right)$

$15 : 27 \Rightarrow$ (비율) $= \dfrac{15}{27}\left(=\dfrac{5}{9}\right)$

$36 : 42 \Rightarrow$ (비율) $= \dfrac{36}{42}\left(=\dfrac{6}{7}\right)$

따라서 비율이 같은 두 비로 비례식을 세우면
$12 : 14 = 36 : 42$ (또는 $36 : 42 = 12 : 14$)입니다.

11 외항의 곱이 96이므로 $16 \times \blacksquare = 96$에서
$\blacksquare = 96 \div 16 = 6$입니다. 내항의 곱은 외항의 곱과 같으므로 $12 \times \bigstar = 96$에서 $\bigstar = 96 \div 12 = 8$입니다.
따라서 $\bigstar - \blacksquare = 8 - 6 = 2$입니다.

13 $5 : 300 = 12 : \square$에서 외항의 곱과 내항의 곱은 같으므로 $5 \times \square = 300 \times 12$, $5 \times \square = 3600$,

$\square = 3600 \div 5 = 720$입니다.
따라서 필요한 옥수수 호떡 믹스의 양은 720 g입니다.

14 예 라면 4개의 가격을 $\square$원이라 하고 비례식을 세우면 $5 : 3200 = 4 : \square$입니다. 외항의 곱과 내항의 곱은 같으므로 $5 \times \square = 3200 \times 4$, $5 \times \square = 12800$, $\square = 12800 \div 5 = 2560$입니다.
따라서 라면 4개의 가격은 2560원입니다.

채점 기준

라면 4개의 가격을 □원이라 하고 비례식을 바르게 세운 경우	40 %
라면 4개의 가격을 바르게 구한 경우	60 %

15 바닷물 12 L를 증발시켜 얻을 수 있는 소금의 양을 $\square$ g이라 하고 비례식을 세우면 $5 : 175 = 12 : \square$입니다.

$\Rightarrow 5 \times \square = 175 \times 12$, $5 \times \square = 2100$,
$\square = 2100 \div 5 = 420$

16 2주는 14일입니다. 10일 동안 받은 용돈을 $\square$원이라 하고 비례식을 세우면 $14 : 49000 = 10 : \square$입니다.
외항의 곱과 내항의 곱은 같으므로
$14 \times \square = 49000 \times 10$, $14 \times \square = 490000$,
$\square = 490000 \div 14 = 35000$입니다.

17 (1) $40 \times \dfrac{3}{3+5} = 40 \times \dfrac{3}{8} = 15$

$40 \times \dfrac{5}{3+5} = 40 \times \dfrac{5}{8} = 25$

(2) $96 \times \dfrac{3}{3+5} = 96 \times \dfrac{3}{8} = 36$

$96 \times \dfrac{5}{3+5} = 96 \times \dfrac{5}{8} = 60$

18 형이 가지는 딱지는 $55 \times \dfrac{6}{6+5} = 55 \times \dfrac{6}{11} = 30$(장)입니다.

19 예 6.3 m $= 630$ cm입니다.
(민준이가 가지는 빨간색 테이프의 길이)
$= 630 \times \dfrac{4}{4+5} = 630 \times \dfrac{4}{9} = 280$ (cm)

(가은이가 가지는 빨간색 테이프의 길이)

$$= 630 \times \frac{5}{4+5} = 630 \times \frac{5}{9} = 350 \,(\text{cm})$$

20 (큰 컵에 담을 우유의 양)

$$= 500 \times \frac{6}{6+4} = 500 \times \frac{6}{10} = 300 \,(\text{mL})$$

학교 시험 만점왕 ②회 4. 비례식과 비례배분

01 7, 3, 5

02 (위에서부터) 24, 15, 24

03 예 1 : 6

04 $\frac{1}{4} : \frac{1}{5}$, 4.5 : 3.6

05 풀이 참조, 예 4 : 3

06 $\frac{9}{14}$, 84 / 5.4, 10

07 ㉡, ㉢

08 예 $\frac{7}{8} : \frac{11}{12} = 21 : 22$ (또는 $21 : 22 = \frac{7}{8} : \frac{11}{12}$)

09 ㉢

10 4, 16

11 예 6 : 4 = 24 : 16, 6 : 24 = 4 : 16

12 예 3 : 5 = 12 : 20 (또는 12 : 20 = 3 : 5)
    3 : 12 = 5 : 20 (또는 5 : 20 = 3 : 12)

13 5 : 8 = 30 : □

14 48바퀴

15 풀이 참조, 2985원

16 315 cm²

17 (1) 45, 20 (2) 72, 32

18 32장, 40장

19 405 g

20 48 m²

02 $\frac{1}{3} : \frac{5}{8}$의 전항과 후항에 24를 곱하면 8 : 15입니다.

03 $1.5 = \frac{15}{10}$입니다. $\frac{1}{4} : \frac{15}{10}$의 전항과 후항에 20을 곱하면 5 : 30입니다. 5 : 30의 전항과 후항을 5로 나누면 1 : 6입니다.

04 • $\frac{1}{4} : \frac{1}{5}$의 전항과 후항에 20을 곱하면 5 : 4입니다.

• 54 : 72의 전항과 후항을 18로 나누면 3 : 4입니다.

• $\frac{1}{5} : \frac{1}{4}$의 전항과 후항에 20을 곱하면 4 : 5입니다.

• 4.5 : 3.6의 전항과 후항에 10을 곱하면 45 : 36입니다. 45 : 36의 전항과 후항을 9로 나누면 5 : 4입니다.

05 직사각형의 둘레는 84 m이므로
(가로)+(세로)+(가로)+(세로)=84,
(가로)+(세로)=84÷2=42(m)입니다.
세로가 18 m이므로 가로는 42−18=24(m)입니다.
따라서 가로와 세로의 비는 24 : 18이고 24 : 18의 전항과 후항을 6으로 나누면 4 : 3입니다.

06 비례식에서 바깥쪽에 있는 두 수를 외항, 안쪽에 있는 두 수를 내항이라고 합니다.

07 ㉠ 2 : 7의 비율은 $\frac{2}{7}$이고, 35 : 10의 비율은 $\frac{35}{10}\left(=\frac{7}{2}\right)$이므로 2 : 7 = 35 : 10은 비례식이 아닙니다.

㉡ 9 : 4의 비율은 $\frac{9}{4}$이고, 54 : 24의 비율은 $\frac{54}{24}\left(=\frac{9}{4}\right)$이므로 9 : 4 = 54 : 24는 비례식입니다.

㉢ 40 : 48의 비율은 $\frac{40}{48}\left(=\frac{5}{6}\right)$이고, 5 : 6의 비율은 $\frac{5}{6}$이므로 40 : 48 = 5 : 6은 비례식입니다.

08 $\frac{7}{8} : \frac{11}{12}$의 전항과 후항에 24를 곱하면 21 : 22입니다.
따라서 두 비 $\frac{7}{8} : \frac{11}{12}$과 21 : 22로 비례식을 세우면
$\frac{7}{8} : \frac{11}{12} = 21 : 22$ (또는 $21 : 22 = \frac{7}{8} : \frac{11}{12}$)입니다.

09 비례식에서 외항의 곱과 내항의 곱은 같습니다.

㉠ $5 \times 6 = 2 \times \square$, $2 \times \square = 30$, $\square = 30 \div 2 = 15$

㉡ $3.6 \times 20 = 6 \times \square$, $6 \times \square = 72$,
$\square = 72 \div 6 = 12$

㉢ $\dfrac{5}{6} \times 24 = 1 \times \square$, $\square = 20$

㉣ $30 \times \square = 36 \times 5$, $30 \times \square = 180$,
$\square = 180 \div 30 = 6$

따라서 $\square$ 안에 들어갈 수가 가장 큰 것은 ㉢입니다.

10 $2 : \bigstar = 8 : \blacklozenge$라고 하면 외항의 곱이 32이므로
$2 \times \blacklozenge = 32$에서 $\blacklozenge = 16$입니다.
내항의 곱은 외항의 곱과 같으므로 내항의 곱도 32입니다. $\bigstar \times 8 = 32$에서 $\bigstar = 4$입니다.

11 내항이 4, 24이므로 비례식을 세우면
$\bullet : 4 = 24 : \blacklozenge$ 또는 $\bullet : 24 = 4 : \blacklozenge$입니다.
외항이 6, 16이므로 $\bullet$와 $\blacklozenge$에 6과 16을 써넣어 비례식을 세워 봅니다. $6 : 4 = 24 : 16$, $6 : 24 = 4 : 16$, $16 : 4 = 24 : 6$, $16 : 24 = 4 : 6$이 나올 수 있습니다.

12 두 수의 곱이 같은 카드를 찾아서 외항과 내항에 각각 놓아 비례식을 세울 수 있습니다.
곱이 같은 두 수씩 짝을 지으면 3과 20, 5와 12입니다.
• 3과 20이 외항일 때 5와 12가 내항이므로 비례식을 세우면 $3 : 5 = 12 : 20$, $20 : 5 = 12 : 3$, $3 : 12 = 5 : 20$, $20 : 12 = 5 : 3$입니다.
• 3과 20이 내항일 때 5와 12가 외항이므로 비례식을 세우면 $5 : 3 = 20 : 12$, $12 : 3 = 20 : 5$, $5 : 20 = 3 : 12$, $12 : 20 = 3 : 5$입니다.

14 $5 : 8 = 30 : \square$에서 외항의 곱과 내항의 곱은 같으므로 $5 \times \square = 8 \times 30$입니다.
$5 \times \square = 240$, $\square = 240 \div 5 = 48$입니다.
따라서 톱니바퀴 ㉯는 48바퀴를 돕니다.

15 봉지 과자 3개의 가격을 $\square$원이라 하고 비례식을 세우면 $4 : 3980 = 3 : \square$입니다.

➡ $4 \times \square = 3980 \times 3$, $4 \times \square = 11940$,
$\square = 11940 \div 4 = 2985$입니다.

채점 기준

봉지 과자 3개의 가격을 $\square$원이라 하고 비례식을 바르게 세운 경우	40 %
봉지 과자 3개의 가격을 바르게 구한 경우	60 %

16 직사각형의 세로를 $\square$ cm라 하고 비례식을 세우면 $7 : 5 = 21 : \square$입니다. 외항의 곱과 내항의 곱은 같으므로 $7 \times \square = 5 \times 21$, $7 \times \square = 105$,
$\square = 105 \div 7 = 15$입니다.
따라서 직사각형의 넓이는 $21 \times 15 = 315 \, (\text{cm}^2)$입니다.

17 (1) $65 \times \dfrac{9}{9+4} = 65 \times \dfrac{9}{13}$
$= 45$

$65 \times \dfrac{4}{9+4} = 65 \times \dfrac{4}{13}$
$= 20$

(2) $104 \times \dfrac{9}{9+4} = 104 \times \dfrac{9}{13}$
$= 72$

$104 \times \dfrac{4}{9+4} = 104 \times \dfrac{4}{13}$
$= 32$

18 도윤: $72 \times \dfrac{4}{4+5} = 72 \times \dfrac{4}{9} = 32$(장)

가온: $72 \times \dfrac{5}{4+5} = 72 \times \dfrac{5}{9} = 40$(장)

19 (잡곡의 양) $= 945 \times \dfrac{3}{4+3}$
$= 945 \times \dfrac{3}{7} = 405 \, (\text{g})$

20 (민우가 칠할 벽의 넓이)
$= 102 \times \dfrac{8}{9+8}$
$= 102 \times \dfrac{8}{17} = 48 \, (\text{m}^2)$

01 풀이 참조, 45개	02 풀이 참조, 400 L
03 풀이 참조, 125 g	04 풀이 참조, 12 L
05 풀이 참조, 70분	06 풀이 참조, 18일
07 풀이 참조, 1.4 m	08 풀이 참조, 224 cm²
09 풀이 참조, 2028 cm²	10 풀이 참조, 112개

01 예 2시간 동안 15개를 생산하므로 비로 나타내면 2 : 15입니다. 2 : 15의 전항과 후항에 3을 곱하면 6 : 45가 되므로 이 기계에서 6시간 동안 생산할 수 있는 제품은 45개입니다.

채점 기준

시간과 제품의 수의 비를 바르게 나타낸 경우	50 %
비의 성질을 이용하여 6시간 동안 생산할 수 있는 제품의 수를 바르게 구한 경우	50 %

02 예 소금과 바닷물의 비는 70 : 2000입니다. 70 : 2000의 전항과 후항을 5로 나누면 14 : 400이므로 소금 14 kg을 얻기 위해 필요한 바닷물은 400 L입니다.

채점 기준

소금과 바닷물의 비를 바르게 나타낸 경우	30 %
비의 성질을 이용하여 소금 14 kg을 얻기 위해 필요한 바닷물의 양을 바르게 구한 경우	70 %

03 예 딸기의 양과 바나나의 양의 비가 2 : 1입니다. 2 : 1의 전항과 후항에 125를 곱하면 250 : 125이므로 딸기가 250 g 들어간다면 바나나는 125 g 들어가야 합니다.

채점 기준

딸기의 양과 바나나의 양의 비를 바르게 나타낸 경우	30 %
비의 성질을 이용하여 딸기 250 g이 들어갈 때 들어가야 할 바나나의 양을 바르게 구한 경우	70 %

04 예 필요한 휘발유의 양을 □ L라 하고 비례식을 세우면 3 : 49.5=□ : 198입니다. 외항의 곱과 내항의 곱은 같으므로 3×198=49.5×□,

$49.5 \times \square = 594$,

$\square = 594 \div 49.5 = 12$입니다.

채점 기준

필요한 휘발유의 양을 □ L라 하고 비례식을 바르게 세운 경우	40 %
필요한 휘발유의 양을 바르게 구한 경우	60 %

05 예 2시간은 120분이고 120분 중에서 공부한 시간과 운동한 시간의 비가 5 : 7이므로 운동한 시간은

$120 \times \dfrac{7}{5+7} = 120 \times \dfrac{7}{12} = 70$(분)입니다.

채점 기준

운동한 시간을 구하는 식을 바르게 세운 경우	50 %
운동한 시간을 바르게 구한 경우	50 %

06 예 30일 중에서 독서를 한 날수와 독서를 하지 않은 날수의 비가 3 : 2이므로 독서를 한 날은

$30 \times \dfrac{3}{3+2} = 30 \times \dfrac{3}{5} = 18$(일)입니다.

채점 기준

독서한 날수를 구하는 식을 바르게 세운 경우	50 %
독서를 한 날수를 바르게 구한 경우	50 %

07 예 화단의 실제 가로를 □m라 하고 비례식을 세우면 7 : 9=□ : 6.3입니다. 외항의 곱과 내항의 곱은 같으므로 7×6.3=9×□, 9×□=44.1, □=44.1÷9=4.9입니다. 따라서 세로는 가로보다 6.3−4.9=1.4 (m) 더 깁니다.

채점 기준

화단의 실제 가로를 바르게 구한 경우	70 %
화단의 실제 세로는 가로보다 몇 m 더 긴지 바르게 구한 경우	30 %

08 예 삼각형의 밑변의 길이를 □cm라 하고 비례식을 세우면 7 : 4=□ : 16입니다. 외항의 곱과 내항의 곱은 같으므로 7×16=4×□, 4×□=112, □=112÷4=28입니다. 따라서 삼각형의 넓이는 (밑변의 길이)×(높이)÷2이므로 28×16÷2=224 (cm²)입니다.

09 예 가로와 세로의 합이 91 cm이고, 가로와 세로의 비가 $4 : 3$이므로

$$(가로) = 91 \times \frac{4}{4+3} = 91 \times \frac{4}{7} = 52 \text{(cm)},$$

$$(세로) = 91 \times \frac{3}{4+3} = 91 \times \frac{3}{7} = 39 \text{(cm)}$$입니다.

따라서 직사각형의 넓이는 $52 \times 39 = 2028 \text{(cm}^2)$입니다.

10 예 나누어 가질 수 있는 밤은 $300 - 48 = 252$(개)이고 제민이네 가족 수와 민정이네 가족 수의 비는 $5 : 4$이므로 민정이네 가족이 가지는 밤은

$$252 \times \frac{4}{5+4} = 252 \times \frac{4}{9} = 112 \text{(개)}$$입니다.

5단원 쪽지 시험

01 ( ) (○)	02 12, 16
03 원주율	04 12.4 cm
05 6 cm	06 32, 64
07 원주, 반지름	08 27.9 cm^2
09 4, 9	10 16 cm^2

01 원의 둘레를 원주라고 합니다.

02 원주는 정육각형의 둘레보다 길고 정사각형의 둘레보다 짧습니다.
원 안에 있는 정육각형의 둘레는 $2 \times 6 = 12$ (cm)이고, 원 밖에 있는 정사각형의 둘레는 $4 \times 4 = 16$ (cm)이므로 원주는 12 cm보다 길고, 16 cm보다 짧습니다.

03 원의 지름에 대한 원주의 비율을 원주율이라고 합니다.

04 (원주) = (지름) × (원주율)
$$= 4 \times 3.1 = 12.4 \text{(cm)}$$

05 (지름) = (원주) ÷ (원주율)
$$= 18 \div 3 = 6 \text{(cm)}$$

06 (원 안에 있는 정사각형의 넓이)
$$= 8 \times 8 \div 2 = 32 \text{(cm}^2)$$
(원 밖에 있는 정사각형의 넓이)
$$= 8 \times 8 = 64 \text{(cm}^2)$$

07 원을 한없이 잘라 직사각형을 만들었을 때, 직사각형의 가로는 (원주) $\times \frac{1}{2}$과 같고 직사각형의 세로는 반지름과 같습니다.

08 (원의 넓이) = (반지름) × (반지름) × (원주율)
$$= 3 \times 3 \times 3.1 = 27.9 \text{(cm}^2)$$

10 (색칠한 부분의 넓이) = (정사각형의 넓이) − (원의 넓이)
$$= 8 \times 8 - 4 \times 4 \times 3$$
$$= 64 - 48$$
$$= 16 \text{(cm}^2)$$

학교 시험 만점왕 ①회	**5. 원의 넓이**

01 ⓒ	02 (1) 12 (2) 3 (3) 3
03 3.1	04 연우
05 7 cm	06 25.12 m
07 6 cm	08 98 cm², 196 cm²
09 98, 196	10 ④
11 77.5 cm²	12 5024 cm²
13 ⓒ, ㉠, ⓛ	14 풀이 참조, 192 cm²
15 37 cm²	16 1550 m²
17 60바퀴	18 1130.4 m
19 가	20 풀이 참조, 310개

01 ㉠ 원주는 원의 둘레입니다.
ⓒ 원주는 원의 지름의 약 3배입니다.

03 (원주)÷(지름)=40÷13=3.07…입니다. 따라서 반올림하여 소수 첫째 자리까지 나타내면 3.1입니다.

04 원주율은 원의 크기와 상관없이 일정합니다.

05 (지름)=(원주)÷(원주율)=21.7÷3.1=7 (cm)

06 밧줄을 4 m를 사용하여 그린 원의 반지름은 4 m입니다. 따라서 원의 둘레는 4×2×3.14=25.12 (m)입니다.

07 (지름)=(원주)÷(원주율)=37.2÷3.1=12 (cm)
지름이 12 cm이므로 반지름은 6 cm입니다.

08 (원 안에 있는 정사각형의 넓이)
=14×14÷2=98 (cm²)
(원 밖에 있는 정사각형의 넓이)
=14×14=196 (cm²)

09 원의 넓이는 원 안에 있는 정사각형의 넓이보다 크고 원 밖에 있는 정사각형의 넓이보다 작으므로 98 cm² 보다 크고 196 cm² 보다 작습니다.

10 원을 한없이 잘라 직사각형을 만들었을 때, 직사각형의 가로는 (원주)×$\frac{1}{2}$과 같고 직사각형의 세로는 반지름

과 같습니다.

11 (원의 넓이)=(반지름)×(반지름)×(원주율)
=5×5×3.1=77.5 (cm²)

12 (원의 넓이)=(반지름)×(반지름)×(원주율)
=40×40×3.14=5024 (cm²)

13 (원주)=(지름)×(원주율)
㉠ 6×2×3.1=37.2 (cm)
ⓒ 11×3.1=34.1 (cm)
원주가 큰 순서는 ⓒ, ㉠, ⓛ입니다.

14 지름이 32 cm인 피자의 넓이는
16×16×3=768 (cm²)입니다. 4명이 똑같이 나누어 먹었으므로 한 사람은 피자의 $\frac{1}{4}$을 먹었습니다.
따라서 한 사람이 먹은 피자의 넓이는
768×$\frac{1}{4}$=192 (cm²)입니다.

채점 기준

전체 피자의 넓이를 바르게 구한 경우	50 %
한 사람이 먹은 피자의 넓이를 바르게 구한 경우	50 %

15 (색칠한 부분의 넓이)
=(직사각형의 넓이)−(반지름이 8 cm인 원의 넓이의 $\frac{1}{4}$)−(반지름이 6 cm인 원의 넓이의 $\frac{1}{4}$)
=14×8−8×8×3×$\frac{1}{4}$−6×6×3×$\frac{1}{4}$
=112−48−27=37 (cm²)

16 (공원의 넓이)
=(직사각형의 넓이)+(지름이 20 m인 원의 넓이)
=62×20+10×10×3.1
=1240+310=1550 (m²)

17 공원의 둘레는
62×2+20×3.1=124+62=186 (m)입니다.
반지름이 50 cm인 굴렁쇠가 한 바퀴 굴러간 거리는
50×2×3.1=310 (cm)=3.1 (m)입니다.
따라서 굴렁쇠를 굴려야 하는 횟수는

186÷3.1=60(바퀴)입니다.

18 운동장의 둘레는 $45 \times 2 \times 3.14 = 282.6\,(\text{m})$이므로
4바퀴 뛴 거리는 $282.6 \times 4 = 1130.4\,(\text{m})$입니다.

19 한 변의 길이가 11 cm인 정사각형 모양의 와플의 넓이는 $11 \times 11 = 121\,(\text{cm}^2)$이고, 반지름이 6 cm인 원 모양의 와플의 넓이는 $6 \times 6 \times 3.1 = 111.6\,(\text{cm}^2)$입니다. 따라서 같은 가격이라면 정사각형 모양의 와플을 사는 것이 더 이익입니다.

20 지름이 40 m인 원 모양 잔디밭의 둘레는
$40 \times 3.1 = 124\,(\text{m}) = 12400\,(\text{cm})$입니다.
40 cm 간격으로 막대를 세우려면
$12400 \div 40 = 310\,(개)$의 막대가 필요합니다.

채점 기준

잔디밭의 둘레를 바르게 구한 경우	50 %
필요한 막대 수를 바르게 구한 경우	50 %

49~51쪽

학교 시험 만점왕 ❷회   **5. 원의 넓이**

01 원주
02 ( )
( )
(○)

03 ㉡
04 3.1, 3.1
05 28.26 cm
06 7 cm
07 31.4 m
08 서원, 예 원주는 원의 지름의 약 3배입니다.
09 32개, 60개
10 32, 60
11 12, 4
12 113.04 cm²
13 78.5 cm²
14 풀이 참조, 111.6 cm²
15 181.5 cm²
16 133 cm
17 465 cm²
18 121.6 m²
19 ㉡, ㉢, ㉠
20 풀이 참조, 36.4 cm

02 원주는 원의 지름의 약 3배입니다. 따라서 지름이 2 cm인 원의 원주는 약 6 cm입니다.

03 ㉡ 원주율은 원의 지름에 대한 원주의 비율입니다.

04 $24.8 \div 8 = 3.1$, $34.1 \div 11 = 3.1$

05 (원주)=(지름)×(원주율)=$4.5 \times 2 \times 3.14$
$= 28.26\,(\text{cm})$

06 (지름)=(원주)÷(원주율)=$21.7 \div 3.1 = 7\,(\text{cm})$

07 꽃밭의 바깥쪽 원의 지름은 10 m입니다.
원주는 (지름)×(원주율)이므로
$10 \times 3.14 = 31.4\,(\text{m})$입니다.

10 원의 넓이는 노란색 모눈의 넓이 $32\,\text{cm}^2$보다 크고, 빨간색 선 안쪽 모눈의 넓이 $60\,\text{cm}^2$보다 작습니다.

11 원을 한없이 잘라 직사각형을 만들었을 때, 직사각형의 가로는 (원주)×$\frac{1}{2}$과 같고 직사각형의 세로는 반지름과 같습니다.
(직사각형의 가로)=(원주)×$\frac{1}{2}$=$8 \times 3 \times \frac{1}{2}$
$= 12\,(\text{cm})$
(직사각형의 세로)=(반지름)=4 cm

12 (원의 넓이)=(반지름)×(반지름)×(원주율)
$= 6 \times 6 \times 3.14 = 113.04\,(\text{cm}^2)$

13 지은이가 그린 원의 반지름은 5 cm입니다. 따라서 지은이가 그린 원의 넓이는 (반지름)×(반지름)×(원주율)=$5 \times 5 \times 3.14 = 78.5\,(\text{cm}^2)$입니다.

14 원주가 37.2 cm인 접시의 지름은
(원주)÷(원주율)=$37.2 \div 3.1 = 12\,(\text{cm})$입니다.
반지름은 6 cm이므로 접시의 넓이는
(반지름)×(반지름)×(원주율)
$= 6 \times 6 \times 3.1 = 111.6\,(\text{cm}^2)$입니다.

채점 기준

접시의 지름을 바르게 구한 경우	50 %
접시의 넓이를 바르게 구한 경우	50 %

15 작은 반원은 큰 반원 안에 비어 있는 부분과 일치하므로 색칠한 부분의 넓이는 지름이 22 cm인 반원의 넓이와 같습니다.

(색칠한 부분의 넓이)$= 11 \times 11 \times 3 \div 2$
$$= 181.5 \, (\text{cm}^2)$$

16 (남은 피자의 둘레)

$= (\text{반지름}) \times 2 + (\text{반지름이 } 20 \text{ cm인 원의 원주}) \times \dfrac{3}{4}$

$= 20 \times 2 + 40 \times 3.1 \times \dfrac{3}{4} = 40 + 93 = 133 \, (\text{cm})$

17 남은 피자의 넓이는

$20 \times 20 \times 3.1 \times \dfrac{3}{4} = 930 \, (\text{cm}^2)$입니다.

두 사람이 나누어 먹었으므로 한 사람이
먹은 피자의 넓이는 $930 \div 2 = 465 \, (\text{cm}^2)$입니다.

18 (분수를 만들고 남은 잔디밭의 넓이)

$= (\text{직사각형 모양 잔디밭의 넓이}) - (\text{원 모양 분수의 넓이})$

$= 20 \times 16 - 8 \times 8 \times 3.1 = 320 - 198.4$

$= 121.6 \, (\text{m}^2)$

19 세 원의 반지름을 비교합니다.

ⓒ 반지름을 □ cm라고 하면 □×□×3.1=151.9
   이므로 □×□=49입니다.
   $7 \times 7 = 49$이므로 반지름은 7 cm입니다.

ⓒ 지름은 $40.3 \div 3.1 = 13 \, (\text{cm})$이고,
   반지름은 6.5 cm입니다.

따라서 원의 크기가 큰 순서대로 기호를 쓰면 ⓒ, ⓒ, ⓐ입니다.

20 6조각으로 똑같이 나누어진 해물파전 한 조각의 둘레는

$(\text{반지름}) \times 2 + (\text{원주}) \times \dfrac{1}{6}$입니다.

$12 \times 2 + 24 \times 3.1 \times \dfrac{1}{6} = 24 + 12.4 = 36.4 \, (\text{cm})$
입니다.

채점 기준

해물파전 한 조각의 둘레를 구하는 식을 바르게 세운 경우	70 %
해물파전 한 조각의 둘레를 바르게 구한 경우	30 %

5단원 *서술형·논술형* **평가**   52~53쪽

01 풀이 참조, 18.6 cm   **02** 풀이 참조, 74.4 m
03 풀이 참조, 6 cm   **04** 풀이 참조, 56.8 cm
05 풀이 참조, 예 약 210 cm²
06 풀이 참조, 113.04 cm²   **07** 풀이 참조, 243 m²
08 풀이 참조, 43.4 cm   **09** 풀이 참조, 28.8 cm²
10 풀이 참조, 272.8 cm²

01 (지름이 10 cm인 원의 원주)
$= 10 \times 3.1 = 31 \, (\text{cm})$
(반지름이 8 cm인 원의 원주)
$= 8 \times 2 \times 3.1 = 49.6 \, (\text{cm})$
따라서 두 원의 원주의 차는 $49.6 - 31 = 18.6 \, (\text{cm})$
입니다.

채점 기준

지름이 10 cm인 원의 원주를 바르게 구한 경우	40 %
반지름이 8 cm인 원의 원주를 바르게 구한 경우	40 %
두 원의 원주의 차를 바르게 구한 경우	20 %

02 반지름이 40 cm인 바퀴자가 한 바퀴 굴러간 거리는
$40 \times 2 \times 3.1 = 248 \, (\text{cm})$입니다. 바퀴자가 30바퀴
굴러간 거리는 $248 \times 30 = 7440 \, (\text{cm})$입니다.
$100 \text{ cm} = 1 \text{ m}$이므로 복도의 길이는 74.4 m입니다.

채점 기준

바퀴자가 한 바퀴 굴러간 거리를 바르게 구한 경우	40 %
바퀴자가 30바퀴 굴러간 거리를 바르게 구한 경우	40 %
복도의 길이를 m로 바르게 나타낸 경우	20 %

03 원주가 37.68 cm인 원의 지름은
$(\text{원주}) \div (\text{원주율}) = 37.68 \div 3.14 = 12 \, (\text{cm})$입니다.
따라서 원의 반지름은 $12 \div 2 = 6 \, (\text{cm})$입니다.

채점 기준

원의 지름을 바르게 구한 경우	80 %
원의 반지름을 바르게 구한 경우	20 %

04 (필요한 테이프의 길이)=(직선 부분)×2+(곡선 부분)

$$=(4+8+4)\times2+(8\times3.1)$$
$$=32+24.8$$
$$=56.8\,(cm)$$

05 원의 넓이는 원 안에 있는 정육각형의 넓이보다 크고, 원 밖에 있는 정육각형의 넓이보다 작습니다.

(원 안에 있는 정육각형의 넓이)

=(삼각형 ㄱㅇㄴ의 넓이)×6

$$=30\times6=180\,(cm^2)$$

(원 밖에 있는 정육각형의 넓이)

=(삼각형 ㅇㅁㄷ의 넓이)×6

$$=40\times6=240\,(cm^2)$$

따라서 원의 넓이는 두 넓이의 평균인

약 $\dfrac{180+240}{2}=210\,(cm^2)$으로 어림할 수 있습니다.

06 직사각형 모양의 종이에 그릴 수 있는 가장 큰 원의 지름은 12 cm입니다. 따라서 원의 넓이는
$6\times6\times3.14=113.04\,(cm^2)$입니다.

07 원주가 54 m인 꽃밭의 지름은

(원주)÷(원주율)=54÷3=18 (m)입니다. 반지름은 9 m이므로 꽃밭의 넓이는 $9\times9\times3=243\,(m^2)$입니다.

08 반지름을 □ cm라고 하면 □×□×3.1=151.9입니다. □×□=49이므로 □=7입니다. 반지름이 7 cm인 원의 둘레는 $7\times2\times3.1=43.4\,(cm)$입니다.

09 색칠한 부분의 넓이는 직사각형의 넓이에서 반원의 넓이를 빼서 구합니다. 직사각형의 가로는 반원의 지름과 같고 세로는 반원의 반지름과 같습니다.

따라서 색칠한 부분의 넓이는

$$16\times8-8\times8\times3.1\div2=128-99.2$$
$$=28.8\,(cm^2)$$입니다.

10 빨간색 부분의 넓이는 반지름이 13 cm인 원의 넓이에서 반지름이 9 cm인 원의 넓이를 빼서 구할 수 있습니다.

$$13\times13\times3.1-9\times9\times3.1$$
$$=523.9-251.1$$
$$=272.8\,(cm^2)$$

01 원기둥

02 (위에서부터) 밑면, 옆면, 밑면

03 5 cm, 7 cm

04 (○) ( )

05 원뿔

06 둘레

07 5

08 10 cm, 8 cm

09 (○) ( ) (○)

10 (왼쪽에서부터) 구의 중심, 구의 반지름

04 오른쪽 그림은 옆면이 직사각형이 아니므로 원기둥의 전개도가 아닙니다.

07 원기둥의 전개도에서 옆면의 세로는 원기둥의 높이와 같으므로 5 cm입니다.

09 야구공, 볼링공은 구 모양, 음료수 캔은 원기둥 모양입니다.

10 구에서 가장 안쪽에 있는 점을 구의 중심이라 하고, 구의 중심에서 구의 겉면의 한 점을 이은 선분을 구의 반지름이라고 합니다.

56~58쪽

01 ②

02 (위에서부터) 옆면, 밑면, 높이

03 (위에서부터) 7, 10

04 ㉢

05 2 cm

06 밑면의 둘레

07 선분 ㄱㄴ, 선분 ㄹㄷ

08 3 cm

09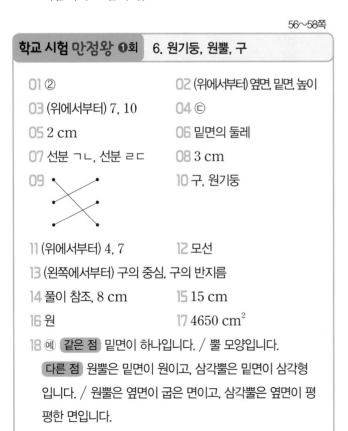

10 구, 원기둥

11 (위에서부터) 4, 7

12 모선

13 (왼쪽에서부터) 구의 중심, 구의 반지름

14 풀이 참조, 8 cm

15 15 cm

16 원

17 4650 cm^2

18 예 **같은 점** 밑면이 하나입니다. / 뿔 모양입니다.
다른 점 원뿔은 밑면이 원이고, 삼각뿔은 밑면이 삼각형입니다. / 원뿔은 옆면이 굽은 면이고, 삼각뿔은 옆면이 평평한 면입니다.

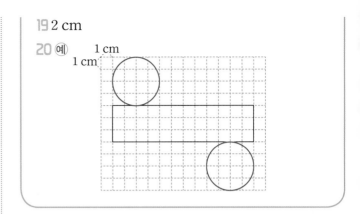

19 2 cm

20 예

01 ① 오각기둥 ③ 구 ④ 원뿔 ⑤ 사각뿔

03 원뿔의 밑면의 반지름이 5 cm이므로 지름은 $5 \times 2 = 10$ (cm)입니다. 돌릴 때 기준이 되는 변의 길이가 높이와 같으므로 높이는 7 cm입니다.

04 구는 어느 방향에서 보아도 모두 원입니다.

07 원기둥의 높이와 길이가 같은 선분은 직사각형의 세로입니다.

09 직각삼각형을 돌리면 원뿔, 반원을 돌리면 구, 직사각형을 돌리면 원기둥이 됩니다.

10 제일 위에 놓은 것은 구이고, 구 아래 놓인 입체도형 2개는 모두 원기둥입니다.

13 구에서 가장 안쪽에 있는 점을 구의 중심이라 하고, 구의 중심에서 구의 겉면의 한 점을 이은 선분을 구의 반지름이라고 합니다.

14 원뿔을 앞에서 본 모양의 한 변의 길이는 밑면의 지름과 같습니다. 원뿔의 밑면의 지름은 $4 \times 2 = 8$ (cm)이므로 삼각형의 밑변은 8 cm입니다. 앞에서 본 모양이 정삼각형이므로 세 변의 길이가 모두 같습니다. 따라서 모선의 길이도 8 cm입니다.

채점 기준	
삼각형의 한 변의 길이를 바르게 구한 경우	50 %
원뿔의 모선의 길이를 바르게 구한 경우	50 %

15 반원의 반지름은 구의 반지름과 같습니다. 따라서 구의 반지름은 $30 \times \dfrac{1}{2} = 15$ (cm)입니다.

17 롤러를 한 바퀴 굴려 잉크가 묻은 부분은 원기둥의 옆면의 넓이와 같습니다. 원기둥의 높이가 $50\,\text{cm}$이고 밑면의 둘레가 $30 \times 3.1 = 93\,(\text{cm})$이므로 원기둥의 옆면의 넓이는 $50 \times 93 = 4650\,(\text{cm}^2)$입니다.

18
채점 기준	
같은 점을 바르게 쓴 경우	50 %
다른 점을 바르게 쓴 경우	50 %

19 가의 높이는 $12\,\text{cm}$이고 나의 높이는 $10\,\text{cm}$이므로 높이의 차는 $12 - 10 = 2\,(\text{cm})$입니다.

20 원기둥의 전개도에서 옆면의 가로가 $12\,\text{cm}$이므로 밑면의 둘레도 $12\,\text{cm}$입니다. 따라서 밑면의 지름은 $12 \div 3 = 4\,(\text{cm})$이고 반지름은 $2\,\text{cm}$입니다.

59~61쪽

학교 시험 만점왕 2회   6. 원기둥, 원뿔, 구

01 원기둥   **02** ㉢
03 나, 풀이 참조   **04** ④
05 구   **06** $5\,\text{cm}$
07 나   **08** $9\,\text{cm}$
09 $37.2\,\text{cm}$ **10** $111.6\,\text{cm}^2$
11 선분 ㄱㄹ, 선분 ㄴㄷ
12 예

13 희철   **14** 풀이 참조, $108\,\text{cm}^2$
15 예 두 밑면이 서로 합동이 아닙니다.
16 $6\,\text{cm}$ **17** ㉢
18 원기둥   **19** $15.5\,\text{cm}^2$
20 $3\,\text{cm}$

01 직사각형을 한 변을 기준으로 한 바퀴 돌리면 원기둥이 됩니다.

02 ㉢은 모선입니다.

03 예 나는 옆면이 직사각형이 아니므로 원기둥을 만들 수 없습니다.

채점 기준	
만들 수 없는 전개도를 바르게 찾은 경우	50 %
원기둥을 만들 수 없는 이유를 바르게 쓴 경우	50 %

04 ④ 원기둥과 원뿔 모두 옆면은 굽은 면입니다.

05 반원 모양의 종이를 지름을 기준으로 한 바퀴 돌리면 구가 됩니다.

06 반원의 반지름은 구의 반지름과 같습니다. 따라서 구의 반지름은 $10 \div 2 = 5\,(\text{cm})$입니다.

07 가는 사각뿔, 다는 원기둥입니다.

09 밑면의 둘레는 $12 \times 3.1 = 37.2\,(\text{cm})$입니다.

10 밑면의 반지름은 $12 \div 2 = 6\,(\text{cm})$이므로 한 밑면의 넓이는 $6 \times 6 \times 3.1 = 111.6\,(\text{cm}^2)$입니다.

11 원기둥의 전개도에서 밑면의 둘레와 길이가 같은 것은 옆면의 가로입니다. 따라서 선분 ㄱㄹ, 선분 ㄴㄷ의 길이가 밑면의 둘레와 같습니다.

12 한 바퀴 돌려 원뿔을 만들 수 있는 평면도형은 직각삼각형입니다. 직각삼각형의 밑변은 $6 \div 2 = 3\,(\text{cm})$이고 높이는 $4\,\text{cm}$입니다.

13 원기둥에는 꼭짓점이 없고, 각기둥에는 꼭짓점이 있습니다.

14 원뿔을 앞에서 본 모양은 이등변삼각형입니다. 이등변삼각형의 밑변은 원뿔의 밑면의 지름과 같습니다. 이등변삼각형의 높이는 원뿔의 높이와 같습니다.
따라서 이등변삼각형의 넓이는
$(9 \times 2) \times 12 \div 2 = 108\,(\text{cm}^2)$입니다.

채점 기준	
삼각형의 밑변의 길이와 높이를 바르게 구한 경우	50 %
삼각형의 넓이를 바르게 구한 경우	50 %

17 ⓒ 구의 중심은 1개입니다.

18 위에서 본 모양이 원이고, 앞과 옆에서 본 모양이 직사각형인 것은 원기둥입니다.

19 변 ㄱㄴ을 기준으로 한 바퀴 돌려 만든 원뿔의 밑면의 반지름은 3 cm이므로 밑면의 넓이는 $3 \times 3 \times 3.1 = 27.9 \, (cm^2)$입니다.
변 ㄴㄷ을 기준으로 한 바퀴 돌려 만든 원뿔의 밑면의 반지름은 2 cm이므로 밑면의 넓이는 $2 \times 2 \times 3.1 = 12.4 \, (cm^2)$입니다. 두 밑면의 넓이의 차는 $27.9 - 12.4 = 15.5 \, (cm^2)$입니다.

20 원기둥의 전개도에서 옆면의 모양은 직사각형입니다. 세로가 5 cm이고 넓이가 90 cm²이므로 가로는 $90 \div 5 = 18 \, (cm)$입니다. 옆면의 가로는 밑면의 둘레와 같습니다. 따라서 밑면의 지름은 $18 \div 3 = 6 \, (cm)$이고 반지름은 $6 \div 2 = 3 \, (cm)$입니다.

6단원 서술형·논술형 평가   62~63쪽

01 풀이 참조   02 풀이 참조
03 다, 풀이 참조   04 풀이 참조
05 풀이 참조, 31 cm, 9 cm
06 풀이 참조, 8 cm   07 풀이 참조
08 풀이 참조, 36 cm   09 풀이 참조, 55.8 cm²
10 풀이 참조, 345 cm²

01 ⑳ **같은 점** 밑면이 원입니다. / 옆면이 굽은 면입니다.
다른 점 원기둥은 밑면이 2개이고, 원뿔은 밑면이 1개입니다. / 원기둥은 꼭짓점이 없지만 원뿔은 꼭짓점이 있습니다.

채점 기준	
같은 점을 바르게 쓴 경우	50 %
다른 점을 바르게 쓴 경우	50 %

02 ⑳ 밑면이 원이 아닙니다. / 옆면이 굽은 면이 아닙니다.

채점 기준	
원뿔이 아닌 이유를 바르게 1가지 쓴 경우	50 %
원뿔이 아닌 다른 이유를 바르게 쓴 경우	50 %

03 ⑳ 원기둥은 두 밑면이 서로 합동인 원이어야 하는데, 다는 두 밑면이 서로 합동이 아니므로 원기둥이 아닙니다.

채점 기준	
원기둥을 만들 수 없는 전개도를 바르게 찾은 경우	50 %
이유를 바르게 쓴 경우	50 %

04 ⑳ 원기둥은 두 밑면이 서로 합동인 원이어야 하는데, 주어진 그림은 두 밑면이 서로 합동이 아니므로 원기둥이 아닙니다.

채점 기준	
원기둥이 아닌 이유를 바르게 쓴 경우	100 %

05 ⑳ 원기둥의 전개도에서 옆면의 가로는 밑면의 둘레와 같고, 옆면의 세로는 원기둥의 높이와 같습니다. 따라서 가로는 $5 \times 2 \times 3.1 = 31 \, (cm)$이고, 세로는 9 cm입니다.

채점 기준	
옆면의 가로를 바르게 구한 경우	50 %
옆면의 세로를 바르게 구한 경우	50 %

06 ⑳ 원기둥의 전개도에서 옆면의 가로는 밑면의 둘레와 같습니다. 따라서 밑면의 지름은 $49.6 \div 3.1 = 16 \, (cm)$이고, 반지름은 $16 \div 2 = 8 \, (cm)$입니다.

채점 기준	
밑면의 지름을 바르게 구한 경우	80 %
밑면의 반지름을 바르게 구한 경우	20 %

07 밑면의 반지름은 $4 \div 2 = 2\,(\text{cm})$입니다. 옆면의 가로는 밑면의 둘레와 같으므로 $4 \times 3 = 12\,(\text{cm})$이고, 옆면의 세로는 높이와 같으므로 $5\,\text{cm}$입니다.

예
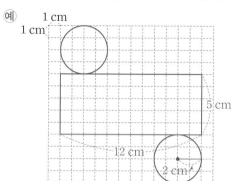

채점 기준	
원기둥의 전개도를 바르게 그린 경우	50 %
전개도에 길이를 바르게 나타낸 경우	50 %

08 예 원뿔을 앞에서 본 모양은 이등변삼각형입니다. 이 이등변삼각형의 밑변은 원뿔의 밑면의 지름과 같으므로 $10\,\text{cm}$입니다. 밑변을 제외한 나머지 두 변은 모선과 같으므로 각각 $13\,\text{cm}$입니다. 따라서 이등변삼각형의 둘레는 $10 + 13 \times 2 = 36\,(\text{cm})$입니다.

채점 기준	
앞에서 본 모양의 각 변의 길이를 바르게 구한 경우	50 %
앞에서 본 모양의 둘레를 바르게 구한 경우	50 %

09 예 반지름이 $6\,\text{cm}$인 구를 만들려면 반지름이 $6\,\text{cm}$인 반원을 돌려야 합니다. 따라서 반원의 넓이는 $6 \times 6 \times 3.1 \div 2 = 55.8\,(\text{cm}^2)$입니다.

채점 기준	
돌리기 전의 반원의 반지름을 바르게 구한 경우	50 %
돌리기 전의 반원의 넓이를 바르게 구한 경우	50 %

10 예 가로를 기준으로 돌려서 만든 원기둥의 밑면의 반지름은 $9\,\text{cm}$이고 밑면의 넓이는 $9 \times 9 \times 3 = 243\,(\text{cm}^2)$입니다. 세로를 기준으로 돌려서 만든 원기둥의 밑면의 반지름은 $14\,\text{cm}$이고 밑면의 넓이는 $14 \times 14 \times 3 = 588\,(\text{cm}^2)$입니다. 따라서 두 밑면의 넓이의 차는 $588 - 243 = 345\,(\text{cm}^2)$입니다.

채점 기준	
가로를 기준으로 돌려서 만든 원기둥의 밑면의 넓이를 바르게 구한 경우	40 %
세로를 기준으로 돌려서 만든 원기둥의 밑면의 넓이를 바르게 구한 경우	40 %
두 밑면의 넓이의 차를 바르게 구한 경우	20 %

Book 1 개념책

1 단원 분수의 나눗셈

문제를 풀며 이해해요 9쪽

1 (1) 8 (2) 8

2 8, 2, 2, 4

3 5, 2, 5, 2

4 5, 2, $\frac{5}{2}$, $2\frac{1}{2}$

교과서 내용 학습 10~11쪽

01 8, 2

02 (1) 6, 3, 2 (2) 9, 3, 3

03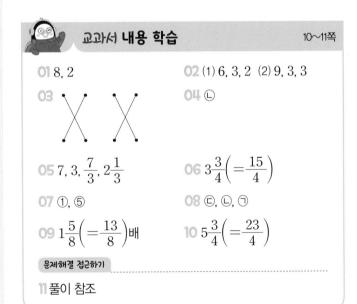

04 ㉡

05 7, 3, $\frac{7}{3}$, $2\frac{1}{3}$

06 $3\frac{3}{4}\left(=\frac{15}{4}\right)$

07 ①, ⑤

08 ㉢, ㉡, ㉠

09 $1\frac{5}{8}\left(=\frac{13}{8}\right)$배

10 $5\frac{3}{4}\left(=\frac{23}{4}\right)$

문제해결 접근하기

11 풀이 참조

문제를 풀며 이해해요 13쪽

1 (1) 6 (2) 6, 3, 6, 3, 2

2 (1) 10 (2) 10, 1, 10, 1, 10

3 (1) 8, 15, 8, $\frac{15}{8}$, $1\frac{7}{8}$ (2) 8, 8, 5, $\frac{8}{5}$, $1\frac{3}{5}$

교과서 내용 학습 14~15쪽

01 (1) $2\frac{2}{5}\left(=\frac{12}{5}\right)$ (2) $\frac{6}{7}\left(=\frac{18}{21}\right)$

02 $\frac{3}{7} \div \frac{3}{14} = \frac{6}{14} \div \frac{3}{14} = 6 \div 3 = 2$

03 $\frac{13}{15}$

04 <

05 10개

06 3, 8, 3

07 $\frac{9}{35}$, $\frac{9}{14}$

08 ㉡, ㉠, ㉢

09 6개

10 $\frac{15}{16}$

문제해결 접근하기

11 풀이 참조

문제를 풀며 이해해요 17쪽

1 2 / 4, 4, 2 / 2, 10 / 5, 5, 10

2 4, 5, 10

3 (1) 4, 7, 21 (2) 3, 11, 33

교과서 내용 학습 18~19쪽

01 (1) 35 (2) 44

02 9

03 ㉡, 25

04 (위에서부터) 22, 21

05 <

06 ㉠

07 27

08 32, 72

09 27 m

10 35분

문제해결 접근하기

11 풀이 참조

1 $\dfrac{2}{15}$ / 3, 3, 3, $\dfrac{2}{15}$ / $\dfrac{2}{15}$, $\dfrac{14}{15}$ / 7, $\dfrac{2}{15}$, $\dfrac{14}{15}$

2 7, 3, 7, $\dfrac{14}{15}$

3 8, 8, $\dfrac{7}{2}$, 28, $5\dfrac{3}{5}$

교과서 **내용 학습** 22~23쪽

01 (1) $\dfrac{1}{6} \div \dfrac{2}{3} = \dfrac{1}{\underset{2}{6}} \times \overset{1}{\dfrac{3}{2}} = \dfrac{1}{4}$

(2) $\dfrac{4}{15} \div \dfrac{3}{5} = \dfrac{4}{\underset{3}{15}} \times \overset{1}{\dfrac{5}{3}} = \dfrac{4}{9}$

02 ②   03 17

04 (위에서부터) $\dfrac{22}{27}\left(=\dfrac{44}{54}\right)$, $\dfrac{36}{49}$

05 $1\dfrac{3}{8} \div \dfrac{3}{5} = \dfrac{11}{8} \div \dfrac{3}{5} = \dfrac{11}{8} \times \dfrac{5}{3} = \dfrac{55}{24} = 2\dfrac{7}{24}$

06   07 3

08 6일   09 $4\dfrac{2}{3}\left(=\dfrac{14}{3}\right)$ 킬로칼로리

10 $7\dfrac{7}{8}\left(=\dfrac{63}{8}\right)$

문제해결 접근하기

11 풀이 참조

01 7, 1, 7   02 ②

03 ㉠   04

05 (1) $2\dfrac{3}{5}\left(=\dfrac{13}{5}\right)$ (2) $5\dfrac{2}{3}\left(=\dfrac{17}{3}\right)$

(3) $2\dfrac{3}{5}\left(=\dfrac{13}{5}\right)$, $5\dfrac{2}{3}\left(=\dfrac{17}{3}\right)$, 3 / 3개

06 6개   07 $1\dfrac{11}{24}\left(=\dfrac{35}{24}\right)$

08 $\dfrac{10}{21}$

09 $\dfrac{4}{7} \div \dfrac{2}{21}$, $\dfrac{8}{9} \div \dfrac{2}{27}$, $\dfrac{6}{11} \div \dfrac{3}{22}$에 색칠

10 (1) $\dfrac{4}{5}$, $\dfrac{3}{4}$, $\dfrac{3}{5}$ (2) $\dfrac{2}{3}$, $\dfrac{3}{5}$, $1\dfrac{1}{9}\left(=\dfrac{10}{9}\right)$ / $1\dfrac{1}{9}\left(=\dfrac{10}{9}\right)$ L

11 =   12 3 m

13 9배   14 12명

15 $2\dfrac{7}{9}\left(=\dfrac{25}{9}\right)$ km   16 $3\dfrac{5}{7}\left(=\dfrac{26}{7}\right)$

17 (1) 4, $1\dfrac{3}{4}$, $2\dfrac{1}{4}\left(=\dfrac{9}{4}\right)$ (2) $2\dfrac{1}{4}\left(=\dfrac{9}{4}\right)$, $\dfrac{3}{8}$, 6 / 6번

18 $1\dfrac{2}{5}\left(=\dfrac{7}{5}\right)$ 19 $1\dfrac{4}{33}\left(=\dfrac{37}{33}\right)$

20 $3\dfrac{4}{7}\left(=\dfrac{25}{7}\right)$ m

수학으로 세상보기 28~29쪽

1 도현

2 연서

3 $\dfrac{7}{9}$, 12, $40\dfrac{1}{2}\left(=\dfrac{81}{2}\right)$, 2, $2\dfrac{2}{3}\left(=\dfrac{8}{3}\right)$, $1\dfrac{3}{5}\left(=\dfrac{8}{5}\right)$

2 단원
소수의 나눗셈

문제를 풀며 이해해요 33쪽

1 (1) 7 (2) 5

2 (앞에서부터) 415, 5, 10 / 83

3 (앞에서부터) 100, 4, 100 / 36

교과서 내용 학습 34~35쪽

01 3 02 5

03 124, 4, 4, 31, 31

04 576, 8, 8, 72, 72

05 (앞에서부터) 10, 144, 10 / 24

06 32 07 35

08 9, 9, 9 09 ㉠, ㉢, ㉡

10 2.35÷0.05=47 / 47

문제해결 접근하기

11 풀이 참조

문제를 풀며 이해해요 37쪽

1 81, 9, 81, 9, 9

2 112, 14, 112, 14, 8

3 5, 35

4 12, 6, 12

5 8, 256

6 13, 25, 75

교과서 내용 학습 38~39쪽

01 63, 9, 63, 7 02 102, 6, 102, 17

03 (1) 9 (2) 15 04 24

05 32 06 ●——●
       ●——●

07 24, 4.32 08 30

09 7개 10 23

문제해결 접근하기

11 풀이 참조

문제를 풀며 이해해요 41쪽

1 17, 3.5

2 170, 3.5

3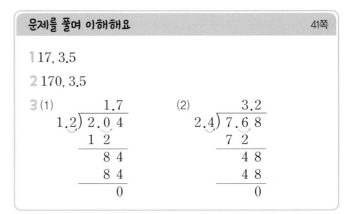

교과서 내용 학습 42~43쪽

01 48, 48, 2.4 02 204, 60, 60, 3.4

03 1.8, 1.8, 32, 256, 256 04 (1) 1.2 (2) 2.4

05 2.3 06 =

07 ㉡, ㉠, ㉢ 08 6

09 3, 4, 5, 6 10 2.4 m

문제해결 접근하기

11 풀이 참조

1 90, 90, 5

2 2600, 325, 2600, 8

3 (1)
```
        6
4.5) 2 7.0
     2 7 0
         0
```
(2)
```
          5 0
1.2 8) 6 4.0 0
       6 4 0
           0
```

01 210, 210, 6　　　　**02** 1300, 1300, 4

03 (1) 5　(2) 50　　　**04**

05 <　　　　　　　　**06** ㉠, 180

07 45÷0.15에 색칠

08 (1) 40, 400　(2) 240, 2400

09 15상자　　　　　　**10** 102그루

문제해결 접근하기

11 풀이 참조

1 (1) 5　(2) 4.6　(3) 4.57

2 (1) 6, 6　(2) 6, 30, 4.7　(3) 4.7

01 0.7　　　　　　　　**02** 1.8

03 4　　　　　　　　　**04** 6, 5.6, 5.57

05 >　　　　　　　　**06** 3.7

07 5, 2.9, 5, 2.9　　　**08** (1) 7, 3.8　(2) 4, 1.7

09 1.7배　　　　　　　**10** 6개, 3.8 cm

문제해결 접근하기

11 풀이 참조

01 426, 6, 426, 71, 71

02 (위에서부터) 10, 10, 252, 63, 63

03 231, 231

04 (1) 184, 4, 184, 4, 46　(2) 462, 11, 462, 11, 42

05 4　　　　　　　　　**06** (1) =　(2) <

07 14도막　　　　　　　**08** 21일

09 (1) 5.52　(2) 0.23　(3) 5.52, 0.23, 24 / 24

10
```
            1 2
0.3 4) 4.0 8
       3 4
         6 8
         6 8
           0
```

11 ㉡　　　　　　　　　**12** 4.5, 3

13 6

14 (1) 31.32, 2.7, 11.6　(2) 8500, 1700, 5
　　　(3) 11.6, 5, 58 / 58 km

15 ㉠　　　　　　　　　**16** 20, 15

17 20 m　　　　　　　　**18** 0.01

19 8개, 0.5 L　　　　　　**20** 120.5 km

1 17개

2 1.7 km

3 어린이 놀이터

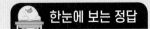

 단원
공간과 입체

문제를 풀며 이해해요   61쪽

1 나, 가, 다, 라

2 나, 다, 가

교과서 내용 학습   62~63쪽

01 나   02 가

03 다   04 ㉠

05 ㉤   06 ㉣

07 ㉢   08 ㉡

09 (   ) (○)   10 (1) 가 (2) 라

문제해결 접근하기

11 풀이 참조

문제를 풀며 이해해요   65쪽

1 6개

2 9개, 10개, 10개, 11개

3 10개

교과서 내용 학습   66~67쪽

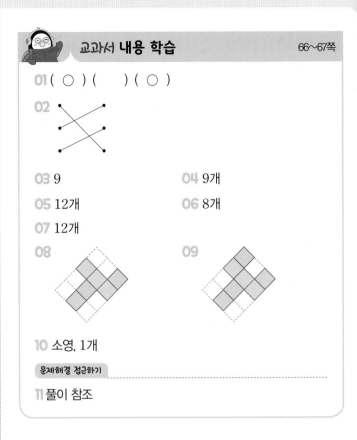

01 (○) (   ) (○)

02

03 9   04 9개

05 12개   06 8개

07 12개

08   09

10 소영, 1개

문제해결 접근하기

11 풀이 참조

문제를 풀며 이해해요   69쪽

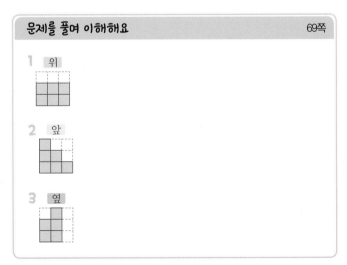

1 위

2 앞

3 옆

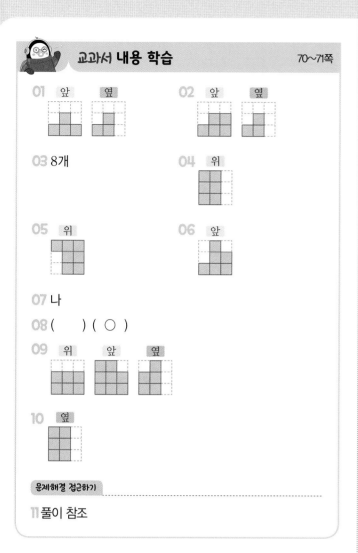

01 앞 옆

02 앞 옆

03 8개

04 위

05 위

06 앞

07 나

08 ( ) (○)

09 위 앞 옆

10 옆

문제해결 접근하기

11 풀이 참조

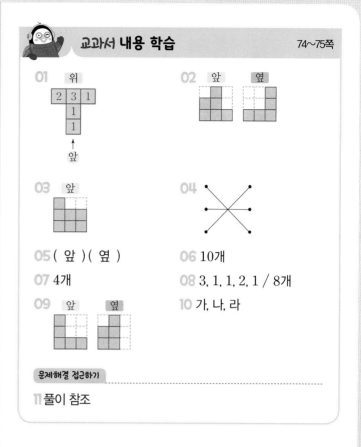

01 위
2 3 1
1
1
↑
앞

02 앞 옆

03 앞

04

05 (앞) (옆)

06 10개

07 4개

08 3, 1, 1, 2, 1 / 8개

09 앞 옆

10 가, 나, 라

문제해결 접근하기

11 풀이 참조

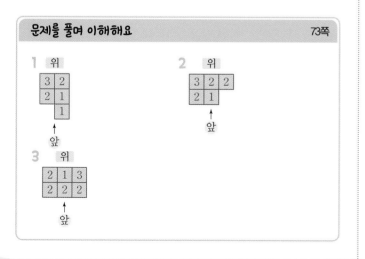

1 위
3 2
2 1
1
↑
앞

2 위
3 2 2
2 1
↑
앞

3 위
2 1 3
2 2 2
↑
앞

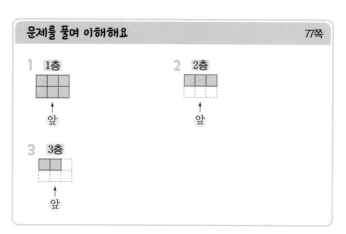

1 1층
↑
앞

2 2층
↑
앞

3 3층
↑
앞

교과서 내용 학습 78~79쪽

01 6, 3, 1
02 10개

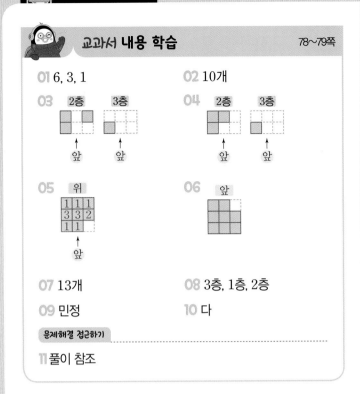

03
04

05 위
06 앞

07 13개
08 3층, 1층, 2층

09 민정
10 다

문제해결 접근하기

11 풀이 참조

문제를 풀며 이해해요 81쪽

1 (○)(   )(○)
2 (   )(○)(○)
3 (○)(○)(   )

교과서 내용 학습 82~83쪽

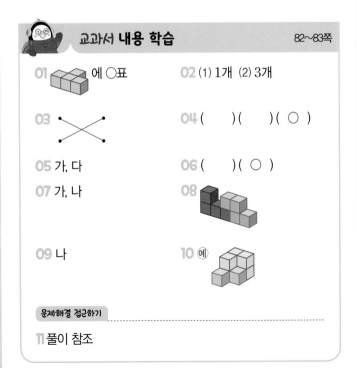

01 에 ○표
02 (1) 1개 (2) 3개

03
04 (   )(   )(○)

05 가, 다
06 (   )(○)

07 가, 나
08

09 나
10 예

문제해결 접근하기

11 풀이 참조

단원 확인 평가 84~87쪽

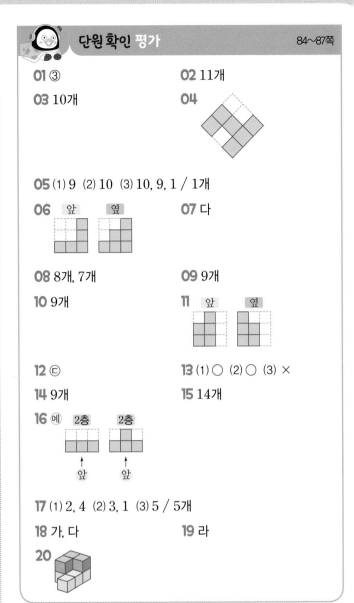

01 ③
02 11개

03 10개
04

05 (1) 9 (2) 10 (3) 10, 9, 1 / 1개

06 앞   옆
07 다

08 8개, 7개
09 9개

10 9개
11 앞   옆

12 ㉢
13 (1) ○ (2) ○ (3) ×

14 9개
15 14개

16 예 2층   2층

17 (1) 2, 4 (2) 3, 1 (3) 5 / 5개

18 가, 다
19 라

20

④ 단원
비례식과 비례배분

문제를 풀여 이해해요 93쪽

1 (1) 3, 5 (2) 8, 7

2 (1) 12, 28, 같습니다에 ○표 (2) 20, 16, 같습니다에 ○표

3 (1) 3, 5, 같습니다에 ○표 (2) 4, 9, 같습니다에 ○표

교과서 내용 학습 94~95쪽

01
⑤ : 4   ① : 5

② : 7   ③ : 8

02 4, 3   03 2 : 7, 4 : 14에 ○표

04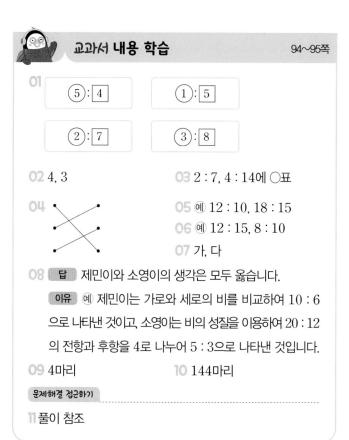

05 예 12 : 10, 18 : 15

06 예 12 : 15, 8 : 10

07 가, 다

08 답 제민이와 소영이의 생각은 모두 옳습니다.

이유 예 제민이는 가로와 세로의 비를 비교하여 10 : 6
으로 나타낸 것이고 소영이는 비의 성질을 이용하여 20 : 12
의 전항과 후항을 4로 나누어 5 : 3으로 나타낸 것입니다.

09 4마리   10 144마리

문제해결 접근하기
11 풀이 참조

문제를 풀여 이해해요 97쪽

1 (앞에서부터) 6, 3 / 10, 4 / 10, 8 / 7, 7, 7

2 방법 1 0.4, 0.4, 4   방법 2 $\frac{5}{10}\left(=\frac{1}{2}\right)$, $\frac{5}{10}\left(=\frac{1}{2}\right)$, 5

교과서 내용 학습 98~99쪽

01 12, 12, 9   02 10, 10, 18, 6, 2

03 예 7 : 4   04 예 12 : 25

05 예 3 : 7   06 예 5 : 8

07 ㉣   08 ㉡, ㉢

09

10 도윤: 예 후항을 소수 2.2로 바꾸고 전항과 후항에 10을
곱하여 19 : 22로 나타낼 수 있습니다.

가은: 예 전항을 분수 $\frac{19}{10}$로 바꾸고 전항과 후항에 10을
곱하여 19 : 22로 나타낼 수 있습니다.

문제해결 접근하기
11 풀이 참조

문제를 풀여 이해해요 101쪽

1 4, 10 / 5, 8

2 9, 24

3 7, 5

4 5, 8, 30, 48 (또는 30, 48, 5, 8)

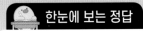

 교과서 내용 학습 102~103쪽

01 10, 비례식

02 (1)
⑦ : 8 = 14 : ⑯

(2)
② : 9 = 10 : ㊺

03 8 : 3 = 24 : 9 (또는 24 : 9 = 8 : 3)

04 (○)
( )

05 서윤

06 예 $\frac{9}{16} : \frac{7}{8} = 9 : 14$ (또는 $9 : 14 = \frac{9}{16} : \frac{7}{8}$)

07 예 3 : 2.1 = 10 : 7 (또는 10 : 7 = 3 : 2.1)

08 예 7 : 9 = 14 : 18

09 성훈: 예 맞습니다.

예나: 예 틀립니다. 내항은 5와 12, 외항은 6과 10입니다.

10 예 5 : 7 = 25 : 35, 35 : 7 = 25 : 5

문제해결 접근하기

11 풀이 참조

문제를 풀여 이해해요 105쪽

1 4, 27, 108 / 9, 12, 108 / 0.3, 40, 12 / 0.8, 15, 12 / 같습니다에 ○표

2 $\frac{3}{4}$, 16, 12 / $\frac{2}{5}$, 25, 10 / 다르므로에 ○표, 비례식이 아닙니다에 ○표

3 9, 6, 54, 54 (또는 6, 9, 54, 54)

 **교과서 내용 학습** 106~107쪽

01 (○)( )
(○)( )

02 (1) 7 (2) 5

03 6, 8

04 예 2 : 3 = 6 : 9, 2 : 6 = 3 : 9

05 1 : 18 = □ : 90 (또는 □ : 90 = 1 : 18)

06 5 L

07 1.4 kg

08 48초

09 35 m

10 비례식 5 : 7000 = 7 : □ (또는 5 : 7 = 7000 : □)

답 9800원

문제해결 접근하기

11 풀이 참조

문제를 풀여 이해해요 109쪽

1 ○○○○ ○○○○○○ / 4, 6

2 4, 3, $\frac{4}{7}$, 8 / 4, 3, $\frac{3}{7}$, 6

3 5, 4, $\frac{5}{9}$, 10 / 5, 4, $\frac{4}{9}$, 8

 교과서  내용 학습 110~111쪽

01 ○○ ○○○○ / 2, 4

02 5, 3, $\frac{5}{8}$, 15 / 5, 3, $\frac{3}{8}$, 9

03 (1) $\frac{6}{13}$ (2) 12 km

04 (1) 4, 3, $\frac{4}{7}$ / 4, 3, $\frac{3}{7}$ (2) 8000원, 6000원

05 8, 12

06 56, 40

07 36개, 32개

08 10시간, 14시간

09 예 $216 \times \dfrac{5}{5+4} = 216 \times \dfrac{5}{9} = 120$(명)

이유 예 전체를 주어진 비로 배분하기 위해서는 전체를
의미하는 전항과 후항의 합을 분모로 하는 분수의
비율로 나타내어야 하는데 전항과 후항의 곱으로
나타냈기 때문입니다.

10 36 cm

문제해결 접근하기

11 풀이 참조

단원 확인 평가
112~115쪽

01 4, 9   02 예 6 : 14, 9 : 21

03 (1) 예 2 : 3   (2) 예 8 : 3   04 ㉢, ㉣

05

06 (1) 6.3   (2) 6.3, 63, 63, 9, 8 / 9 : 8

07 예 7 : 6   08 예 9 : 2

09 21 : 27 = 49 : 63 (또는 49 : 63 = 21 : 27)

10 ㉣   11 (1) 8   (2) 16

12 8   13 45

14 (1) 60   (2) 60, 180, 36   (3) 36 / 36 kg

15 7 kg   16 9.3 km

17 7, 5, 28 / 7, 5, 20   18 18일

19 24500원, 10500원

20 140 kg

---

5 단원 원의 넓이

문제를 풀며 이해해요
121쪽

1 (1) 원주   (2) 원주율

2 3

3 (1) 6, 3   (2) 8, 4   (3) 3, 4

교과서 내용 학습
122~123쪽

01 ( ) ( ) (○)   02 ㉠, ㉢

03 원주, 지름   04 3, 3.1, 3.14

05 (1) <   (2) >   06 6 cm, 8 cm

07 3, 4, 3, 4   08 3.1, 3.1

09 ㉡, ㉢   10 ( ) (○) ( )

문제해결 접근하기

11 풀이 참조

문제를 풀며 이해해요
125쪽

1 (1) 지름   (2) 원주율

2 7, 3.1, 21.7

3 24, 3, 8

교과서 내용 학습　126〜127쪽

01 (　) (×) (　)

02 예 (원주)＝(지름)×(원주율)입니다. (지름)＝(반지름)×2 이므로 (자전거 바퀴의 원주)＝(반지름)×2×(원주율)로 구할 수 있습니다.

03 18.84 cm　　　04 31.4 cm

05 7 cm　　　06 4 m

07 ㉢, ㉠, ㉡　　　08 53.38 cm

09 12 cm　　　10 775 cm

문제해결 접근하기

11 풀이 참조

문제를 풀여 이해해요　129쪽

1 (1) 8, 8, 32　(2) 8, 8, 64　(3) 32, 64

2 (1) 직사각형　(2) 원주, 반지름　(3) 반지름, 반지름

교과서 내용 학습　130〜131쪽

01 50 cm²　　　02 100 cm²

03 50, 100　　　04 18, 36

05 32칸, 60칸　　　06 32, 60

07 88, 132　　　08 151.9 cm²

09 314 cm²　　　10 180, 240

문제해결 접근하기

11 풀이 참조

문제를 풀여 이해해요　133쪽

1 (1) 12.4 cm², 49.6 cm²　(2) 4배

2 (1) 144 cm²　(2) 54 cm²　(3) 90 cm²

교과서 내용 학습　134〜135쪽

01 12 cm², 48 cm², 108 cm²

02 2, 3　　　03 4, 9

04 96 cm²　　　05 21.5 cm²

06 61.2 cm　　　07 223.2 cm²

08 83.7 cm²　　　09 3600 m²

10 49.6 cm², 148.8 cm², 248 cm²

문제해결 접근하기

11 풀이 참조

01

02 =

03 (　)
(　)
(○)

04 ㉠, ㉣

05 (1) 21.98 cm　(2) 31.4 cm

06 (1) <　(2) <

07 128, 256

08 18.6, 6

09 111.6 cm²

10 12 cm

11 3.1 m

12 198.4 cm²

13 72송이

14 324 cm²

15 (1) $6 \times 6 \times 3.14 = 113.04\,(\text{cm}^2)$
　(2) $5 \times 5 \times 3.14 = 78.5\,(\text{cm}^2)$　(3) ㉢, ㉡ / ㉢, ㉡

16 민재, 47.1 cm²

17 (1) □×□×3.1=251.1　(2) 9　(3) 9, 55.8 / 55.8 cm

18 58 cm²

19 5바퀴

20 8 m

수학으로 세상보기　　140쪽

노란색: $1\frac{1}{6}\left(=\frac{7}{6}\right)$ L

초록색: $3\frac{1}{2}\left(=\frac{7}{2}\right)$ L

하늘색: $\frac{5}{8}$ L

갈색: 1 L

---

6 단원
원기둥, 원뿔, 구

문제를 풀며 이해해요　　145쪽

1 (　) (○) (　)

2
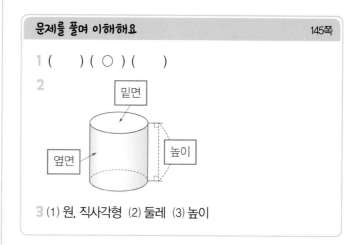

3 (1) 원, 직사각형　(2) 둘레　(3) 높이

01 가, 마

02

03 ㉢

04 10 cm

05 원기둥

06 8 cm

07 7 cm

08 (○)(　)
(　)(○)

09 (위에서부터) 4, 24, 9

10 8 cm, 4 cm

문제해결 접근하기

11 풀이 참조

문제를 풀여 이해해요 149쪽

1 ( ) ( ) (○)

2
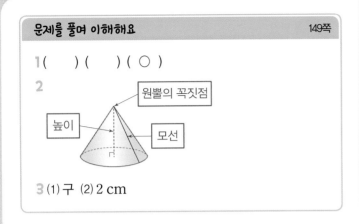

3 (1) 구 (2) 2 cm

교과서 내용 학습 150~151쪽

01 ①

02

03 ⓒ

04 15 cm

05 원뿔

06 6 cm

07 7 cm

08 (왼쪽에서부터) 구의 중심, 구의 반지름

09 4 cm

10 24 cm²

문제해결 접근하기

11 풀이 참조

단원 확인 평가 152~155쪽

01 다, 바

02 가, 마

03 나, 라

04 10 cm, 7 cm

05 ( ) (○) ( )

06 가, 라

07 4

08 37.2, 16

09 구의 중심

10 구의 반지름

11 ⓒ

12
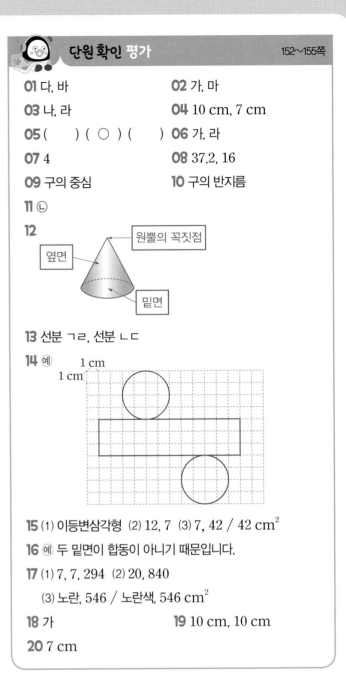

13 선분 ㄱㄹ, 선분 ㄴㄷ

14 예

15 (1) 이등변삼각형 (2) 12, 7 (3) 7, 42 / 42 cm²

16 예 두 밑면이 합동이 아니기 때문입니다.

17 (1) 7, 7, 294 (2) 20, 840

　　(3) 노란, 546 / 노란색, 546 cm²

18 가

19 10 cm, 10 cm

20 7 cm

수학으로 세상보기 156쪽

만들 수 없습니다.

예 원의 지름이 8 cm이므로 원의 둘레는 8 × 3 = 24 (cm)
입니다. 직사각형의 가로는 원의 둘레인 24 cm가 되어야 하
는데 18 cm이므로 원기둥 모양을 만들 수 없습니다.

1단원 쪽지 시험 5쪽

01 3, 6, 3　　　　　02 8, 4, 2

03 (1) 11, 5, $\dfrac{11}{5}$, $2\dfrac{1}{5}$　(2) 7, 4, $\dfrac{7}{4}$, $1\dfrac{3}{4}$

04 5, 5, $\dfrac{5}{3}$, $1\dfrac{2}{3}$

05 $8 \div \dfrac{4}{7} = (8 \div 4) \times 7 = 14$

06 (1) 10　(2) 36

07 $\dfrac{9}{4}$, $\dfrac{45}{28}$, $1\dfrac{17}{28}$

08 (1) $3\dfrac{3}{20}\left(=\dfrac{63}{20}\right)$　(2) $2\dfrac{37}{40}\left(=\dfrac{117}{40}\right)$

09 >　　　　　10 $\dfrac{25}{27}\left(=\dfrac{50}{54}\right)$

학교 시험 만점왕 ❶회　1. 분수의 나눗셈 6~8쪽

01 4, 2, 2　　　　　02 (1) 3　(2) 4

03 5도막　　　　　04

05 <　　　　　06 $1\dfrac{7}{10}\left(=\dfrac{17}{10}\right)$배

07 3개　　　　　08 ㉠, ㉢

09 $1\dfrac{4}{5}\left(=\dfrac{9}{5}\right)$ m　　10 ㉣, ㉢, ㉠, ㉡

11 22　　　　　12 ㉡

13 $1\dfrac{3}{7}\left(=\dfrac{10}{7}\right)$, 4　14 14

15 풀이 참조, 정육각형

16 $1\dfrac{3}{8} \div \dfrac{3}{7} = \dfrac{11}{8} \div \dfrac{3}{7} = \dfrac{11}{8} \times \dfrac{7}{3} = \dfrac{77}{24} = 3\dfrac{5}{24}$

---

17 $2\dfrac{1}{10}\left(=\dfrac{21}{10}\right)$　　　18 $6\dfrac{3}{7}\left(=\dfrac{45}{7}\right)$ L

19 나 가게

20 풀이 참조, $9\dfrac{3}{5}\left(=\dfrac{48}{5}\right)$ m

학교 시험 만점왕 ❷회　1. 분수의 나눗셈 9~11쪽

01 12　　　　　02 <

03 3봉지　　　　　04 연서

05 ③　　　　　06 $1\dfrac{3}{8}\left(=\dfrac{11}{8}\right)$배

07 (1) $1\dfrac{4}{5}\left(=\dfrac{9}{5}\right)$　(2) $\dfrac{15}{16}$　08

09 $\dfrac{20}{21}$　　　　　10 ㉡, ㉣

11 풀이 참조, 현주　　12 ㉢

13 6상자　　　　　14 7 m

15 $1\dfrac{7}{8}\left(=\dfrac{15}{8}\right)$　　16 $1\dfrac{1}{2}\left(=\dfrac{3}{2}\right)$

17 $1\dfrac{4}{5}\left(=\dfrac{9}{5}\right)$배　　18 풀이 참조, 15 L

19 $4\dfrac{4}{5}\left(=\dfrac{24}{5}\right)$　　20 24개

1단원 서술형·논술형 평가 12~13쪽

01 풀이 참조, 리본, 3개　02 풀이 참조, $2\dfrac{1}{8}\left(=\dfrac{17}{8}\right)$배

03 풀이 참조, 5봉지　　04 풀이 참조, $1\dfrac{1}{20}\left(=\dfrac{21}{20}\right)$

05 풀이 참조, $\dfrac{4}{7}$ m　　06 풀이 참조, 32000원

07 풀이 참조, 8분　　08 풀이 참조, 나 가게

09 풀이 참조, 1, 5　　10 풀이 참조, 다

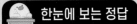

2단원 쪽지 시험 — 15쪽

01 24, 6, 6, 4

02 14

03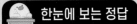

04 32

05 6

06 >

07 4, 4, 30

08 =

09 1.9, 1.87

10 4, 12, 2.5, 4, 2.5

학교 시험 만점왕 ❶회 — 2. 소수의 나눗셈 — 16~18쪽

01 100, 5, 100

02 (1) 6, 8 (2) 42, 16

03 24, 24, 24

04

05 >

06 6개

07 (1) 4 (2) 14

08 풀이 참조, 8명

09 10.6, 23, 138, 138

10 3

11 6.3 m

12 4

13 15, 4

14 풀이 참조, 나 떡집

15 90, 900

16 3.3

17 1.45 kg

18 <

19 6명, 2.7 kg

20 1.1 km

학교 시험 만점왕 ❷회 — 2. 소수의 나눗셈 — 19~21쪽

01 168, 24, 24, 7

02

03 2.88

04 17

05 ㉡

06 4, 5

07 3.5배

08 2

09 (위에서부터) 1, 5, 0, 5

10 1.8

11 (왼쪽에서부터) 4.2, 3

12 1.4배

13 4

14 32개

15 풀이 참조, 8 m

16 풀이 참고, 3.74

17 3개

18 4봉지, 1.5 kg

19 30

20 6.2

2단원 서술형·논술형 평가 — 22~23쪽

01 풀이 참조, 3시간

02 풀이 참조, 1.5배

03 풀이 참조, 7봉지

04 풀이 참조, 4 m

05 풀이 참조, 8

06 풀이 참조, 12상자

07 풀이 참조, 4

08 풀이 참조, 13.7

09 풀이 참조, 0.3 kg

10 풀이 참조, 2봉지, 2.3 kg

3단원 쪽지 시험 25쪽

01 8개　　　02 9개

03 10개　　　04 11개

05
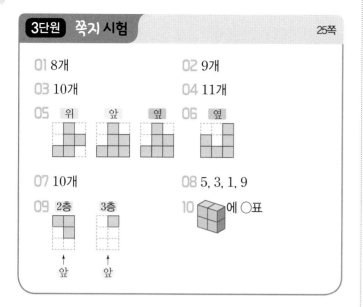

06 옆

07 10개　　　08 5, 3, 1, 9

09 2층　3층　　10 (큐브 그림)에 ○표

↑앞　↑앞

학교 시험 만점왕 ❶회 3. 공간과 입체 26~28쪽

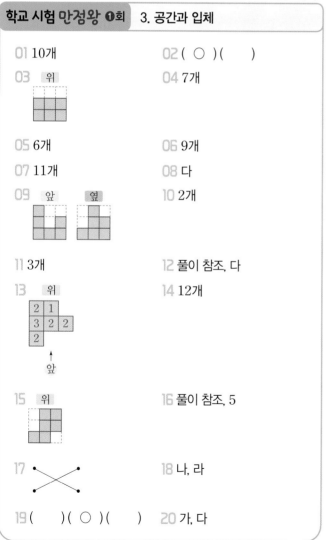

01 10개　　　02 (○)( )

03 위　　　04 7개

05 6개　　　06 9개

07 11개　　　08 다

09 앞　옆　　10 2개

11 3개　　　12 풀이 참조, 다

13 위

2	1	
3	2	2
2		

↑앞

14 12개

15 위　　　16 풀이 참조, 5

17 ✕　　　18 나, 라

19 ( )(○)( )　　20 가, 다

학교 시험 만점왕 ❷회 3. 공간과 입체

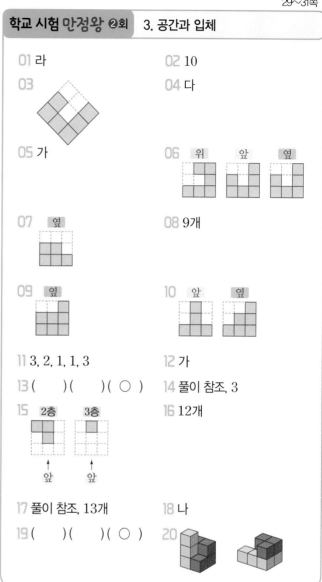

01 라　　　02 10

03 (도형 그림)　　　04 다

05 가　　　06 위　앞　옆

07 옆　　　08 9개

09 옆　　　10 앞　옆

11 3, 2, 1, 1, 3　　　12 가

13 ( )( )(○)　　　14 풀이 참조, 3

15 2층　3층　　　16 12개

↑앞　↑앞

17 풀이 참조, 13개　　　18 나

19 ( )( )(○)　　　20 (큐브 그림)

3단원 서술형·논술형 평가 32~33쪽

01 영미, 풀이 참조　　　02 풀이 참조, 9개

03 풀이 참조, 12개　　　04 풀이 참조, 21개

05 풀이 참조, 나　　　06 풀이 참조, 3개

07 풀이 참조, 16개　　　08 풀이 참조, 다

09 풀이 참조, ㉡, ㉢　　　10 풀이 참조, 3개

4단원 쪽지 시험   35쪽

01 7, 3
02 ⓔ 6 : 10, 9 : 15
03 10, 23, 12
04 ⓔ 5 : 11
05 ⓔ 8 : 7
06 4, 35 / 7, 20
07 80 / 80
08 15
09 5상자
10 5, 4, 25 / 5, 4, 20

학교 시험 만점왕 ❶회   4. 비례식과 비례배분   36∼38쪽

01 1,2, $\frac{8}{11}$
02 7 : 6과 28 : 24에 ○표
03 70, 10, 63
04 (1) ⓔ 16 : 5 (2) ⓔ 7 : 8
05
06 (   ) (○)
07 (1) 20 (2) 3
08 ⓔ 1.6 : 4 = 2 : 5 (또는 2 : 5 = 1.6 : 4)
09 ⓔ 9 : 11 = 18 : 22
10 12 : 14 = 36 : 42 (또는 36 : 42 = 12 : 14)
11 2
12 5 : 300 = 12 : □ (또는 5 : 12 = 300 : □)
13 720 g
14 풀이 참조, 2560원
15 420 g
16 35000원
17 (1) 15, 25 (2) 36, 60
18 30장
19 풀이 참조, 280 cm, 350 cm
20 300 mL

학교 시험 만점왕 ❷회   4. 비례식과 비례배분   39∼41쪽

01 7, 3, 5
02 (위에서부터) 24, 15, 24
03 ⓔ 1 : 6
04 $\frac{1}{4}$: $\frac{1}{5}$, 4.5 : 3.6
05 풀이 참조, ⓔ 4 : 3
06 $\frac{9}{14}$, 84 / 5.4, 10
07 ㉡, ㉢
08 ⓔ $\frac{7}{8}$: $\frac{11}{12}$ = 21 : 22 (또는 21 : 22 = $\frac{7}{8}$: $\frac{11}{12}$)
09 ㉢
10 4, 16
11 ⓔ 6 : 4 = 24 : 16, 6 : 24 = 4 : 16
12 ⓔ 3 : 5 = 12 : 20 (또는 12 : 20 = 3 : 5)
     3 : 12 = 5 : 20 (또는 5 : 20 = 3 : 12)
13 5 : 8 = 30 : □
14 48바퀴
15 풀이 참조, 2985원
16 315 cm²
17 (1) 45, 20 (2) 72, 32
18 32장, 40장
19 405 g
20 48 m²

4단원 서술형·논술형 평가   42∼43쪽

01 풀이 참조, 45개
02 풀이 참조, 400 L
03 풀이 참조, 125 g
04 풀이 참조, 12 L
05 풀이 참조, 70분
06 풀이 참조, 18일
07 풀이 참조, 1.4 m
08 풀이 참조, 224 cm²
09 풀이 참조, 2028 cm²
10 풀이 참조, 112개

5단원 쪽지 시험   45쪽

01 (   ) (○)   02 12, 16
03 원주율   04 12.4 cm
05 6 cm   06 32, 64
07 원주, 반지름   08 27.9 cm^2
09 4, 9   10 16 cm^2

학교 시험 만점왕 ❶회   5. 원의 넓이

01 ㉡   02 (1) 12 (2) 3 (3) 3
03 3.1   04 연우
05 7 cm   06 25.12 m
07 6 cm   08 98 cm^2, 196 cm^2
09 98, 196   10 ④
11 77.5 cm^2 12 5024 cm^2
13 ㉢, ㉠, ㉡   14 풀이 참조, 192 cm^2
15 37 cm^2 16 1550 m^2
17 60바퀴   18 1130.4 m
19 가   20 풀이 참조, 310개

학교 시험 만점왕 ❷회   5. 원의 넓이

01 원주   02 (   )
             (   )
             (○)
03 ㉡   04 3.1, 3.1
05 28.26 cm   06 7 cm
07 31.4 m
08 서원, ㉔ 원주는 원의 지름의 약 3배입니다.
09 32개, 60개   10 32, 60
11 12, 4   12 113.04 cm^2
13 78.5 cm^2 14 풀이 참조, 111.6 cm^2
15 181.5 cm^2 16 133 cm
17 465 cm^2 18 121.6 m^2
19 ㉡, ㉢, ㉠   20 풀이 참조, 36.4 cm

5단원 서술형·논술형 평가   52~53쪽

01 풀이 참조, 18.6 cm   02 풀이 참조, 74.4 m
03 풀이 참조, 6 cm   04 풀이 참조, 56.8 cm
05 풀이 참조, ㉔ 약 210 cm^2
06 풀이 참조, 113.04 cm^2 07 풀이 참조, 243 m^2
08 풀이 참조, 43.4 cm   09 풀이 참조, 28.8 cm^2
10 풀이 참조, 272.8 cm^2

6단원 쪽지 시험   55쪽

01 원기둥
02 (위에서부터) 밑면, 옆면, 밑면
03 5 cm, 7 cm
04 (○) (   )
05 원뿔
06 둘레
07 5
08 10 cm, 8 cm
09 (○) (   ) (○)
10 (왼쪽에서부터) 구의 중심, 구의 반지름

학교 시험 만점왕 ❶회   6. 원기둥, 원뿔, 구   56~58쪽

01 ②
02 (위에서부터) 옆면, 밑면, 높이
03 (위에서부터) 7, 10
04 ㉢
05 2 cm
06 밑면의 둘레
07 선분 ㄱㄴ, 선분 ㄹㄷ
08 3 cm
09
10 구, 원기둥
11 (위에서부터) 4, 7
12 모선
13 (왼쪽에서부터) 구의 중심, 구의 반지름
14 풀이 참조, 8 cm
15 15 cm
16 원
17 4650 cm²
18 ⟨예⟩ ▮같은 점▮ 밑면이 하나입니다. / 뿔 모양입니다.
    ▮다른 점▮ 원뿔은 밑면이 원이고, 삼각뿔은 밑면이 삼각형입니다. / 원뿔은 옆면이 굽은 면이고, 삼각뿔은 옆면이 평평한 면입니다.
19 2 cm
20 ⟨예⟩

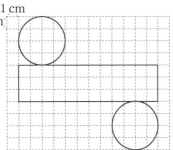

학교 시험 만점왕 ❷회   6. 원기둥, 원뿔, 구   59~61쪽

01 원기둥
02 ㉡
03 나, 풀이 참조
04 ④
05 구
06 5 cm
07 나
08 9 cm
09 37.2 cm
10 111.6 cm²
11 선분 ㄱㄹ, 선분 ㄴㄷ
12 ⟨예⟩

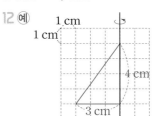

13 희철
14 풀이 참조, 108 cm²
15 ⟨예⟩ 두 밑면이 서로 합동이 아닙니다.
16 6 cm
17 ㉡
18 원기둥
19 15.5 cm²
20 3 cm

6단원 서술형·논술형 평가   62~63쪽

01 풀이 참조
02 풀이 참조
03 다, 풀이 참조
04 풀이 참조
05 풀이 참조, 31 cm, 9 cm
06 풀이 참조, 8 cm
07 풀이 참조
08 풀이 참조, 36 cm
09 풀이 참조, 55.8 cm²
10 풀이 참조, 345 cm²

MEMO